新 母豚全書

導入から離乳まで

増補改訂版

監修
伊東 正吾
岩村 祥吉

緑書房

離乳後の外陰部・乳房の変化

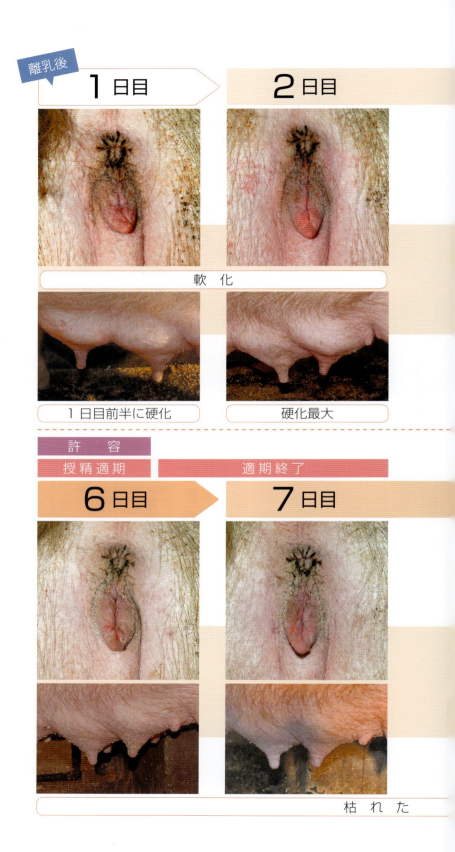

離乳後

1日目　2日目

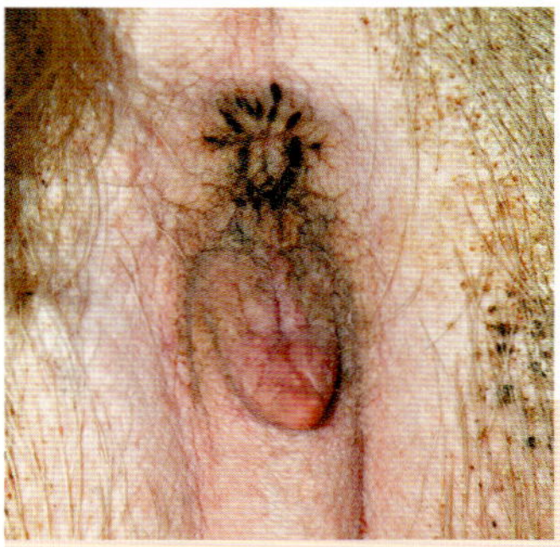

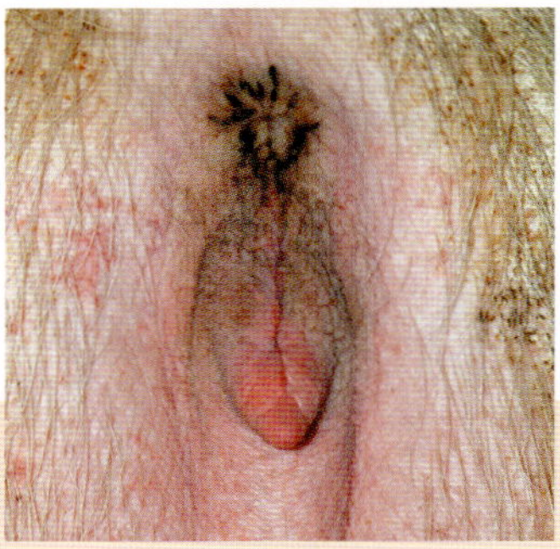

軟　化

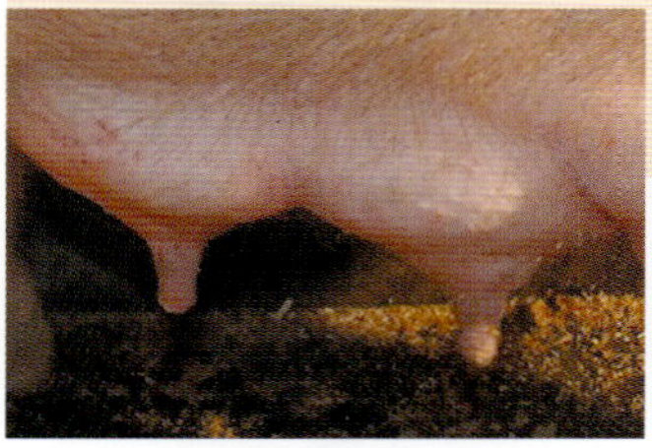

1 日目前半に硬化

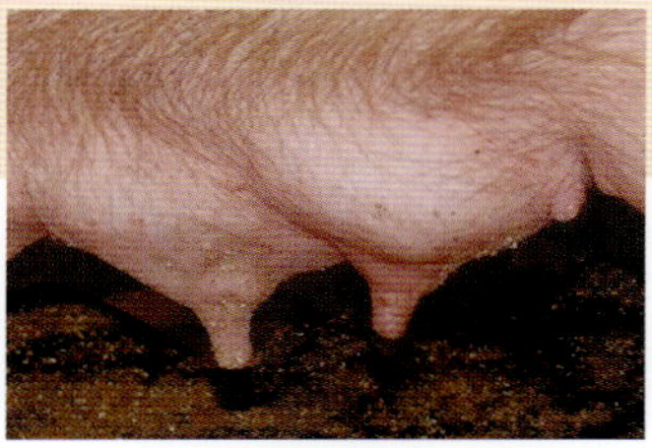

硬化最大

許　容

授精適期　適期終了

6日目　7日目

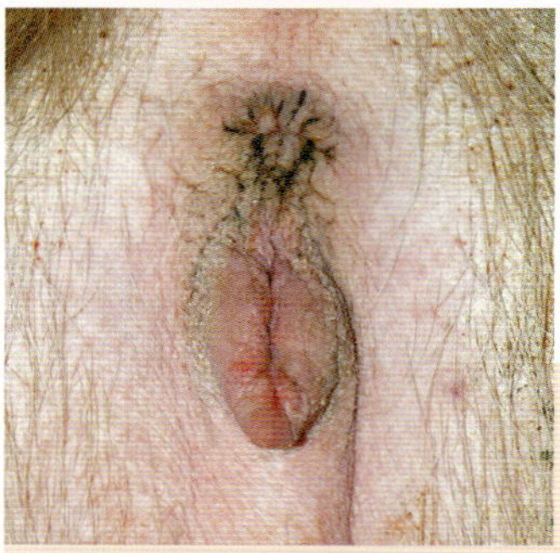

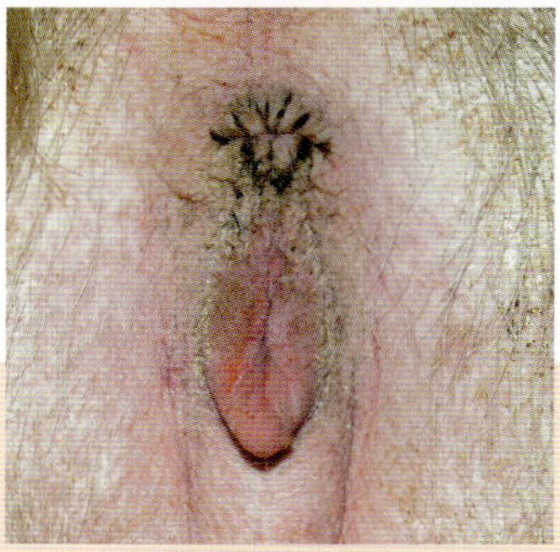

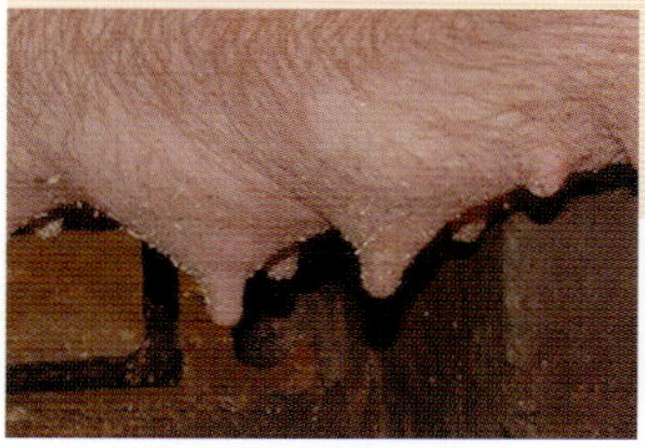

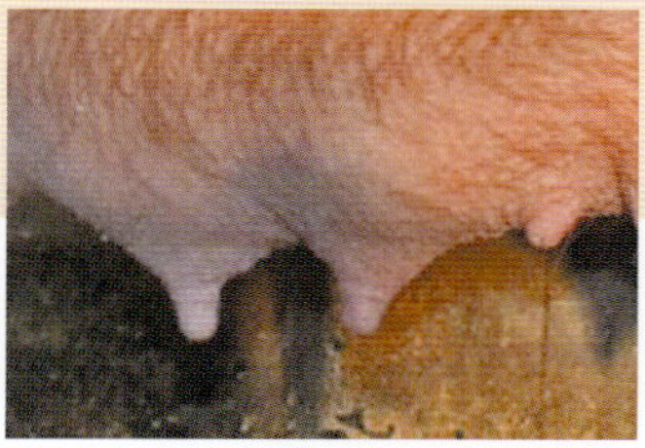

枯れた

許　容

授精適期

3日目

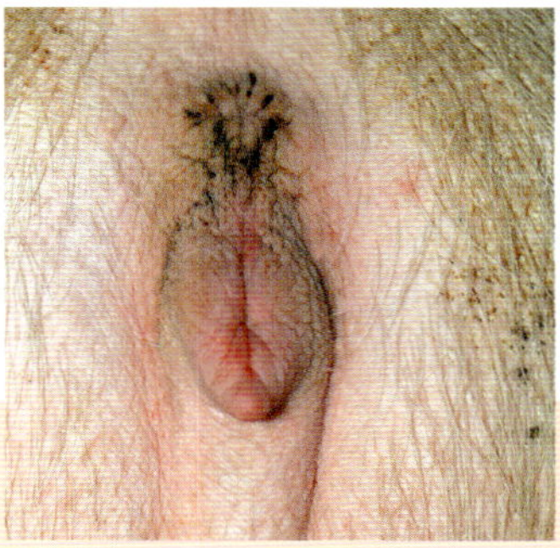

4日目

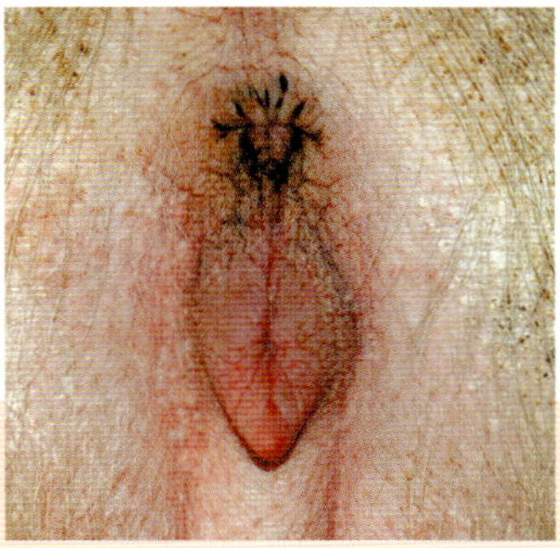

5日目

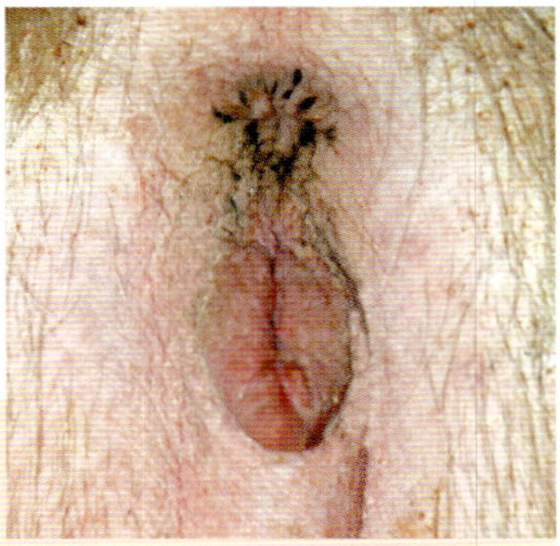

発赤・膨張

発赤・膨張退化

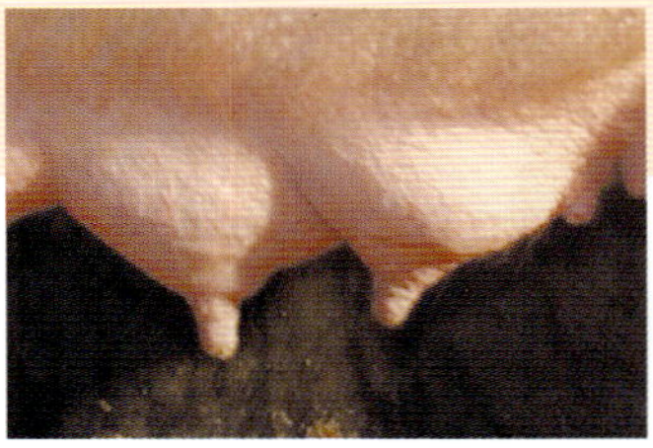

３日目後半に軟化

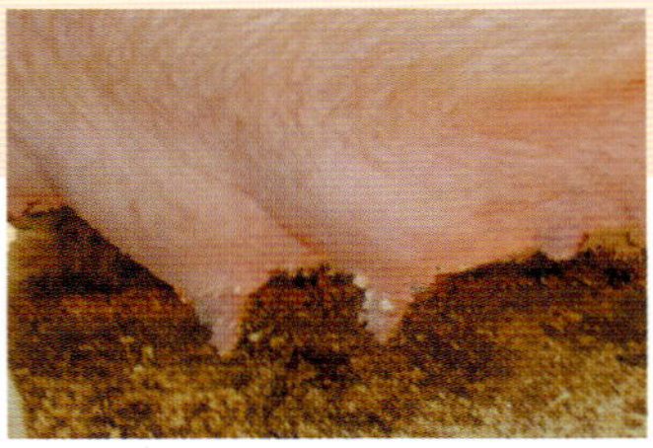

枯れはじめる

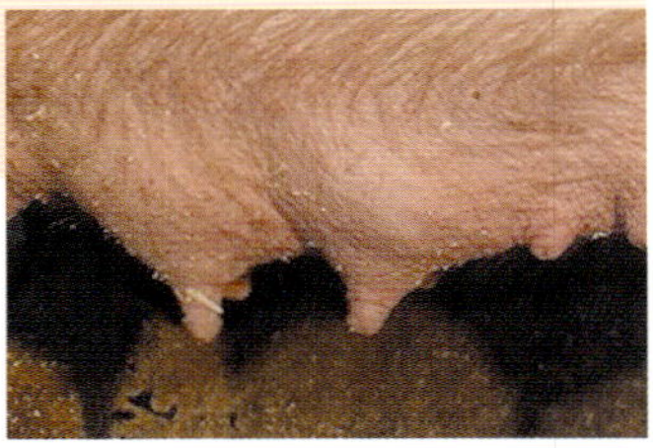

ほとんど枯れる

8日目

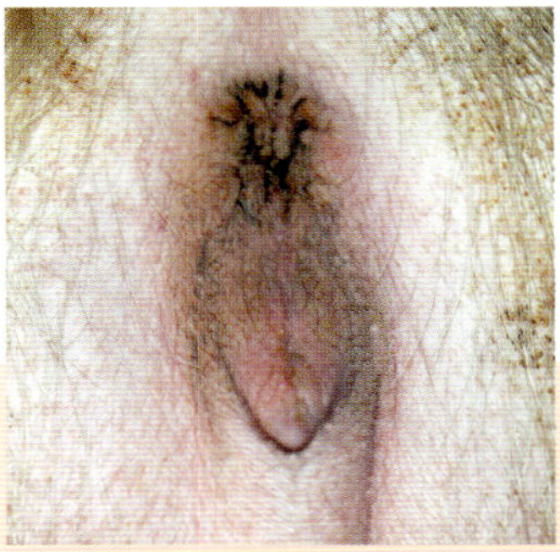

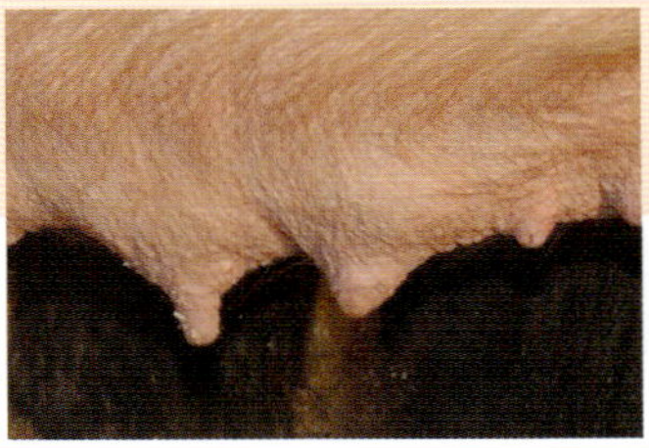

9日目

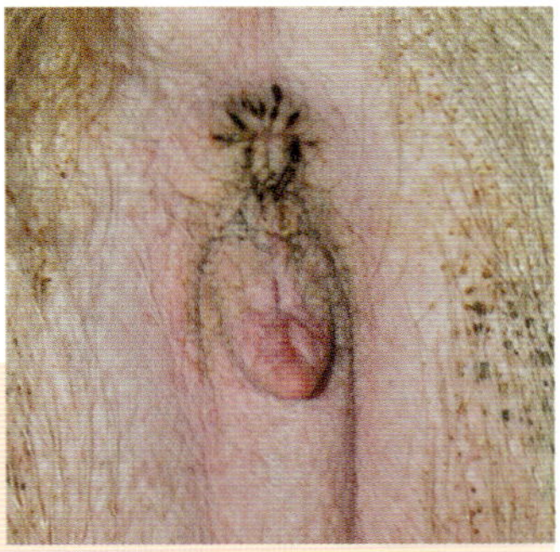

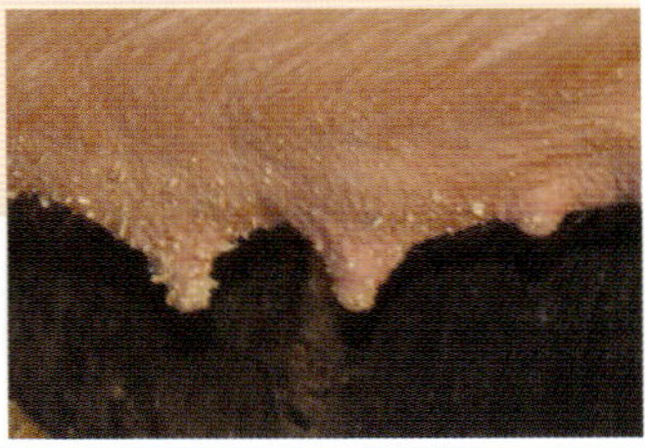

乳　房

母豚の外陰部・乳房は、ホルモンの動きに合わせて変化するため、よく観察を行うことで、授精適期を的確に把握することができます。写真を参考に、離乳後母豚の観察を行ってみてください。

写真提供：(農)富士農場サービス

母豚からみた人工授精

1

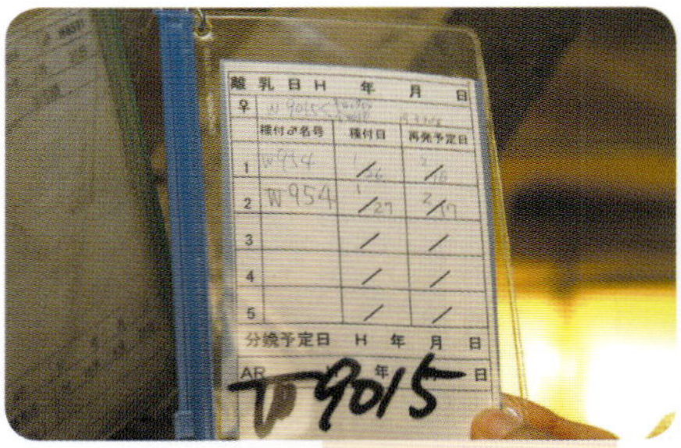

種付けカードは雌豚房に備えておき、AIに使用する雄豚の番号や母豚の許容の状況などを書き込んでおく

2

背圧をかけ、母豚が許容しているか確認する

3

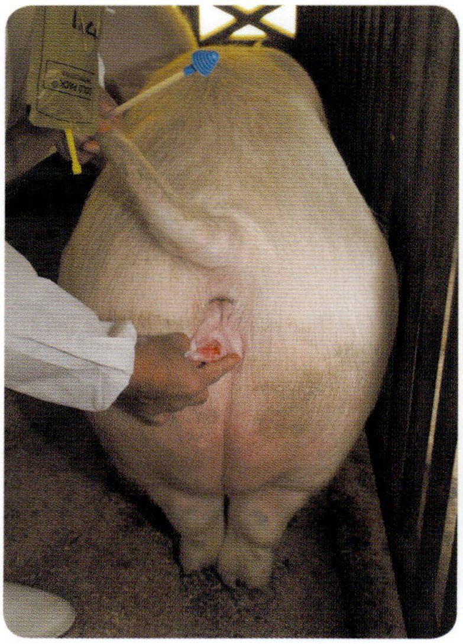

外陰部が腫脹しており、発赤が最高潮のときよりも、若干色あせたくらいが授精適期

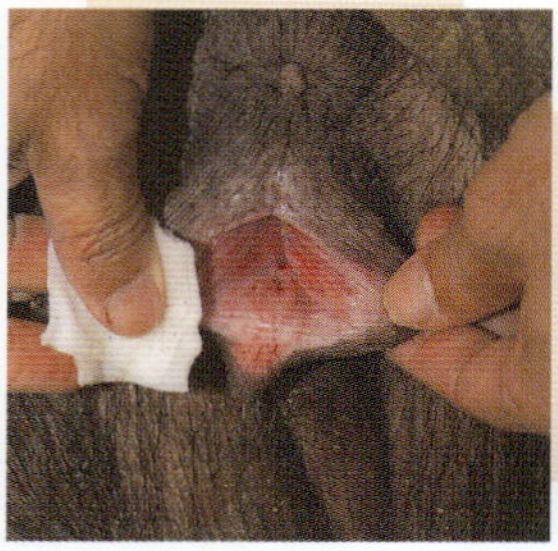

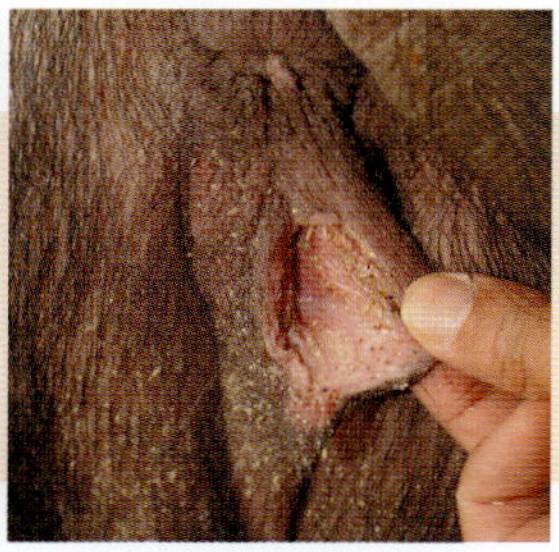

バークシャーやデュロックでは発赤が分かりにくいが、中を開いてみるとよく分かる。左が発赤最高潮の許容開始時点。右が発赤があせて、授精適期の母豚の外陰部

4

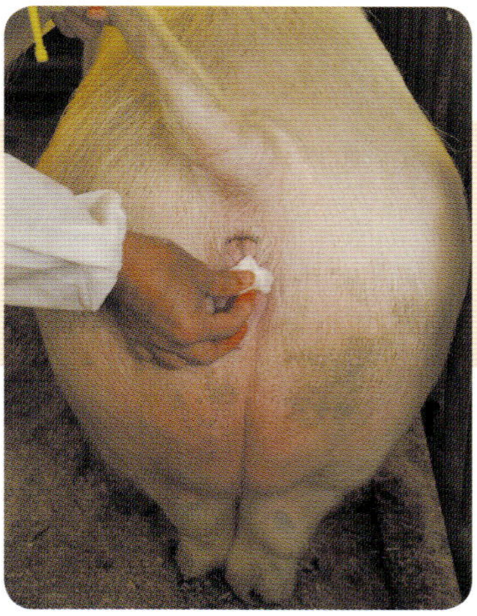

消毒液を染み込ませた脱脂綿で陰部を丁寧に拭き、雑菌などが入らないようにする

5

カテーテルを
ゆっくり挿入する

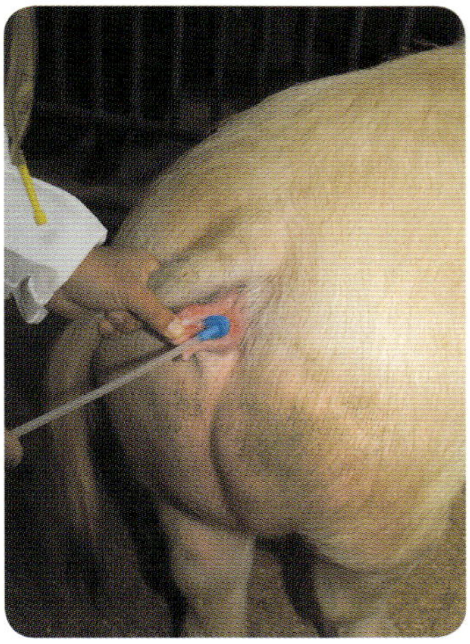

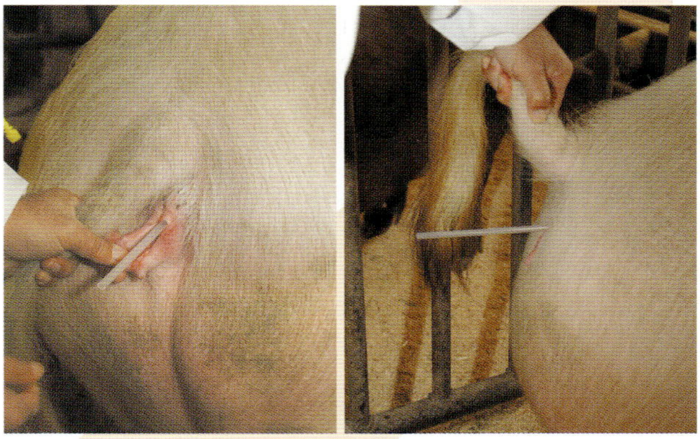

子宮頸管でしっかりロックがかかるまで挿入すると、経産豚では残り 10〜15 cm のところまで挿入できる（左）。右は未経産豚。未経産豚用の細めのカテーテルを用いるが、残り 15〜20 cm のところまでくると挿入できなくなる

6

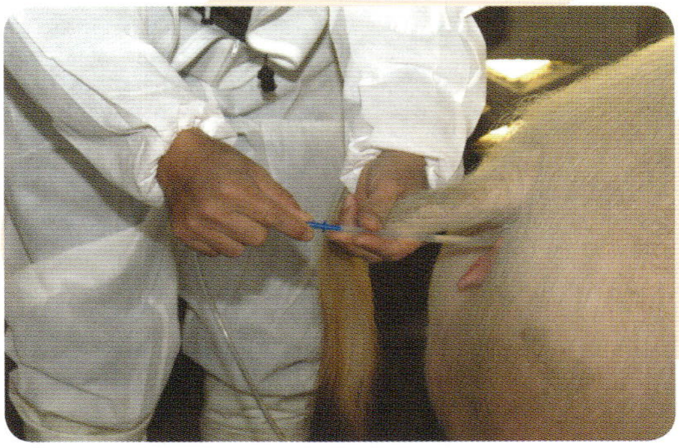

カテーテルにチューブをつなぎ、精液を入れた精液バックやボトルを垂直に設置できるようにする

7

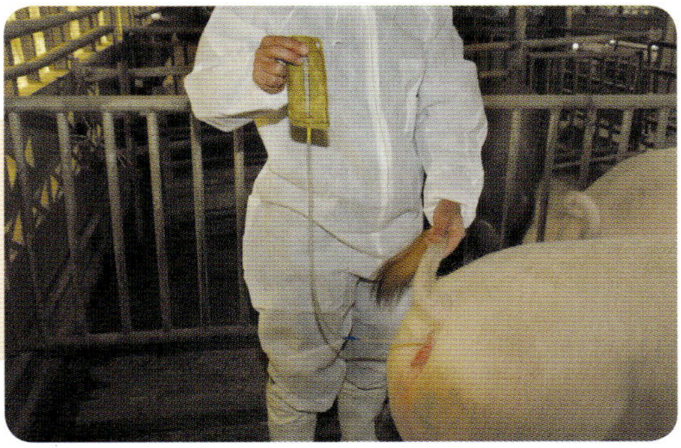

むりやり精液を注入しないこと。授精適期にきちんとカテーテルが挿入されていれば、精液は自然に頸管内へ吸い込まれていく

撮影協力：(農)富士農場サービス

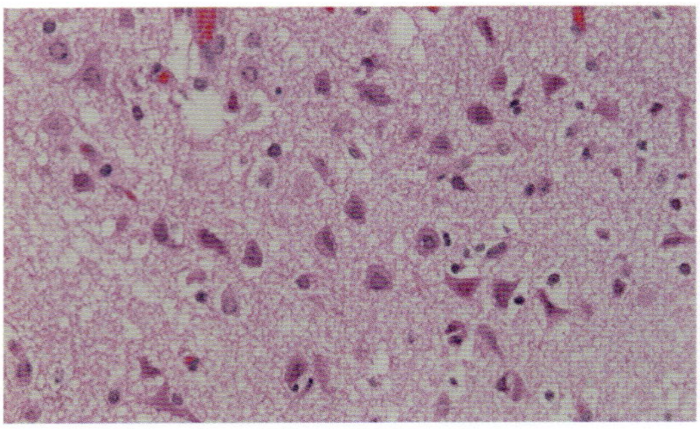

写真１　オーエスキー病に罹患した哺乳子豚の大脳。神経細胞の核内に封入体が見られる。ヘマトキシリン・エオジン（HE）染色　×400

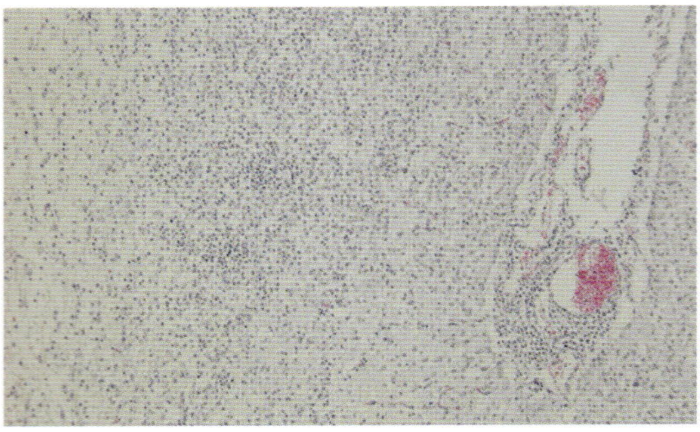

写真２　日本脳炎ウイルスにより流産した胎子の脳。強い非化膿性髄膜脳炎と深部には軟化巣が見られる。HE 染色　×100

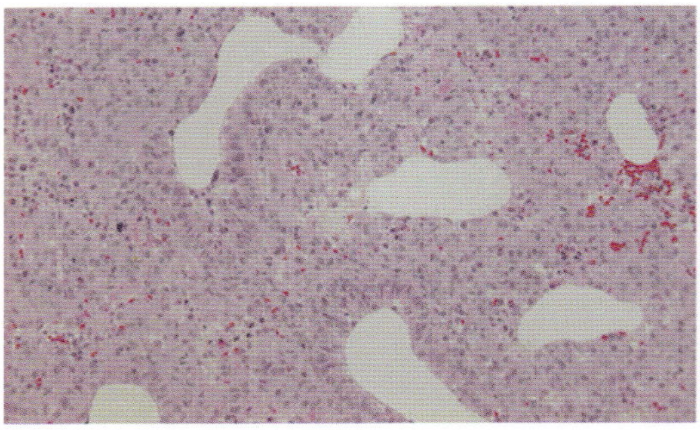

写真３　PRRS ウイルスに罹患した哺乳子豚の肺。顕著な肺胞中隔の肥厚が見られる。HE 染色　×200

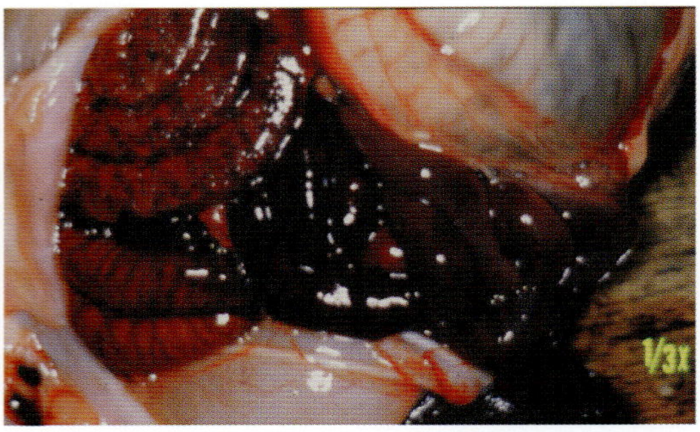

写真４　*Clostridium perfringens* C 型菌に感染した哺乳子豚の腸。出血し暗赤色を呈している

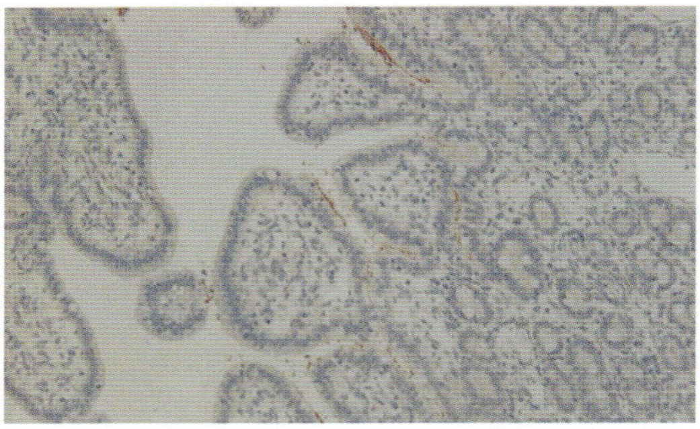

写真５　大腸菌性下痢を呈した子豚の空調の免疫組織化学的染色。菌は赤色に染まっている　×400

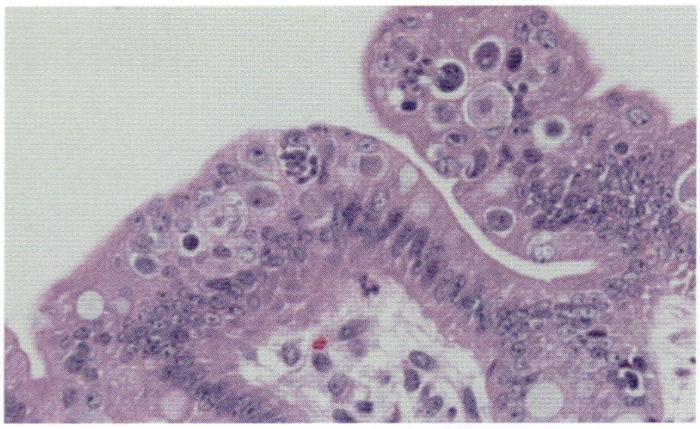

写真６　*Isosupora suis* に罹患した子豚の空腸。さまざまな発育段階の原虫が見られる。HE 染色　×400

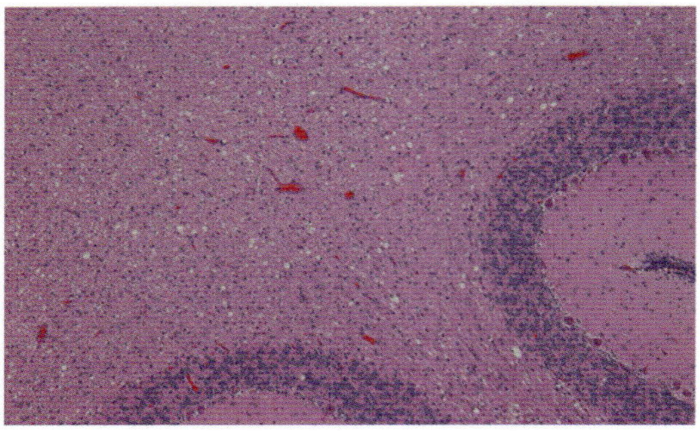

写真７　ダンス病に罹患した哺乳子豚の小脳。随版に多数の空胞が見られる。HE 染色　×100

写真８　PED に罹患した哺乳子豚。水溶性の黄色下痢便が見られる（原図：茨城県県北家畜保健衛生所）

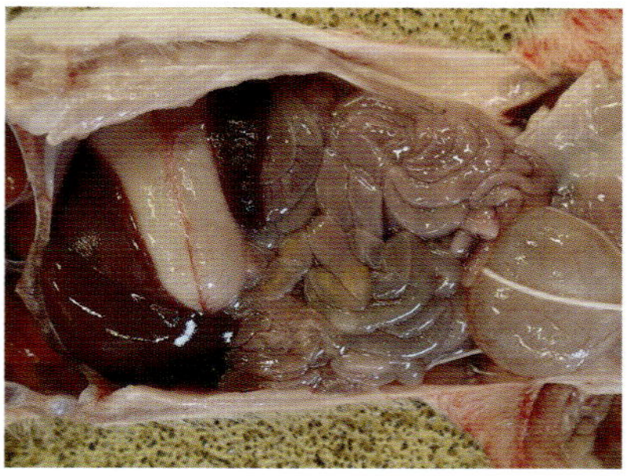

写真９　PED に罹患した哺乳子豚の消化管。胃の膨満、小腸の菲薄化と弛緩が見られる（原図：茨城県県北家畜保健衛生所）

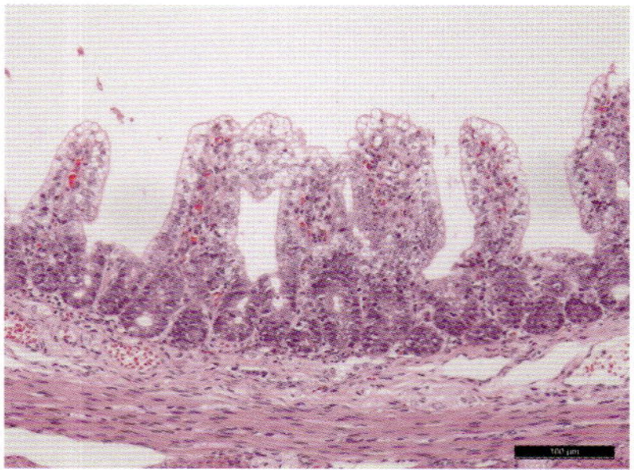

写真 10　PED に罹患した哺乳子豚の空腸。腸絨毛の萎縮と粘膜上皮細胞の空胞化が見られる。HE 染色　Bar＝100 μm

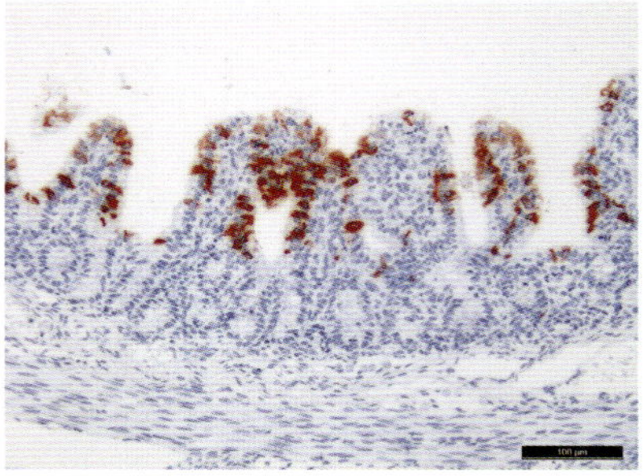

写真 11　PED に罹患した哺乳子豚の空腸。写真 10 と同領域。萎縮した腸絨毛の粘膜上皮細胞の細胞質に PED ウイルス抗原が見られる。免疫組織化学的染色　Bar＝100 μm

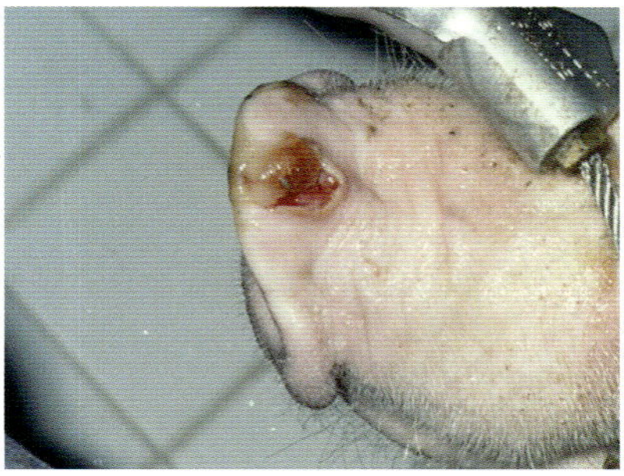

写真 12　口蹄疫に罹患した豚の鼻部。鼻端に水疱が見られる（原図：農水省 動物検疫所 衛藤真理子氏）

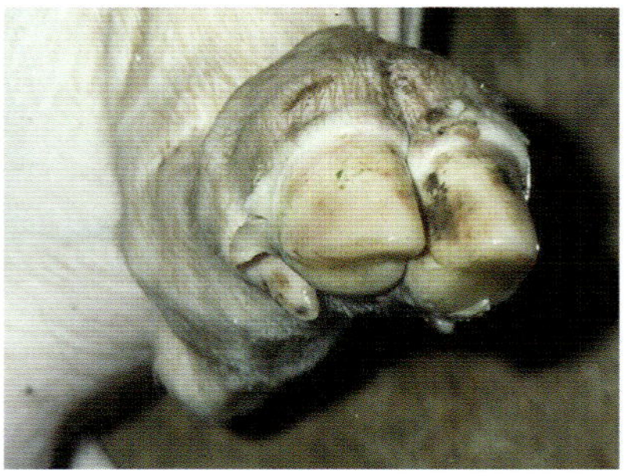

写真 13　口蹄疫に罹患した豚の蹄冠部。蹄冠部が水疱で白く見える（原図：農水省 動物検疫所 衛藤真理子氏）

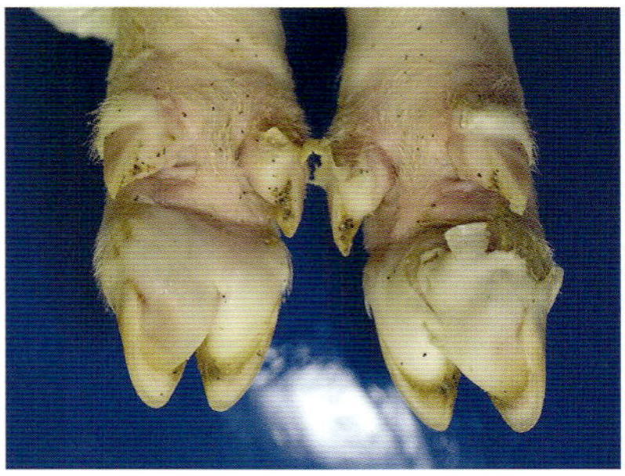

写真 14　口蹄疫に罹患した子豚の後肢。蹄部の水疱形成により、皮膚の一部が剥離している（原図：農研機構 動物衛生研究部門）

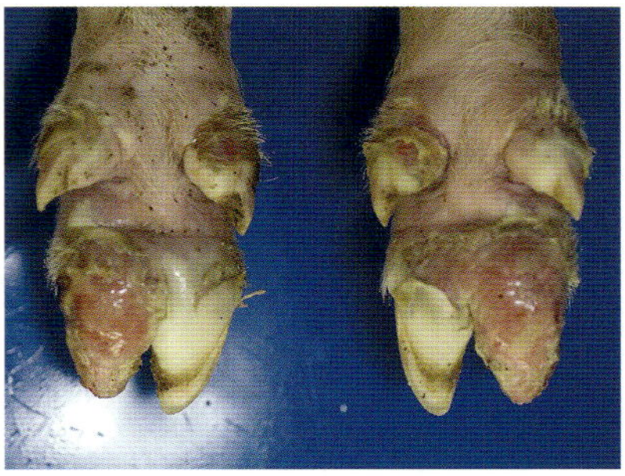

写真 15　口蹄疫に罹患した子豚の後肢。蹄部が脱落している（原図：農研機構 動物衛生研究部門）

写真提供：久保正法、芝原友幸（151～154、155～159 ページ参照）

母豚のつなぎ・乳器の評価方法

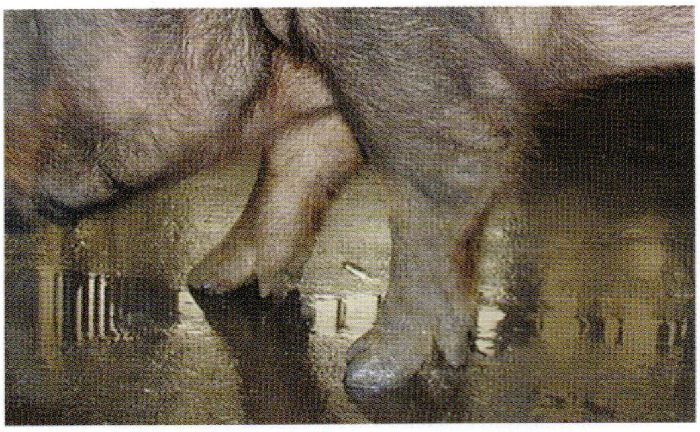

写真１　評価「３」に該当する母豚の前肢

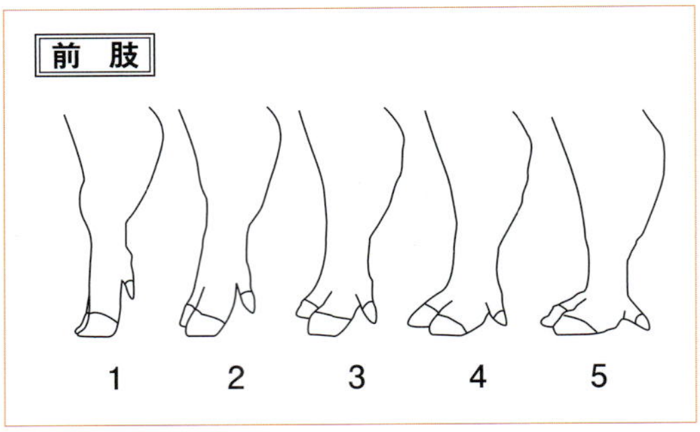

図１　前肢のつなぎ評価

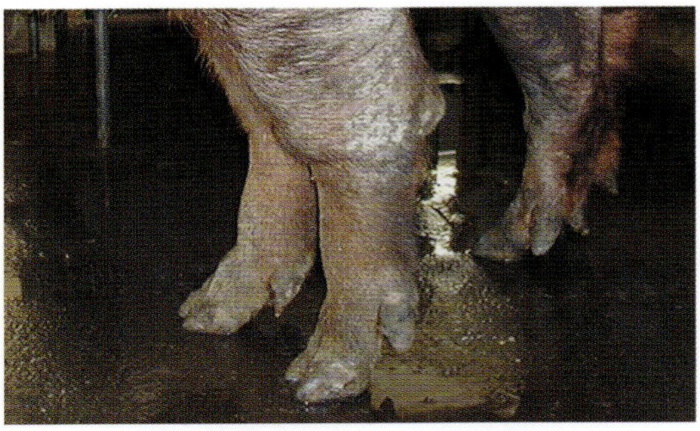

写真２　評価「２」に該当する母豚の後肢

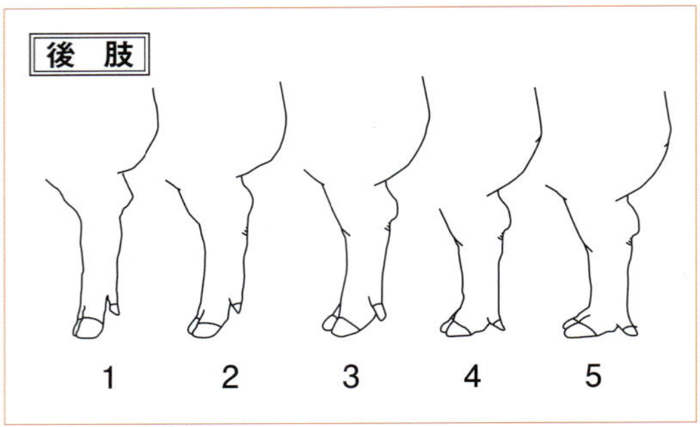

図２　後肢のつなぎ評価

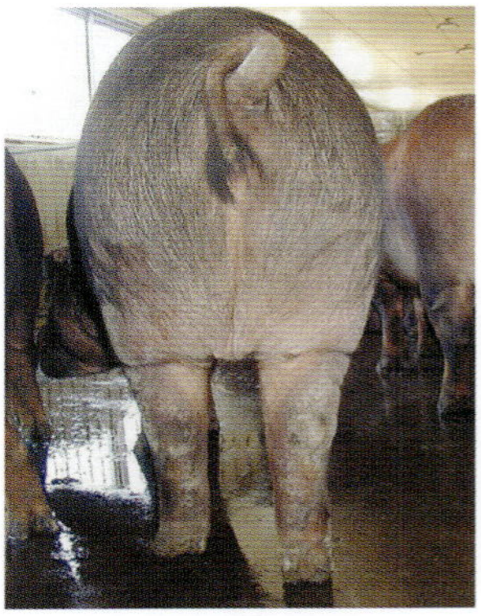

写真３
脚の幅は、八の字に広がっていたり、爪が中に入っていたりせず、脚の付け根からかかとまでまっすぐが理想的

㈱家畜改良センターでは、全国の指定種豚場、改良センターから収集した肢蹄写真を元に「つなぎ評価表」を作成しました。図１が前肢、図２が後肢の評価です。「１」が最もつなぎが硬く、「５」が最もつなぎが弱いという評価になります。

この評価表でいえば、

１）１と５は避ける
・１は硬過ぎて長期間もたない
・5は1よりはもつが､副蹄が傷つき､感染症を起こしやすい

２）２か４なら４のほうを選ぶ
・つなぎは硬いよりは弱いほうがもつ
・ただし、体重が小さいとき(30 kg など)に選ぶ場合は、重くなったときに数値が大きくなる傾向があるので2を選ぶ

の条件を満たすことが、長く供用できる母豚選抜のコツです。

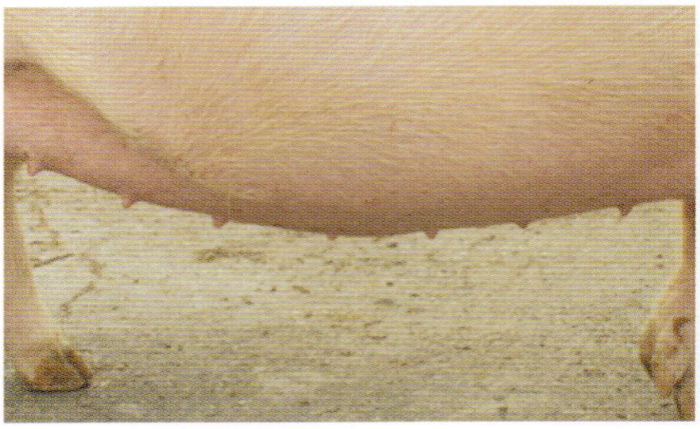

写真４　乳器は配列が一定で、６対以上あるものを選抜する

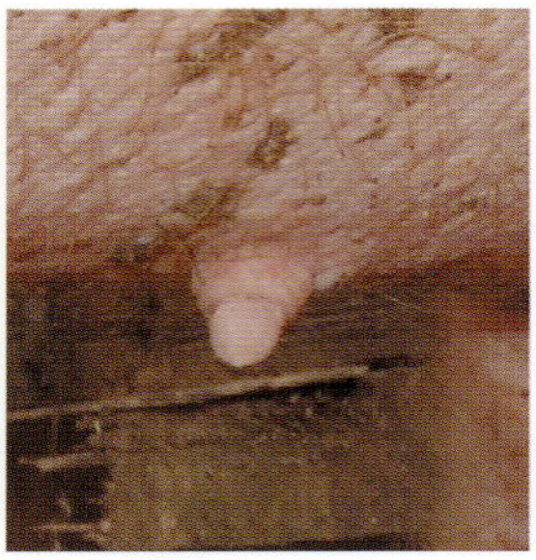

写真５　形質が良好な乳頭を備えているものが理想的

乳器は、形質が良好で正常な乳頭であること、配列が一定間隔であること、産子数などを加味すると左右６対以上あることが理想的です。

資料提供：
肢蹄写真、つなぎ評価表：
　㈱家畜改良センター
乳器写真：
　（左）㈲門倉種豚場
　（右）㈲新井ファーム

増補改訂版の発行にあたって

月刊「養豚界」の臨時増刊号であった「母豚全書」(1985) が書籍「新母豚全書」(2008) として皆さんの手に渡ってから、さらに10年近くが経過した2017年秋頃、今度は「増補改訂版」として生まれ変わることが決定しました。これは、本書がたくさんの方々に長くご活用いただいたおかげであり、繁殖技術に関する網羅的な情報を知りたいという一定の需要があることが示されています。ただし、その技術は日進月歩であるため、内容については改めるべき部分が散見されました。改訂するにあたってまずは岩村祥吉先生と私が緑書房を訪れ、養豚業界と関連技術を俯瞰したディスカッションを行いながら、これまでの執筆陣に加え、新たな分野を担当していただく方を検討し、本書のコンテンツと布陣をまとめました。

国際情勢の変化や国内農業における課題が多く指摘されるなか、多数の関係者の努力によってわが国の養豚産業が着実に発展している現状は大変喜ばしいことだと思っています。

ただし、病気に関する情報は日常的に取りざたされ関係者の認識が高い一方、繁殖に関しては後手に回っている感も否めません。しかし、日本の養豚産業で現在主流となっている一貫経営において、最も着実に成果を出すならば、良好な繁殖管理が不可欠です。これこそ、養豚経営の原点と言えるのではないでしょうか。そこで本書では各項目に繁殖管理の最新情報を織り交ぜて、それぞれの専門家に解説いただきました。

こうして増補改訂版発行の運びとなり、監修者としても望外の喜びです。今後も本書が生産現場で役立つことを心から期待いたします。

2018年10月

伊東 正吾

本書の旧版が発行された2008年当時は、2001年のBSEや2004年の高病原性鳥インフルエンザの発生もあって牛肉や鶏肉の代替としての豚肉の需要が増加し、枝肉価格が高水準で推移していました。それから、年によって差はあるものの現在でも良い相場を維持しているようです。

この10年間で飼養戸数が7,230戸から4,470戸と減少する一方、1戸当たりの飼養頭数は1,348頭から2,056頭まで増えて一層の規模拡大が進んでおり、さらに多産系母豚の導入・普及によって一部では飼養方法にも変化がみられます。また、2010年の口蹄疫と2013年以降のPEDの発生では業界が甚大な被害を受け、それらを踏まえた飼養衛生管理基準の見直しもなされています。

そこで今回、増補改訂版を制作するにあたり、10年前に監修をともにした伊東正吾先生に相談させていただき、これまでの執筆陣に情報のアップデートをお願いするとともに、口蹄疫とPEDについては哺乳子豚の疾病として新たに追加しました。また、多産系母豚、飼養衛生管理基準、繁殖に関する日数カウント、哺乳子豚の管理と新しい技術、母豚のベンチマーキング、凍結精液の最新知見の6項目についても新しくコラムを追加することになりました。情報のアップデートに加え、今回新たに執筆いただきました諸先生方に深く感謝申し上げます。

家族経営から大規模な農場までいろいろな形態で養豚に従事されている方がいらっしゃると思いますが、本書がそれぞれの現場で母豚を管理する業務の参考となることを切に願っております。

2018年10月

岩村 祥吉

CONTENTS

目　次

第1章 母豚管理の基礎を知ろう

第2章 正しい母豚の選抜・導入

第3章 母豚の生理から見る繁殖

第4章 分娩後の管理のポイント

第5章 知っておきたい応用技術

◆監修者

伊東 正吾	元麻布大学獣医学部 （3－3、コラム3－1、コラム3－2、コラム5－1）
岩村 祥吉	元（独）農業・食品産業技術総合研究機構　動物衛生研究所 動物疾病対策センター（3－1）

◆執筆者

武田 浩輝	㈲アークベテリナリーサービス（1－1）
下地 善弘	(国研)農業・食品産業技術総合研究機構　動物衛生研究部門（1－2）
志賀　明	シガスワインクリニック（1－3）
高田 良三	新潟大学農学部（1－4）
新原 弘二	㈱新原産業（1－5、1－6）
岡田 宗典	㈱さくらベテリナリークリニック（コラム1－1）
鈴木 啓一	東北大学大学院（コラム1－2）
鳥居 英剛	㈱春野コーポレーション（2－1）
大竹　聡	㈱スワイン・エクステンション＆コンサルティング（2－2、2－3）
堀北 哲也	日本大学生物資源科学部（コラム2－1）
大石 明子	農林水産省　消費・安全局　動物衛生課　病原体管理班（コラム2－2）
桑原　康	(農)富士農場サービス（3－2）
山口　明	十日町地域広域事務組合家畜指導診療所（3－4）
日髙 良一	(農)日高養豚場（3－5）
篠塚 俊一	グローバルピッグファーム㈱農場コンサルサービス部（3－6）
辻　厚史	NOSAI 連宮崎家畜部生産獣医療センター（4－1）
伊藤　貢	㈲あかばね動物クリニック（4－2）
久保 正法	元(独)農業・食品産業技術総合研究機構　動物衛生研究所（4－3）
芝原 知幸	(国研)農業・食品産業技術総合研究機構　動物衛生研究部門（4－4）
佐藤 衆介	帝京科学大学生命環境学部（コラム4－1）
野口 倫子	麻布大学獣医学部（コラム4－2）
纐纈 雄三	明治大学農学部（5－1）
吉岡 耕治	(国研)農業・食品産業技術総合研究機構　動物衛生研究部門（5－2）
佐々木 羊介	宮崎大学テニュアトラック推進機構（コラム5－2）
島田 昌之	広島大学大学院（コラム5－3）

第1章

母豚管理の基礎を知ろう

1-1
母豚のボディコンディション

はじめに

母豚のボディコンディションを良好に保つことは、高い生産性を安定的に維持するためには欠かせない重要なポイントです。豚は成熟体重になる前に繁殖に供用されるので、4産目ころまでは発育を続け、体重が増加します。

母豚のボディコンディションは発情回帰の有無および日数、排卵数、受胎率、産子数、泌乳量などを含むさまざまな繁殖成績に関係しています。特に離乳時のボディコンディションは、次回の繁殖成績を決定する主要因になっています。近年、高繁殖能力豚の導入が進み、その体型維持に関して、従来の常識と異なってきました。そのため、母豚のボディコンディションの指標も標準値を示しにくくなっています。リーンメーターなどを活用して個々の農場で利用している繁殖豚の飼養マニュアルなどを利用し、種の特性をよく理解して個々の農場でデータを取りながら、管理していく必要が出てきました。

初回交配時までの目標

候補豚は、養豚事業の将来を左右する存在です。細心の注意を払って取り扱わなければなりません。適正な給餌や管理をしなければ、真の繁殖能力を発揮できず、早期の淘汰にもなりかねません。

初回交配時の候補豚のボディコンディションが適切でなければ、これを後で修正するのは非常に難しく、一生涯十分な繁殖成績を上げられないままに終わる可能性があります。従って、候補豚（一般的に飼養されている候補豚）は初回交配時期に次の条件を満たす必要があります。

初回交配月齢	8ヵ月以上
目標体重	140～150 kg
背脂肪厚	16～20 mm

これを達成するには、繁殖に供用する母豚はなるべく早いうちに（3～4ヵ月齢）選抜し、肥育豚と同じ飼料ではなく、繁殖を促すのに役に立つ、タンパクや繊維、特定のミネラルやビタミンを強化した候補豚育成専用の特別な飼料を用いた管理で、体に十分な筋肉と脂肪を蓄えさせるようにします。

肢蹄の障害が繁殖豚の淘汰理由として多いなかで、このような栄養を強化した飼料を与えることにより、長期間繁殖に供用可能な強い体をつくることができます。また、これにより泌乳を繰り返すなかで飼料摂取量が要求量に満たないことがあっても、調整を行うことができます。

妊娠初期のポイント

妊娠豚は、全体と産次別の各ステージに応じた体重とボディコンディションの目標を定めることが大事です。若い産次では母豚に適度な体重増加を促し、泌乳期の体重やボディコンディションの低下を最低限に食い止める必要があります。5産目以降になると、一定の体重と背脂肪厚が維持できるようにしなければなりません。

妊娠初期（交配～28日目）では、以前は胚の生存を脅かすという理由で飼料の給与量を低く抑えるような給餌方法をとっていましたが、より成熟した母豚では、多くの飼料を与えても胚の生存を脅かす心配はないといわれています。

むしろ、前回の泌乳中に何らかの理由で体重を落とし、ボディコンディションを大幅に低下させてしまった母豚の場合には、飼料の摂取量

表1　ボディコンディションの見方

	BCS		背脂肪 P2 点（mm）	
1	著しくやせ過ぎ	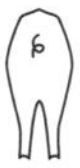	10～12	・手のひらで強く押すと、背骨、胸郭、腰角がすぐ分かる ・腰肉がくぼんでいる ・尻尾の付け根がへこんでいる
2	やせ過ぎ		12～14	・手のひらで強く押すと、背骨、胸郭、腰骨がすぐ分かる
2.5	細め		15～16	・やせているが見かけは良い ・指先で背骨の周りを強く押すと腰角に触れる
3	正常	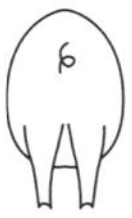	17～18	・背骨と肋骨は3秒押しても探すのは困難 ・指先で背骨の周りを押すと、はじかれる感じがする ・胴体と首部分の肉付きが厚くなっている ・後ろ姿は丸く見え、尻尾の周りにはへこみはない
3.5	やや太め	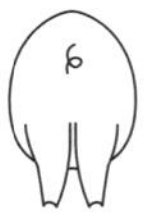	18～20	・低産歴の母豚では腰角に触れるのは非常に困難である
4	太め		21～23	・強く押しても背骨や肋骨に触れるのは非常に困難である ・背骨の表面は指先が簡単に押し込める（脂肪の蓄積が多い） ・胴体と首の肉付きが目立って厚くなっている ・尻尾の根元は周囲の脂肪に埋もれるようになっている ・産歴にかかわらずいずれも腰角に触れることはできない ・もも肉の後部に脂肪が詰まっている
5	太り過ぎ	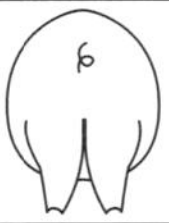	25 以上	・これ以上の脂肪の蓄積は不可能である ・目視評価で明らかに過肥であると分かる ・母豚が立ち上がるのに悪戦苦闘している

一般的には2～4.5 の範囲　　（ガッド、2002）

を多くする必要があります。ただし、種付け後3日間においては、維持飼料程度に抑えたほうが胚の死滅が少ないようです。

一方初産豚では、育成期に十分に栄養状態が確保され、ボディコンディションが良好な状況であるために、飼料摂取量を制限します。交配後に給餌量を減らすことにより、妊娠黄体の大きさ、重量がともに増え、プロジェステロンの血中濃度が増します。その結果、子宮内の状態が良化し、胚の生存率が高まるため、より多数の子豚の生産を可能にするといわれています。

このように初産豚と経産豚とでは、妊娠初期の体の状況や栄養要求量が異なるため、給餌方法を変える必要があります。

妊娠中期のポイント

妊娠中期（28～84 日目）には、胎子と受胎産物組織に必要な栄養は少ないので、適切なボディコンディションが維持できるような給餌を行わなければなりません。ボディコンディションが低いようであれば給餌量を増やし、太り過ぎであれば給餌量を減らす必要があります。

ボディコンディションスコア（BCS）は、母豚のボディコンディションを表す尺度で、非常にやせている状態を1とし、非常に太っている状態を5とする、5段階の数字で表します（**表1**一般例）。標準は BCS3 としています。妊娠中期では、標準となるBCS3を目指して飼料の給与を行います（**図1**）。

ボディコンディションが低くて給餌量を増やす場合でも、この時期にあまり増やし過ぎると、泌乳時の食欲に影響が出ることがあるため、注意しなければなりません。

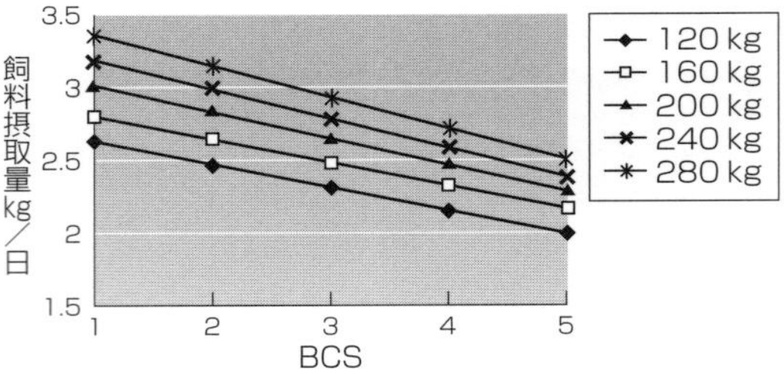

図1　ボディコンディションスコアと飼料要求量　（Boyd、1999）

妊娠後期のポイント

妊娠後期（84日～分娩）は、胎子の成長と乳房の発達が最も盛んになる時期で、栄養要求量も大幅に増える時期です。

胎子の成長速度は、出生時の体重や体のグリコーゲンなどの貯蔵量に大きく関わり、出生直後の生存力に重要な影響を及ぼします。このため、この時期には給餌量を0.5 kg/日程度増すべきで、分娩2週間前まで増やさないのであれば、それ以上に1日分を増量する必要があります。こうすることで、分娩前に母豚が体内に貯蔵した栄養を動員してしまうことを防止します。

この時期に貯蔵した栄養を動員してしまうと、ボディコンディションが低下してしまうだけでなく、胎子の成長や乳房の発達も阻害してしまい、子豚の生時体重や泌乳能力の低下につながります。また、泌乳時に利用するための貯蔵栄養が減少してしまうため、さらに乳量が減少したり、子豚の成長が阻害されたりします。

妊娠後期に飼料給与量を増やしても、泌乳期母豚の食欲への影響はほとんどないことが明らかにされています。ただし、分娩の24～48時間前には飼料摂取量を維持飼料まで減らし、おなかがいっぱいで分娩に支障をきたしたり、乳房炎などが起きないように気をつける必要があります。

泌乳期のポイント

泌乳期は最も重要な時期で、この時期の栄養状態が子豚の発達・成長と同時に、母豚のその後の短期的および長期的な繁殖能力に影響し、農場全体の生産性にまで影響します。18～25日齢で1腹の離乳体重が65～75 kgになるように、子豚を最低10頭は離乳し、母豚の体重とボディコンディションの低下を最小限に止めることが大事です。

この時期には、泌乳初期の数日間の飼料摂取量を制限し、その後母豚の泌乳量に合わせて飼料摂取量を調整するという方法をとります。泌乳初期に飼料を与え過ぎると、栄養を最も必要とする泌乳後期の食欲が抑制されることがあるためです。

この方法は、母豚の腸の保護と泌乳能力の維持も可能で、無乳症や乳房炎の発生も抑えられるといわれています。泌乳後期には、1日2回の採食だけでは、代謝要求を満たすだけの栄養を摂取できませんので、1日数回の給餌を行う必要があります。

離乳から次回発情までのポイント

離乳後は、母豚は突然子豚から引き離され、収容施設も変えられるため、これがストレスとなって食欲が減退します。しかし、24～48時間もすると食欲が戻るので、次回交配時まで泌乳用飼料を少なくとも3.5 kg以上与えます。泌乳によって体重やボディコンディションが大

表2　泌乳中にコンディションを低下させないことによる利益

生産成績の平均値（1～4産次）	離乳豚のボディコンディションスコア	
	2（P2 背脂肪：12 mm）	3（P2 背脂肪：18～20 mm）
記録を調査した母豚数	860 頭	464 頭
平均産子数　産次1	10.69 頭	10.58 頭
2	9.72 頭	10.34 頭
3	10.43 頭	11.21 頭
4	11.01 頭	11.20 頭
発情回帰日数	5.62 日	4.44 日
離乳時体重（24.8 日）	6.22 kg	6.35 kg
分娩回転率	2.39	2.43
24.8 日齢の子豚における体重増加分（年間1母豚当たり）	—	11.65 kg（+7.5%）
4産次までに淘汰された母豚	34%	26%

幅に低下してしまう場合がありますので、このような場合は栄養濃度の高い飼料を満腹まで与え、これを補うようにします。

少し古いデータですが、離乳時にBCS2だった母豚とBCS3だった母豚について、その後の産次を調べたものがありました（**表2**）。泌乳中にボディコンディションを低下させないことで、２産次以降の生産成績がまったく違ってくること、母豚の淘汰状況も変わっていることが理解していただけると思います。

ボディコンディションを指標にして母豚を管理することによって、分娩前の母豚の体脂肪は適正化します。このことは、子豚の生時体重や活力、分娩時の乳房の張りを適正化し、泌乳量を増加させます。

これにより、分娩後の立ち上がりのトラブルを軽減することができ、哺乳中の子豚が健全になるばかりではなく、離乳後の子豚の健康維持にもつながります。また、授乳中の食下量を維持することになり、授乳中の消耗を防止することができます。これは母豚の淘汰率の軽減にもつながります。

BCSの判定方法

ボディコンディションを判定する方法について、**図2**と**図3**に示します。ここで問題となるのは「見た目だけで判断しない」ということです。一見やせて見える母豚でも、実際に腰骨を触ってみると十分に脂肪が付いている場合もありますし、逆に腰骨が見た目で分からなくとも、触ってみると意外に脂肪の付着の少ない母豚もいます。

写真1と**写真2**を見てください。**写真1**ではどちらの母豚がやせて見えますか。実際にリーンメーター（**写真3**）で背脂肪（P2点、**写真4**）を測ってみると、左の母豚が14 mmで、右の母豚が19 mmという結果でした。**写真2**は同じ母豚を上から見たものです。**写真1**と同様に、上から見ても右側の母豚のほうがやせて見えますが、P2点の数値は逆です。

写真5、6はやせ気味の母豚を比較したものです。左の母豚と右の母豚では明らかに右の母豚がやせて見えます。リーンメーターでは、左

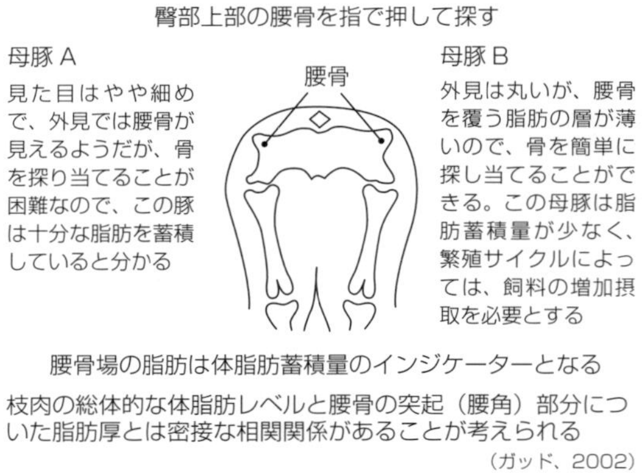

臀部上部の腰骨を指で押して探す
母豚A
見た目はやや細めで、外見では腰骨が見えるようだが、骨を探り当てることが困難なので、この豚は十分な脂肪を蓄積していると分かる
腰骨
母豚B
外見は丸いが、腰骨を覆う脂肪の層が薄いので、骨を簡単に探し当てることができる。この母豚は脂肪蓄積量が少なく、繁殖サイクルによっては、飼料の増加摂取を必要とする
腰骨場の脂肪は体脂肪蓄積量のインジケーターとなる
枝肉の総体的な体脂肪レベルと腰骨の突起（腰角）部分についた脂肪厚とは密接な相関関係があることが考えられる
（ガッド、2002）

図2　母豚のBCSの判定法

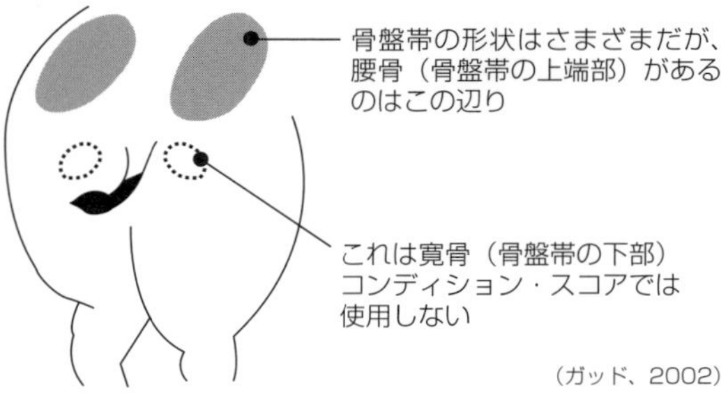

骨盤帯の形状はさまざまだが、腰骨（骨盤帯の上端部）があるのはこの辺り
これは寛骨（骨盤帯の下部）コンディション・スコアでは使用しない
（ガッド、2002）

図3　腰骨の場所

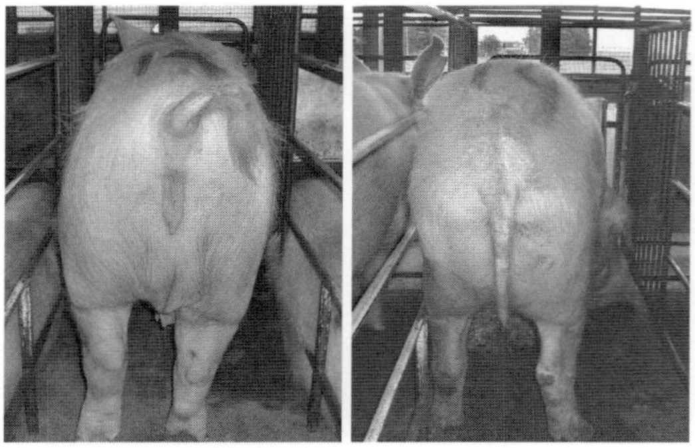

写真1　見た目の比較

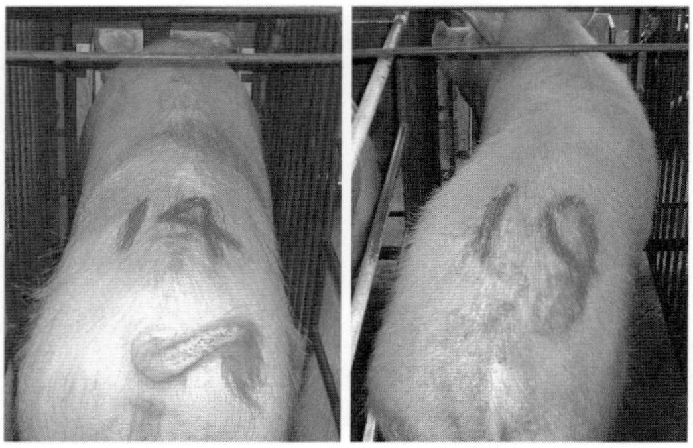

写真2　写真1の豚を上から見たところ

の母豚が14 mm、右の母豚が15 mmと若干左のほうがやせています。母豚を上から見ると見た目ではあまり変わりません。

この左の母豚は、農場内で見た目で判断することになるとBCS3に位置し、適正なボディコンデイション状況と判断されてしまいがちです。しかも、このような母豚はたいてい生産成績が良好です。しかし、この母豚に体型をそろえていくと、**写真1**や**2**の右側の母豚は、P2点の値がより適正であっても、太り過ぎの母豚ということになってしまいます。

このことから、ボディコンディションを農場に指導するに当たっては、見た目の判断ばかりではなく、腰骨の触診は当然ながら、リーンメーターを併用して実際に背脂肪を計測した数値を加味した、総合的な判断でコントロールすることをお勧めしています。

従来では、見た目や触った感覚など、ある程度の経験を積んだ管理者の感覚に頼っていたボディコンディションですが、リーンメーターを利用することにより、客観的な数値を加えることができます。これにより、より正確なボディコンディションを導き出すことができるとともに、熟練した管理者ばかりではなく、誰が行ってもバラツキの少ないスコアリングを行うことができます。

表3にリーンメーターによる飼料の管理表を示しました。ここで注意してもらいたいのは、この表はあくまでも一般的な表で、農場によって飼養されている豚の品種や系統も違えば飼養環境も違うということ、さらには与えている飼料の内容も違うということです。豚の品種や系

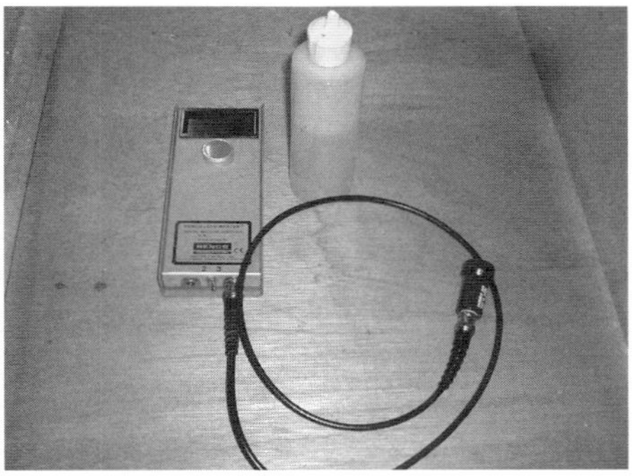

写真3　リーンメーター

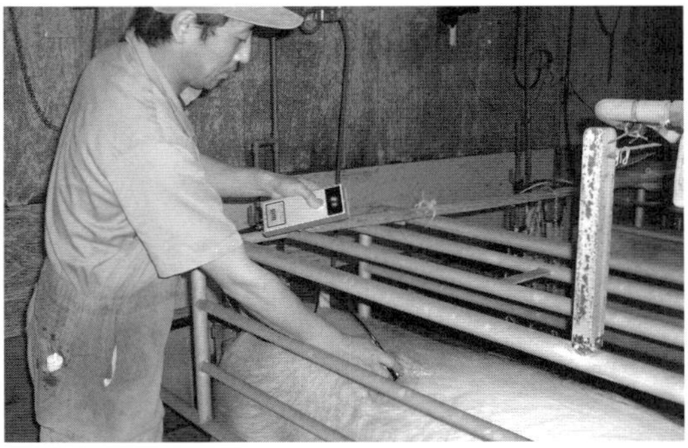

写真4　P2点の位置

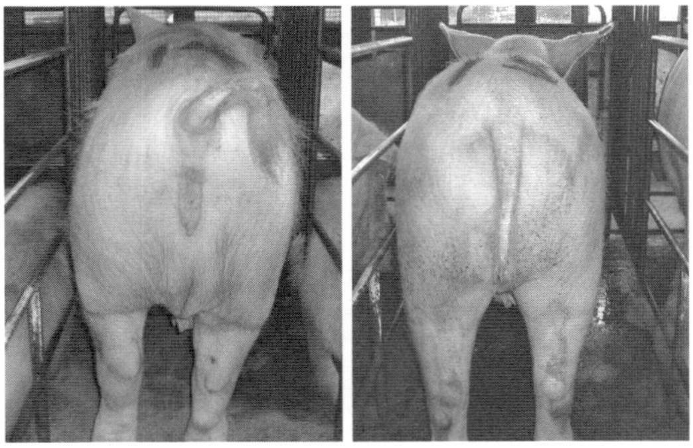

写真5　見た目の比較（やせ気味の母豚）

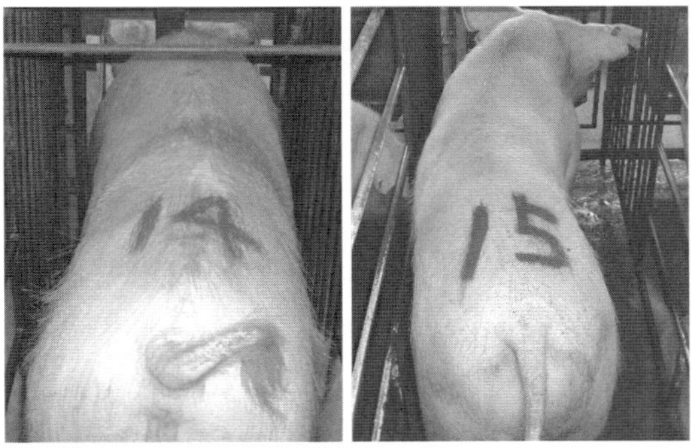

写真6　写真5の豚を上から見たところ

表3　リーンメーターによる飼料管理

種付け時背脂肪厚（mm）	14	15	16	17	18	19
妊娠期の目標体重（kg）	25	22.5	20	17.5	15	15
妊娠期の推定背脂肪増加（mm）	5	4	3	2	1	0
150 kg（小）	2.1	2.0	2.0	1.9	1.8	1.8
180 kg（中）	2.3	2.3	2.2	2.1	2.0	2.0
230 kg（大）	2.7	2.6	2.5	2.4	2.4	2.4

統が違えば、必要とされる脂肪の厚さが違いますし、飼養環境や与える飼料の内容が違えば、また与える飼料の量も違ってくるということです。季節的要因も大きく影響してきます。

高繁殖能力豚では、これまでの常識では考えられないほどボディコンディションを変動させたり、あるいは授乳期の食い込みが少ない状態でも高い繁殖成績を維持しているものもあります。農場で使用している品種や系統のタイプを見極めて、目標とするボディコンディションを決定することが重要です。目標とするボディコンディションとは、農場の中で実際に成績を上げて活躍している母豚です。農場の中で成績の良い母豚をピックアップし、その母豚が妊娠中や授乳中の各ステージでどのようなボディコンディションでいるか、よく観察することが重要です。

そのときのボディコンディションの状況、給餌量、P2点での背脂肪厚を農場の指標としてまとめてみてください。それをまとめた表が、農場独自の標準BCS表となります。この表を担当者間で共有し、生産性を上げていくことが重要です。

（武田 浩輝）

1-2
ワクチネーション～概念編～

はじめに

養豚経営の生産性向上の基本は衛生対策です。そのなかにおいて、感染症の予防には、ワクチンの使用が最も効果的で経済的な手段となります。本稿では、ワクチンの種類と誘導される免疫機構、また、母豚管理におけるワクチネーションの必要性と注意点について概説します。

ワクチンの種類と特徴

ワクチンは、一度侵入した病原体を記憶し、次の侵入時に速やかに排除するという免疫のメカニズムを応用したものです。生ワクチンと不活化ワクチンとに大別されますが、それぞれ利点と欠点を理解し、個々の農場に合ったワクチンの選択が必要になります。

(1) 生ワクチン

現在、国内で使用されている生ワクチンには、豚丹毒生ワクチン、豚伝染性胃腸炎（TGE）ワクチン、豚パルボウイルス感染症ワクチン、日本脳炎ワクチン、豚流行性下痢症（PED）ワクチン、豚繁殖・呼吸障害症候群（PRRS）ワクチン、豚増殖性腸炎（回腸炎）ワクチンなどがあります。これらの生ワクチンは、文字通り生きた病原体を使用したワクチンであるため、病原体が侵入したときと同じ免疫反応が起こり、高い防御効果が得られます。

生ワクチンは速効性、免疫持続期間、局所免疫（呼吸器や消化器などにおける粘膜免疫）の誘導、製品価格など多方面で優れていますが、安全性の面において十分な注意が必要になります。すなわち、生ワクチンとして使用される細菌やウイルスは弱毒化されていますが、時として生ワクチンの使用が動物に病気を引き起こす場合があります。

生ワクチン株は、ウイルスの場合は通常、強毒株を本来の宿主とは異なる動物由来の培養細胞で長期継代して得られた株を使用しており、その株がどのようなメカニズムで弱毒化したのかは不明です。従って、ワクチンを接種したにもかかわらずその動物が発症した場合、ワクチンが有効でなかったのか、あるいはワクチン株がその病気を引き起こしたのかは不明であり、これが生ワクチンを使用するに当たっての最大の問題点となります。

生ワクチンの安全性は宿主側の飼養環境、遺伝学的要因、ほかの感染症の汚染状況などにも左右されます。豚が強いストレスを受けた状態であったり、豚サーコウイルス２型（PCV2）やPRRSウイルスなど免疫を抑制するウイルスがまん延している農場では、その使用は十分に注意しなければなりません。

もう１つの問題点として、生ワクチンは、生後初乳を介して母豚から子豚に付与される移行抗体により体内での増殖が抑制され、効果が妨げられるので、接種時期に注意をしなければなりません。従って、何回もワクチン接種を受けた母豚の子豚に生ワクチンを接種する場合、移行抗体が消失する時期を把握する必要があります。

(2) 不活化ワクチン

国内で市販されている豚アクチノバチラス・プルロニューモニエ（App）感染症（豚胸膜肺炎）ワクチン、豚マイコプラズマ性肺炎（MPS）ワクチン、豚丹毒不活化ワクチンなどがこれに当たります。不活化ワクチンは、感染防御抗原を損なうことなく、ホルマリンなどで病原体を“殺した”ワクチンであり、病原体の培養液を含むこともあります。毒素を不活化したものはトキソイドと呼ばれます。

また、病原体の感染防御抗原成分のみを精製したコンポーネントワクチン（サブユニットワクチン）もこれに含まれますが、これには繊毛と呼ばれる菌体を覆う抗原を主成分とする豚大腸菌性下痢症ワクチン、遺伝子組換え毒素タンパクを利用したApp感染症（組換え型毒素）ワクチンなどがあります。

不活化ワクチンは、生ワクチンと比較して安全性が高い反面、免疫持続時間が短く弱いため、複数回接種しなければなりません。その対策として、免疫反応を増強させるためにアジュバントと呼ばれる免疫増強物質を添加し使用します。

アジュバントには、水酸化アルミニウムゲルや鉱物、植物オイルなどの物質が用いられますが、その中には接種部位の組織障害性、残留性、毒性が高いものがあり、接種部位にしこりが残る場合や接種後に発熱を示すことなどがあり、注意が必要です。

（3）その他

分子生物学の発展により、遺伝子工学的手法を利用した新しいワクチンの開発が可能になっています。これには、感染防御抗原と呼ばれるタンパク質を見つけ出し、さらにそれをつくるための遺伝子を同定し、単離（クローニング）することが前提となります。前述した遺伝子組換え毒素タンパク質を利用したコンポーネントワクチンもその1つであり、病原体の感染防御抗原遺伝子を大腸菌などで発現させ、精製して利用します。

新興感染症であるPCV2感染症ワクチンには、遺伝子工学技術が応用されています。1つは、PCV2の感染防御抗原遺伝子を同種1型ウイルスに組み込んだキメラウイルスワクチンであり、もう1つは昆虫ウイルスを利用して、昆虫細胞で同遺伝子を発現させたワクチンです。これらのワクチンはいずれも遺伝子組換えウイルスを不活化しており、不活化ワクチンとして使用されています。

また、遺伝子を組換えた生ワクチンの開発研究も盛んに行われています。遺伝子組換え生ワクチンの最大の利点は、1つのワクチンで複数のワクチン感染症に対して効果のあるベクターワクチンを開発できることにあります。これは、安全性の確認されている生ワクチンに、ほかの病原体の感染防御抗原遺伝子を発現させて利用します。著者は、豚丹毒菌の弱毒株にMPS病原体の感染防御抗原を発現させた組換えワクチンを作製しています。この株は、1回の接種で豚丹毒とMPSに有効であることが分かっています。

このように、遺伝子組換えベクターワクチンはワクチン接種の省力化が可能であり、培養が困難なウイルスやマイコプラズマなどの病原体の感染防御抗原を培養が簡単な細菌に発現させ利用することで、製造コスト、また製品価格を大幅に減少させることが可能になるなど、畜産分野においてはその使用メリットは極めて大きいと考えられますが、いまだ国内では実用化に至っていません。

遺伝子組換え生ワクチンの使用は、平成16年2月に施行された「遺伝子組換え生物などの使用等の規制による生物の多様性の確保に関する法律」（いわゆるカルタヘナ法）の規制を受けます。これは遺伝子組換え生物などの使用などによる生物多様性影響を防止する、すなわち自然環境への流出を防止するための法律であり、平成29年8月30日現在、170ヵ国（及びEU）が国際的に協力して遺伝子組換え生物などの使用などの規制を行っています。遺伝子組換え生ワクチンは、欧米ではすでに愛玩動物の分野で使用され、その安全性と有効性は実証されています。

ワクチンにより誘導される免疫反応

ワクチン接種で誘導される免疫は、抗体による体液性免疫と、T細胞と呼ばれるリンパ球が働きの主体となる細胞性免疫とに大別できます。生ワクチンが強い免疫を誘導できるのは、体液性免疫に加えて、細胞性免疫を誘導することができるためです。しかし、不活化ワクチンであっても、使用するアジュバントにより細胞性免疫を誘導することができます。

（1）体液性免疫

接種された抗原は、速やかにマクロファージや樹状細胞と呼ばれる食細胞である抗原提示細胞に取り込まれ、その情報をリンパ球に伝えます。刺激を受けたB細胞と呼ばれるリンパ球は、形質細胞と呼ばれる抗体産生細胞へと変化し、抗体産生を始めます。

最初に、免疫グロブリン（Ig）Mと呼ばれるクラスの抗体が産生され、次いでIgGと呼ばれるクラスの抗体が産生されますが、IgGはIgMと比較して病原体の排除力、持続性が優れているという特徴を持ちます。

豚丹毒ワクチンの場合、マウスを使った実験では、ワクチン接種後1週間では効果がなく、接種後2週間以降では完全な防御が成立することが分かっています。これは、ワクチン接種後1週目では感染防御に必須であるIgG抗体が産生されていないためです。IgG抗体は白血球が豚丹毒菌を捕捉し、貪食（どんしょく）して殺菌するときに必要になります。

また、呼吸器や消化管などの粘膜局所では、IgAと呼ばれるクラスの抗体が病原体の進入阻止や増殖阻止に重要な役割を果たしています。TGEワクチンは母豚に免疫を付けさせ、移行抗体を利用して新生豚の感染症を予防しようとするもので、初乳中のIgAレベルを上げることにより、TGEウイルスの腸管内での増殖を阻止することを目的としています。

このように、母豚に免疫を付加し、移行抗体を利用して新生豚の感染症を予防できるメリットは大きいのですが、前述したように、生ワクチンを使用する場合は接種時期に注意が必要です。

ちなみに、移行抗体の腸管からの吸収は生後24時間以内に限られますので、子豚には生後速やかに十分量の初乳を与える必要があります。

（2）細胞性免疫

ウイルス感染症では、自己の細胞に隠れている病原体を発見して、Tリンパ球やNK（ナチュラルキラー）細胞などが直接攻撃します。また、サルモネラ菌や結核菌などは、食細胞内で生残し増殖するため、抗体により排除が困難となります。そこで、Tリンパ球はインターフェロンやインターロイキンを分泌して細胞性免疫を増強し、最終的にはマクロファージなどの食細胞により体内のウイルスや細菌、異物などを貪食し殺菌します。

このような、T細胞が関与する免疫の仕組みを細胞性免疫といいます。サルモネラ菌など、食細胞内で生残することのできる細菌を細胞内寄生菌といいますが、細胞内寄生菌の効果的な予防には、細胞性免疫を誘導することのできる生ワクチンが有効です。

母豚へのワクチネーションの必要性と注意点

ワクチネーションは、感染防御理論に基づき計画的に行われる必要があります。しかしながら、実際はワクチン接種だけでなく、導入豚の選抜や検疫状況、さらにはほかの感染症の予防などを含めた総合的な疾病管理下で獣医師の指示に従うことになるので、ここでは一般的なことを述べます。

母豚に対して行われるワクチネーションは、母豚を感染症から守る目的以外にも、死流産を防止する目的で接種するものがあります。これらはゲタウイルス感染症、豚パルボウイルス感染症、日本脳炎（JE）、オーエスキー病（AD）に対するワクチンであり、交配時から妊娠初期までに接種します。JEウイルスやゲタウイルスの伝搬は蚊によって媒介されるため、蚊の活動開始時期までに接種する必要があります。

また、移行抗体により新生豚が各種病原体に侵されるのを防ぐために極めて重要なものとして、TGE、PED、豚大腸菌性下痢症、PCV2感染症、豚ボルデテラ感染症（豚萎縮性鼻炎）に対するワクチンがあります。従って、これらのワクチンでは初乳中の抗体レベルを十分高めておく必要があるので、分娩予定日に合わせてワクチンプログラムを組むことになります。

（下地 善弘）

1-3 ワクチネーション～実践編～

はじめに

豚の生産は病気との闘いだ、と感じている生産者は少なくありません。病気を農場内または地域内でコントロールし、清浄化していくことは、生産性の向上に直結することになります。

病気をコントロールする手段として、ワクチネーションがあります。ワクチンはその病気の感染を予防したり、発症を予防したり、またその病原体の排せつをコントロールするために重要なツールです。

ここでは、母豚へのワクチネーションの意義や目的、実際の接種方法や実施時のポイントなどについて記述します。

豚のワクチン

病気は、病原体による感染症とそれ以外の非感染症に分類されます。感染症の病原体は①ウイルスによるもの②細菌によるもの③寄生虫によるものの３つに区分されます。豚の感染症に対するワクチンは、主にウイルスワクチンと細菌ワクチンが市販されており、その種類と接種

表１　豚用のウイルスワクチン

NO.	ワクチン名	不活化	生	使用範囲		対象疾病
				母豚	肥育豚	
1	京都微研日本脳炎ワクチン		●	◎		日本脳炎（JE）
2	京都微研日本脳炎ワクチン・K	●		◎		JE
3	日生研日本脳炎 TC 不活化ワクチン	●		◎		JE
4	日生研日本脳炎生ワクチン		●	◎		JE
5	動物用日脳 TC ワクチン「KMB」		●	◎		JE
6	京都微研豚パルボワクチン・K	●		◎		豚パルボウィルス感染症（PPV）
7	豚パルボワクチン「KMB」	●		◎		PPV
8	豚パルボ生ワクチン「KMB」		●	◎		PPV
9	日本脳炎・豚パルボ混合生ワクチン「KMB」		●	◎		JE & PPV
10	京都微研日本脳炎・豚パルボ混合生ワクチン		●	◎		JE & PPV
11	京都微研豚死産３種混合生ワクチン		●	◎		JE & PPV &ゲタウイルス感染症
12	豚伝染性胃腸炎生ウイルス乾燥予防液		●	◎		豚伝染性胃腸炎（TGE）
13	日生研 PED 生ワクチン		●	◎		豚流行性下痢（PED）
14	日生研 TGE・PED 混合生ワクチン		●	◎		TGE & PED
15	スイムジェン TGE/PED		●	◎		TGE & PED
16	ポーシリス Begonia10、50		●	◎	◎	オーエスキー病（AD）
17	スバキシンオーエスキー		●	◎	◎	AD
18	スバキシンオーエスキーフォルテ ME		●	◎	◎	AD
19	インゲルバック PRRS 生ワクチン		●	◎	◎	豚繁殖・呼吸障害症候群（PRRS）
20	フォステラ PRRS		●	◎	◎	PRRS
21	インゲルバックサーコフレックス	●		△	◎	豚サーコウイルス関連疾病（PCVAD）
22	ポーシリス PCV	●		△	◎	PCVAD
23	サーコバック	●		◎	◎	PCVAD
24	フォステラ PCV	●		△	◎	PCVAD
25	京都微研豚インフルエンザワクチン	●		△	◎	豚インフルエンザ（SIF）
26	フルシュア ER	●		△	◎	SIF &豚丹毒（SE）
27	インゲルバックフレックスコンボミックス	●			◎	PCVAD & MPS
28	インゲルバック３フレックス	●			◎	PCVAD & MPS & PRRS

△肥育用だが必要なときには母豚にも使用する

（志賀、2018）

表2 豚用の細菌ワクチン

NO.	ワクチン名	不活化	生	使用範囲		対象疾病
				母豚	肥育豚	
1	アラディケーター	●		◎		萎縮性鼻炎（AR）
2	日生研 ARBP 混合不活化ワクチン ME	●		◎		AR
3	日生研 AR 混合ワクチン BP	●		◎	◎	AR
4	スイムジェン ART2	●		◎	◎	AR
5	豚パスツレラトキソイド「KMB」	●		◎	◎	AR
6	豚丹毒生ワクチン「科飼研」		●	◎	◎	豚丹毒（SE）
7	豚丹毒ワクチン-KB		●	◎	◎	SE
8	日生研豚丹毒生ワクチン C		●	◎	◎	SE
9	日生研豚丹毒混合不活化ワクチン	●		◎	◎	SE
10	ポーシリス ERY	●		◎	◎	SE
11	スワイバック ERA	●		◎	◎	SE
12	ポーシリス APP-N	●		△	◎	豚胸膜肺炎（App）
13	日生研 AP ワクチン 125RX	●		△	◎	App
14	スワインテクト APX-ME	●		△	◎	App
15	レスピシュア	●		△	◎	豚流行性肺炎（MPS）
16	レスピシュア　ワン	●		△	◎	MPS
17	レスピフェンド MH	●		△	◎	MPS
18	インゲルバックマイコフレックス	●		△	◎	MPS
19	エムバック	●		△	◎	MPS
20	マイコバスター	●		△	◎	MPS
21	日生研 MPS 不活化ワクチン	●		△	◎	MPS
22	日生研グレーサー病2価ワクチン	●		◎	◎	グレーサー病（HPS）
23	グレーサーバスター	●		◎	◎	HPS
24	エンテリゾールイリアイティス		●		◎	増殖性腸炎（PPE）
25	ポーシリス STREPSUIS	●		◎	◎	レンサ球菌症
26	京都微研ピッグウィン-EA	●		△	◎	App & SE
27	日生研 ARBP・豚丹毒不活化ワクチン	●		◎	◎	AR & SE
28	スイムジェン rART2/ER	●		◎		AR & SE
29	スワイバックコンポ BPE	●		◎		AR & SE
30	マイコバスター AR プラス	●			◎	AR & MPS
31	日生研豚 APM 不活化ワクチン	●		△	◎	App & MPS
32	リターガード LT-C	●		◎		大腸菌症＆クロストリジウム感染症

△肥育用だが必要なときには母豚にも使用する
（志賀、2018）

対象や対象疾病などを**表1、2**に示しました。

ワクチンには、生ワクチンと不活化ワクチンがあり、同じ疾病でも両方あるものもあります。また、不活化ワクチンの抗体を上げるためのアジュバントには種々のものがあり、それによって効果や副作用などが異なってきます。

ワクチンを選択するには、第一に農場の状況に対して、より効果的であるものが優先されます。しかし、同じ病気のワクチンでも、ワクチンコストや接種回数などの考慮も必要ですし、またワクチン接種による副作用が出る場合もありますから、この点も重要な選択のポイントになります。これらのことを検討して、管理獣医師の判断でワクチンを選択することが必要です。

また、肥育豚用に開発されたワクチンでも、必要性があれば母豚に用いることもあります。これも、農場の疾病状況を管理獣医師が判断して決定することが肝要です。

母豚ワクチンの使用目的

母豚へのワクチン接種の目的は①接種する母豚自身の疾病を予防するもの②生まれてくる子豚の疾病を初乳を介して予防するもの③両方を

表3　主な母豚接種ワクチンの主要な使用目的

ワクチン	接種対象ステージ	使用目的
JE ワクチン	母豚	母豚の死流産予防
パルボウィルスワクチン	母豚	母豚の死流産予防
ゲタウィルスワクチン	母豚	母豚の死流産予防
TGE ワクチン	母豚	移行抗体による哺乳子豚の発症予防、被害軽減
PED ワクチン	母豚	移行抗体による哺乳子豚の発症予防、被害軽減
インフルエンザワクチン	母豚＆肥育豚	母豚の発症予防、ウィルス排泄軽減、母子感染予防、母豚群の免疫の安定化、肥育豚の発症予防、被害軽減
AR ワクチン	母豚＆肥育豚	母豚群の AR 予防および移行抗体による産子子豚の発症予防
大腸菌ワクチン	母豚	移行抗体による哺乳子豚の病原性大腸菌性下痢予防
PRRS ワクチン	母豚＆肥育豚	母豚の発症予防、ウィルス排泄軽減、母子感染予防、母豚群の免疫の安定化、肥育豚の発症予防、被害軽減
サーコウイルスワクチン	母豚＆肥育豚	母豚の発症予防、ウィルス排泄軽減、母子感染予防、母豚群の免疫の安定化、肥育豚の発症予防、被害軽減
AD ワクチン	母豚＆肥育豚	母豚の発症予防、ウィルス排泄軽減、母子感染予防、母豚群の免疫の安定化、肥育豚の発症予防、被害軽減
豚丹毒ワクチン	母豚＆肥育豚	母豚の発症予防、母子感染予防、母豚群の免疫の安定化、肥育豚の発症予防
グレーサー病ワクチン	母豚＆肥育豚	母子感染予防、肥育豚の発症予防
App ワクチン	（母豚）＆肥育豚	母豚の発症予防、母子感染予防、母豚群の免疫の安定化
MPS ワクチン	（母豚）＆肥育豚	母豚の発症予防、母子感染予防、母豚群の免疫の安定化
レンサ球菌症ワクチン	母豚＆肥育豚	母豚の発症予防、母子感染予防、肥育豚の発症予防

（志賀、2018）

目的とするものに大別されます。**表3**に、母豚接種ワクチンの使用目的をまとめました。

①のワクチンには、流死産予防のワクチンがあります。日本脳炎やパルボウイルス感染症、そしてゲタウイルス感染症による流死産予防ワクチンが該当します。

豚伝染性萎縮性鼻炎（AR）や大腸菌症、豚伝染性胃腸炎（TGE）などのワクチンは、母豚に接種することによって、初乳を介してその移行抗体が子豚の感染、発症を予防することを主目的として接種されます。TGE や豚流行性下痢（PED）ワクチンは、初乳に加えて常乳によっても発症の軽減を図るといわれています。

また、オーエスキー病（AD）や豚繁殖・呼吸障害症候群（PRRS）のワクチンは、母豚の発症予防は大切な目的ですが、肥育豚への接種を効果的に行うために、母豚群の免疫（抗体レベル）を安定化させ、肥育豚の移行抗体の消失時期をそろえることも大きな接種目的です。さらに、母豚群での感染予防、異常産などの被害軽減のためにも効果的です。

一方、通常は母豚へは接種しない豚胸膜肺炎（App）や豚流行性肺炎（MPS）ワクチンも、母豚群での免疫状態の均一化を目的に使用することがあります。App ワクチンの母豚接種は、肥育豚の移行抗体消失時期が一定化することにより、肥育豚でのワクチネーションの効果がより確実になると考えられています。

母豚へのワクチネーションは、以上のような目的を考慮して、ワクチンコストや接種の労働負担などから判断した上で、選択することを心がけてほしいと思います。

候補豚馴致におけるワクチネーション

母豚は自家育成や導入によって更新されますが、候補豚の馴致は、母豚群に繰り入れた後の疾病コントロールにおいて重要なポイントとな

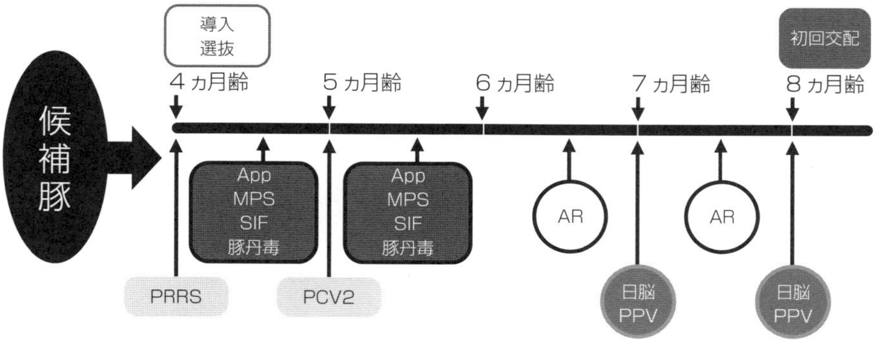

図1　候補豚馴致時のワクチネーション（例）　（志賀、2018）

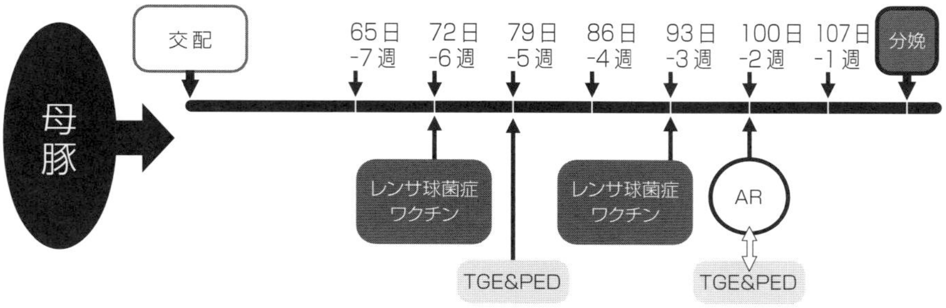

図2　母豚ワクチン接種プログラム・分娩サイクル（例）　（志賀、2018）

ります。馴致は種々の方法で行われますが、最も安全で効果的な方法の1つがワクチネーションです。候補豚自身の疾病予防にも重要ですが、母豚群に繰り入れた後のワクチネーションのためにも、馴致時のワクチネーションによる基礎免疫を獲得させておくことが特に大切です。

候補豚の馴致時のワクチネーション例を、**図1**に示しました。PRRSや豚サーコウイルスワクチンは、導入後早い時期に接種することが肝心です。App、MPSなどは、候補豚自身の発症予防のために接種します。ARワクチンは、今後の分娩ごとの接種のための基礎免疫獲得を目的に接種します。

これらのワクチネーションは回数も多くなりますから、候補豚にとってかなり大きなストレスになる危険性があります。導入時から候補豚へのスキンシップを十分行い、接種は優しく丁寧に行うよう心がけてください。飼料を与えながら接種するなどの配慮が必要で、決して乱暴な接種をしないようにしてください。

母豚のワクチネーションプログラム

ワクチネーションは、ワクチンの使用目的を効果的に発現できるよう、適切な時期に接種することが肝心です。母豚のワクチネーションには分娩サイクルごとに接種するものと、季節対応や一定間隔ごとに母豚群に全頭一斉接種するものとがあります。

分娩ごとに接種するワクチネーションプログラムの例を**図2**に示しました。ARワクチンやTGE & PEDワクチンは初乳を介して子豚に免疫をつけるために接種するもので、母豚の抗体が分娩時に高くなることを想定して接種しま

表4　母豚ワクチン接種プログラム・季節対応（例）

	日本脳炎〈生〉	日本脳炎〈不活化〉	PRRS	インフルエンザ&豚丹毒
1月				
2月				
3月			一斉	
4月	一斉			
5月				一斉
6月		一斉	一斉	
7月				
8月				
9月			一斉	
10月				
11月				一斉
12月			一斉	

（志賀、2018）

す。レンサ球菌症のワクチンは子豚用ですが、哺乳期や離乳後の早期に発症する農場では、分娩ごとの母豚接種が有効です。

一方、**表4**には季節対応の母豚ワクチン接種プログラムを示しました。日本脳炎は、夏場のコガタアカイエカが発生する時期に多発する疾病で、多発時期までに免疫を付与しておく必要があります。生ワクチンを２回接種してその後に不活化ワクチンを追加接種するのは、不活化ワクチン接種によるブースター効果を発現させ、より高い持続する免疫を獲得させるためです。生ワクチンを１回のみでその後２回の不活化ワクチンを接種するプログラムを推奨する方もありますが、筆者は生ワクチン２回接種による基礎免疫を確実に獲得させ、その上で不活化ワクチンを追加接種するほうが、より有効で確実だと判断しています。

PRRSワクチンは、接種の目的を十分検討して接種することが重要です。そして、接種するのであれば一斉接種のほうが効果的だと考えています。接種開始時は、４週間隔で２回の一斉接種を実施した上で、年４回の定期的な一斉接種を実施します。接種回数については、農場の汚染状況などから管理獣医師の判断で増減することが必要だと考えます。

豚インフルエンザは、近年問題となる農場が増えてきています。本来子豚用として市販されていますが、子豚に接種するよりも母豚接種のほうがコスト的に見合うと考えています。基本的に年２回の一斉接種で対応しますが、併せて豚丹毒も同時に接種しておくと母豚の発症予防と肥育豚でのワクチン接種時期が判断しやすくなります。

母豚ワクチネーションに関する注意事項

母豚へのワクチネーションは、分娩ごとの接種や一斉接種で複数のワクチネーションの接種時期が近くなることもしばしばです。３～４日ごとに頻繁に接種するのであれば、同日にまとめて同時接種するのが良いと考えています。

また、接種時の衛生管理には十分注意し、せっかく疾病発生予防のためのワクチン接種が、疾病のまん延や発症につながることのないよう心がけてほしいと思います。接種器材の滅菌や接種時の１頭１針の針の交換などをきちんと確実に行うようにしましょう。注射時は飼料を給与するなど、できるだけ注射がストレスにならないよう配慮することも肝要です。

一方、母子免疫による子豚の疾病予防のためには、初乳摂取を十分行うことがワクチン効果をより高めることにつながります。そのためには、分割授乳や保温などの管理をしっかりと行うことが大切です。

また、実施したワクチン接種が十分な効果を上げているかを確認するために、母豚の血清や初乳を用いて抗体チェックをすることも大切です。初乳免疫を目的とする場合は、移行抗体が均一にうまく獲得できているのかを確認するため、子豚の血清抗体を検査することも必要です。

時として、ワクチンによっては接種後に食欲不振などの副作用が発現するものもあります。ワクチンの中には、接種時に豚の体調に特に注意を要するものもありますから、チェックしておくことも肝心です。

また、近年しばしばワクチンの供給が滞ることがあります。ワクチンメーカーやディーラーからの流通に関する情報収集を行っておくことが重要で、欠品する場合には他のワクチンに変更したり、ワクチン以外の対応を図っていくことが必要です。

おわりに

母豚に接種するワクチンは、かなり多くなってきました。接種目的をしっかり確認して、管理獣医師によるワクチンの選択と接種プログラムに基づいて、漏れることなく確実に実施していくことが肝要です。

せっかくワクチン接種をするのですから、最大限の効果が出るように、種々の事柄をチェックして実施してもらいたいと思います。

（志賀　明）

1-4
母豚の飼料・飲水管理

はじめに

母豚の生産目的は、その生涯（５～７産）においてできるだけ多くの子豚を生産することにあります。近年の母豚は、その繁殖能力、飼料内容、豚舎環境などが改善された結果、従来と比べて、成績がかなり向上しています。現在では、年間１母豚当たり22頭以上の生産（離乳）ができるようになりました。

肥育豚が比較的単純な成長過程（タンパク質と脂肪の蓄積）のみを目的とすることに対して、母豚は、導入から始まって、発情、種付け、妊娠、分娩、授乳、離乳、発情と、生物学的に見ても複雑なサイクルを繰り返します。

また、繁殖１サイクルのような短期間の栄養とともに、現状での５～７産という比較的長期間の連産性に重きを置いた、栄養学的な問題も重要になってきます。さらに、肥育豚以上に個体ごとの反応に違いが見られ、各農場の豚舎環境の違いもこの反応をより複雑にしています。

従って、現在でも母豚の栄養に関してはまだ不明な点が多く、飼料給与に関しては、科学的な根拠によって明らかにされているというよりも、多くは経験的なことから来ています。とはいうものの、母豚の生産にかかわる費用のうち、最も大きいのは飼料代であることから、より精密に効率の良い飼料給与を行うことが重要であることは間違いありません。

一方、飼料給与に密接に絡むのは飲水です。肥育豚も同じですが、母豚は多くの新鮮な水を要求します。十分な量の水を飲めないと、飼料摂取量のみならず、繁殖成績そのものにも悪影響が出ます。

ここでは、母豚の飼料給与法と栄養的特徴および飲水管理について概略を述べます。

表１　候補豚の１日当たり養分要求量

体重（kg）	60~80 kg	80~100 kg	100~130 kg
期待１日増体量（kg）	0.60	0.55	0.50
風乾飼料量（kg）	2.19	2.29	2.44
粗タンパク質（CP、g）	274	286	305
可消化エネルギー（DE、Mcal）	6.74	7.04	7.52
〃　（DE、MJ）	28.2	29.5	31.5
可消化養分総量（TDN、g）	1530	1600	1710
カルシウム（Ca、g）	16.4	17.2	18.3
非フィチンリン（N-P、g）	9.9	10.3	11.0

日本飼養標準・豚（2013年版）より抜粋

養分要求量

（1）候補豚

候補豚は、体重がおおよそ60 kgになったころから肥育豚と分けます。外からの導入豚もこのくらいの体重が一般的です。

候補豚の養分要求量（一部）を**表１**に示しました。１日当たりの飼料給与量としてはおおよそ2.2～2.4 kg程度です。飼料の種類は通常妊娠豚用と同じで、各栄養素の比較的低濃度の飼料を制限給餌し、増体量をある程度抑えます。

この理由は、増体が高過ぎると脂肪が体内に多く蓄積し、このことによって繁殖機能が低下するからです。また、体重の割には骨格の発達が不十分なため、長期の連産に耐えられません。

（2）妊娠豚

妊娠豚の養分要求量（一部）を**表２**に示しました。通常、妊娠豚は胎子の発育などに養分を優先的に割り振るため、極端な制限給餌を行ったとき以外は多少栄養素が不足していても子豚への影響は少ないとされています。１日当たり

表2　妊娠豚の産次別1日当たり養分要求量

産次	1	2	3	4	5	6
体重（kg）	130	155	175	190	205	215
風乾飼料量（kg）	2.04	2.11	2.13	2.24	2.22	2.17
可消化エネルギー（DE、Mcal）	6.29	6.49	6.56	6.89	6.84	6.68
〃　（MJ）	26.3	27.2	27.4	28.8	28.6	27.9
可消化養分総量（TDN、g）	1430	1470	1490	1560	1550	1520
粗タンパク質（CP、g）	255	264	266	280	278	271
リジン（g）	10.3	10.7	10.8	11.4	11.3	11
カルシウム（Ca、g）	15.3	15.8	16	16.8	16.7	16.3
非フィチンリン（N-P、g）	9.2	9.5	9.6	10.1	10	9.8

日本飼養標準・豚（2013年版）より抜粋

表3　授乳豚の産次別1日当たり養分要求量

産次	1	2	3	4	5	6
体重（kg）	165	185	200	215	225	230
風乾飼料量（kg）	4.51	5.25	5.35	5.45	5.52	5.55
可消化エネルギー（DE、Mcal）	14.87	17.33	17.66	17.99	18.2	18.31
〃　（MJ）	62.2	72.5	73.9	75.3	76.1	76.6
可消化養分総量（TDN、g）	3370	3930	4005	4080	4130	4150
粗タンパク質（CP、g）	677	788	803	818	828	833
リジン（g）	39.5	45.9	46.8	47.7	48.3	48.5
カルシウム（Ca、g）	33.8	39.3	40.1	40.9	41.4	41.6
非フィチンリン（N-P、g）	20.3	23.6	24.1	24.6	24.8	25.0

日本飼養標準・豚（2013年版）より抜粋

の飼料給与量が1.5 kg以上であれば産子数には影響しませんが、給与量をこれより増やすと子豚の生時体重が増加します。一般には通常の妊娠豚用飼料を1日当たり2.0～2.2 kg程度給与します。

（3）授乳豚

授乳豚の養分要求量（一部）を**表3**に示しました。授乳豚は母体の維持ばかりでなく、泌乳のために多くの養分を必要とします。授乳期間中の泌乳量は1日当たり5～8 kgであり、初産では少なく、3～5産で最高になります。また、産子数が多いほど泌乳量は多くなり、授乳期間中では3～4週で最高に達します。

分娩直後の母豚は飼料を十分には摂取できませんが、徐々に増やし、1週間くらいで自由摂取できるようにします。この時期に授乳豚が必要とする養分は、飼料摂取だけでは十分に確保できません。その不足分として、自分の体内に蓄積した養分を分解して泌乳などに振り分けます。従って、できるだけ体内の蓄積養分を減少させないために、消化性の良く、嗜好性の高い飼料を十分に給与することが重要です。

通常、授乳豚には授乳豚用飼料を自由摂取させるのが基本で、この飼料は妊娠豚用よりも各栄養素の濃度が高くなっています。

近年、海外から輸入された母豚で、産子数の極めて多い母豚への飼料給与は注意が必要です。例えば、リジン要求量は従来の哺乳子豚10頭の場合（①）に対して、哺乳子豚が15頭の場合（②）は以下のように大きく異なってきます。

①哺乳子豚10頭の時

可消化リジン要求量(g／日)＝(0.98+22.9×0.2×10）×0.85=46.8 g／日

②哺乳子豚15頭の時

可消化リジン要求量(g／日)＝(0.98+22.9×0.2×15)×0.85=69.7 g／日

このように、従来のリジン要求量に対して哺乳子豚が５頭増えると、69.7／46.8=1.49と計算され、約1.5倍のリジンが必要であることが分かります。

給餌量を1.5倍に増やすことは難しいため、現実的にはリジン濃度の高い飼料を給与することになります。現場では、母豚の乳頭の数の限界から、おそらく里子に出して対処していると思われますので、このような極端なリジン要求量の差にはなりません。しかし、哺乳子豚が２頭増えたたけでもリジンは7.8 g／日多く必要になり、従来の授乳期用飼料ではリジンが不足することが分かります。産子数の多さに対応した適切な飼料の給与が要求されます。

ビタミン、ミネラル

母豚が廃用に回される原因の１つに、脚弱があります。これを防ぐには足腰を強化する必要があり、そのためにはカルシウムとリンを十分に摂取させなければいけません。また、カルシウムは母乳の主成分でもあり、授乳豚への十分なカルシウム給与は骨格組織からの分解・漏出をできるだけ少なくします。

なお、カルシウムとリンはその給与量だけでなく、その比率も重要です。最適な比率は、カルシウム / 非フィチンリン比で1.5～2.5とされています。

ビオチンは正常な胚の発達に必須であり、ビオチン添加によって産子数の増加が報告されています。葉酸は、妊娠豚への飼料添加あるいは注射により、妊娠初期の胚および胎子の生存率が７～24％程度改善され、その結果として産子数が増加することが明らかになっています。そこで2005年版の日本飼養標準では、葉酸の要求量を1.3 mg／kgに上げています。３mg／kgを推奨する報告もあります。

そのほか、繁殖成績に関係するビタミン、ミネラルはビタミンA、βカロテン、ビタミンE、リボフラビン、クロムがあります。

母豚の栄養的な特徴

（1）候補豚

候補豚の栄養的特徴は、先にも述べた通り制限給餌を行うことです。特に近年の豚は自由摂取させると成長が早く、体重が130 kgに達していても、種付けに耐え得る十分な骨格体型ではないことがあります。

一方、制限給餌の程度が強過ぎることも問題で、脂肪蓄積の少ない赤肉系統の豚でも、P2背脂肪厚は13 mm以上が必要であるとされています。排卵数は初回発情から３回目まで増加することから、初回の種付けは３回目の発情時にすることが望ましく、それによって産子数の増加が期待できます。

（2）妊娠豚

妊娠豚はまだ成長段階の豚であり、どの程度の増体量が適切であるかを示すのは難しいことです。しかし、現在では５～６産で体重が200 kgを超えるくらいが合理的とみなされています。

妊娠期の各ステージをみると、妊娠前期、中期では胎子の成長はそれほど大きくはありませんが、後期の１ヵ月で胎子の発育は急激に伸びます。そこで、かつては妊娠後期に母豚に増し飼いする慣習が見られました。

しかし、通常の飼料給与が十分で、栄養的に満足できる母豚であれば、母豚そのものの持つ緩衝作用が強いため、胎子への影響、体成分への影響は少ないようです。従って、現在では妊娠期間全期間の給与養分量が重要であるとされています。また、妊娠期に飼料を多くやり過ぎると、授乳期の飼料摂取量が減少するといわれています。

一方、冬季はエネルギー要求量が増すため、豚舎環境にもよりますが、体重200 kgの母豚であれば臨界温度の20℃よりも気温が1℃低下するごとに飼料を40～70 g増給することが必要です。

ところで、妊娠期の飼料給与量は、本来の自由摂取量と比べるとかなり少なくなっています。つまり妊娠豚は常に空腹感を感じているといえます。そこで、繊維含量を多くし、栄養成分の濃度を低くした飼料を多く給与すると豚は満足感を得ることができるため、動物福祉的な観点から、このような給餌方法が推奨されています。

（3）授乳豚

授乳豚は、泌乳に多くの栄養成分を振り分ける必要があるため、飼料由来の栄養成分だけでは不足になり、それを補うために体内に蓄積した栄養成分を分解して利用します。従って授乳期間中には体重の減少が起きます。しかし、このとき極端に体重が減少すると発情回帰の遅延が起き、次回の発情が来るまでの間、無駄餌を食べさせなければなりません。

一般に、体重減少率｛(分娩1週間前の母豚体重－離乳時の母豚体重)/分娩1週間前の母豚体重×100｝が5～15％の範囲内のときに発情回帰が最も早いとされています。

授乳豚の飼料摂取量を増やすには、消化性の良い良質な飼料を給与することはもちろんですが、1日の給餌回数を増やしたり、飼料に水を加えるウェットフィーディングにすると効果があります。

特に夏季の授乳豚は十分量の飼料摂取が難しいことがしばしば起きます。このようなとき、ウェットフィーディングを行うと母豚は飼料をよく食べ、それによって泌乳量が増え、子豚の成長は改善されます。

飲水管理

飲水に関しては、母豚に限ったことではなくすべての豚に言えることですが、常に新鮮な水を十分に飲めるようにすることです。授乳豚の飲水量は適温環境下では約20ℓ/日とされていますが、当然夏季には多くの飲水を要求します。また、授乳豚の飲水量は産子数の影響を受け、産子数の増加とともに飲水量も多くなります。

給水器がニップル式の場合には、流水量が少ないと十分量の水が飲めなくなります。また、ニップル給水器の設置してある高さも重要で、豚が最も飲みやすい高さに調節します。

ウォーターカップ式の給水器では、子豚もその水を飲むため、もし水が汚染されていると、子豚の下痢発生の原因になります。常に給水器は清潔にしておく必要があります。

おわりに

母豚は極めて複雑な反応を示し、適正な飼養管理は容易なことではありません。また、豚舎環境の変化に対しても母豚は敏感に反応するといわれています。しかし解決すべき問題が多いということはそれだけ重要ということでもあります。栄養管理を適切に行えば、繁殖成績は必ず向上します。

（高田 良三）

1-5
繁殖豚舎の施設論

はじめに

最近、次々と豚繁殖・呼吸障害症候群（PRRS）、豚サーコウイルス２型（PCV2）などが流行し、大きな被害がもたらされています。養豚における飼養方法も、SPF や早期離乳（SEW）、分娩ケージを多くして、そのまま分娩柵のツノだけを外し離乳豚舎の前期を兼ねる方法などがあります。また、馴致、ワクチンといろいろな予防方法が開発されていますが、なかなかすべての病気を根絶することは難しいようです。

予防方法の１つとして、設備上のいろいろな改善を施すこと、つまり、より良い飼養環境を整えることで、できるだけストレスを与えない豚舎で管理ができるようになれば、飼養成績は改善されると言われています。

畜産設備資材、あるいは設備業者として 31 年間畜産業界にかかわってきたなかで、器具・器材、装置、設備は、流行に大きく左右されてきたのが実感です。なかには日本で定着したもの、またフィットしなかったために自然に淘汰されたものも多数ありますが、ブームが起こるとあっという間に広がる傾向があります。

今まで、できるだけ多くの施設や現場を見て、お客様の話を聞き、また海外の情報を得、いろいろな改善提案も試みてきました。そのなかでは、完璧な施設を使いこなしている事例は案外少ないというのが実感です。

ところが、同じ施設でありながら、上手に使いこなして良い結果を出されている農場や、少しの改善で良くなったと言われる事例もたくさんありますし、逆にお金がかかっている割には成績が今一つ良くない事例もたくさんあります。そこで、ここでは適切な環境や空調について、分かりやすく整理してみたいと思います。

日本に適した豚舎環境とは？

日本列島は細長いので、北海道のような寒い所もあれば、沖縄のように暑い気候の所もあります。また山梨県のような盆地では、夏には南九州よりも暑くなったり、新潟県のようにフェーン現象が起こったりと、気象的に大変多様性に富んでることから、それぞれの地域性、地形などに合わせて、施設、設備、換気方法などにおいても多様な考え方が必要になってきます。

昔はアメリカの技術が導入されていましたが、最近ではヨーロッパから導入される傾向が続いています。もちろん、畜産技術の先進国ですので学ぶべきものはたくさんありますが、それぞれの技術や文化は、その地域や地形などだからこそ生まれた、その場所に合った技術であり、畜産界の文化ではないでしょうか。

例えば、サービスルームを兼ねた通路の天井から、豚舎内部の天井裏を通り、天井インレットを経て、外気を入れる陰圧方式で、しかも台数制御方式での排気というヨーロッパタイプのウインドウレス豚舎があります。日本の南九州のように暑い地域では、冬場は問題ありませんが、夏場には何らかの改善をしなければ、しのぎがたい気がしてなりません。やはり、この形はヨーロッパの気候、風土にあってこそ一番フィットするのではないかと思います。

先に述べたように、日本には地域や地形によって多様な気候や風土があることを考えると、その地域や地形などに合った、それぞれの創意工夫が必要になってくるという気がしてな

表1　導入豚舎豚房数　算出の公式

候補豚育成豚房数（A）＝年間候補豚導入数（B）×収容期間（C）÷365÷豚房収容頭数（D） 例 100 頭一貫経営で年間更新率 33%の場合 （B）年間候補豚導入頭数　母豚常時数×33%　　100×0.33＝33 （C）収容期間（80～120 kg）　約 85 日 （D）収容能力 更新についてはストール飼いは難しいので、群飼として５頭編成で考える。 （A）＝33×85÷365÷５＝1.5 ≒２豚房

りません。私たちの提案で設置したトンネルクール（クーリングパド）を冬場でも使えるように、農場主と従業員の方々で独自の改善工夫をされて、より良い結果を出されているケースなどを聞くと、大変嬉しくなります。

今回の施設論は、豚舎のより良い環境づくりと、空調改善の基本的な考え方を一緒に考えながら説明していきたいと思います。ステージごとの最適な環境づくりと管理ができることで、最近の成績悪化に歯止めを掛け、少しでも成績向上にお役に立てられるならと考える次第です。

導入豚舎

繁殖豚舎、分娩豚舎を考えるときに必ず必要なのは、母豚更新のための導入豚舎（馴致豚舎）を、実稼動豚舎とできるだけ隔離した所に設置することです。ここでは、候補豚を初回種付けまで飼養します。導入豚舎の豚房数は**表1**を参考に算出できます。

内部からの繰り上げの場合、ここで種豚としての適性を判定します。また、外部導入の場合は、適性判定をした豚を一定期間隔離飼養し、抗体検査などを行って、病気侵入などのリスクや状況を判断した後に農場内に入れることになります。このとき、候補豚にはワクチンを接種したり、初回種付け前までに十分な免疫が持てるように、廃用豚と同居させるなどの馴致を行います。

導入豚舎は、季節によって収容頭数にバラツキが出ますので、冬場の頭数が少なくなるときは西南の光を十分取り入れるようにします。また、暖地の場合は、夏の頭数が増加する時期に合わせて、容積に配慮したストレスのかかりにくい構造を心掛けるようにします。豚舎の目的からすると、個体ストールよりも群飼豚房が望ましいと思われます（**図1**）。

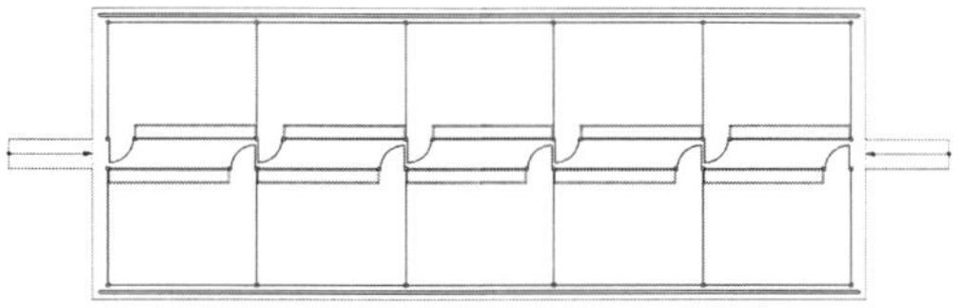

図1　導入豚舎レイアウト例　　（新原原図）

導入豚舎は、防疫面を十分検討しながら、作業着、靴、道具などを別にできる準備室を設置します。一定の体力のある豚で構成されるので過度の空調施設を必要としません。床面構造はコンクリート床、間仕切りは柵構造で良いでしょう。

繁殖豚舎

（1）「観察豚舎」としての役割

繁殖豚舎は、離乳母豚および初回種付け時期にある候補豚の交配前後、次回発情予定日が経過するまでの期間飼養し、次のことを目的とする豚舎です。算出方法は**表2**をご参照ください。

①発情の誘起を促し、発情豚への交配を行う
②交配後、再発情の有無を観察する

表2　繁殖豚房算出の公式

交配豚房数（A）＝年間分娩腹数（B）×交配豚房収容期間（C）÷365÷交配豚房収容能力（D）

（例）100 頭一貫経営の場合

（B）年間分娩腹数	235 腹	
（C）交配豚房収容期間	平均発情再帰日数	10（7）日
	妊娠確認	21 日
	水洗消毒	3日
	計	34（31）日

（D）交配豚房収容能力はストールなので 1 頭

（A）＝235×34÷365÷1＝21.9≒22

写真1　バラスト電灯の設置例

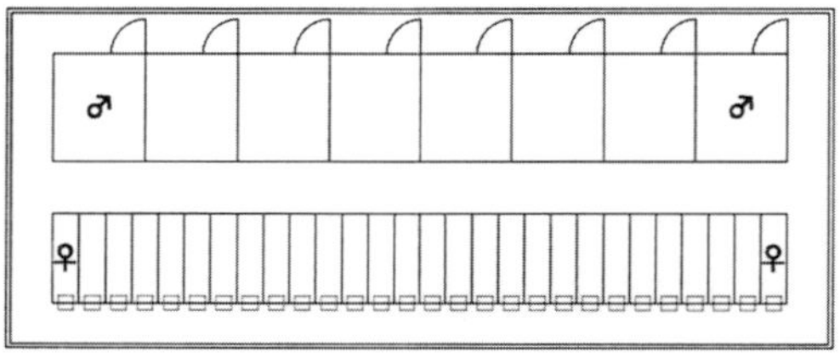

図2　繁殖豚舎のレイアウト例　（新原原図）

③種雄豚の飼養豚房

④人工授精（AI）と自然交配（NS）を併用する場合、精液の調整などを行う AI 室を離して設置する

交配部門においては、発情観察および再発情チェック、ボディコンディションの確認など、人の目による観察や作業が大変重要な部分になるため、観察しやすく、豚の移動や交配作業のしやすいレイアウトが必要になってきます。

個体管理をする重要なステージですから、発情の視点から清潔で明るい豚舎が理想的であるため、まだ例は少ないのですが、一部の農場では改造して天井を張る所も出てきています。できるだけ白い反射のあるアルミ複合板などを使用し、反射力を利用して、照明効率が上がるように仕上げます。照明器具に配慮した豚舎の例として、バラスト電灯（**写真1**）や、蛍光灯を連続的に配置したケースがあります。

夏場をしのぐため、開放豚舎にドリップクーラー、クーリングパドや縦換気で細霧装置などを設置し、さらに冷房効率を上げるために、カーテンなどで閉じ込みを良くしたセミウインドウレスの交配豚舎を採用するというパターンも増えてきています。しかしこの場合、豚舎全体が暗くなってしまうケースが多いので要注意です。

発情発現と照明の関係を見てみると、鶏の肥育部門に当たるブロイラーでは、できるだけ暗くして（カーテンも内側が黒のシルバーブラックを使用する）、じっと動かさずに照度も落として飼料要求率を上げます。反対に、種鶏場およびレイヤー（採卵鶏）では、交配、産卵率を高めるためにカーテンも明るいものを使用して照度を上げます。一時期、鶏が好む色は赤だとかオレンジだとか議論された時期がありましたが、基本的には明るさが大事だと言われていま

表3　種雄豚の飼養頭数について

交配方式		飼養種雄豚頭数	備考
自然交配		雄1頭：雌13～15頭	
人工授精	全面自家採精	雄1頭：雌40～60頭	
	自家採精 ＋ 一部外部購入精液	農場ごとに異なる	【例】純粋種を飼養して、コマーシャル母豚を自家更新する農場での純粋雄豚飼養など
	全面外部購入精液	発情確認用当て雄 雄1～2頭	去勢漏れの肉豚などから当て雄に選択・仕上げる

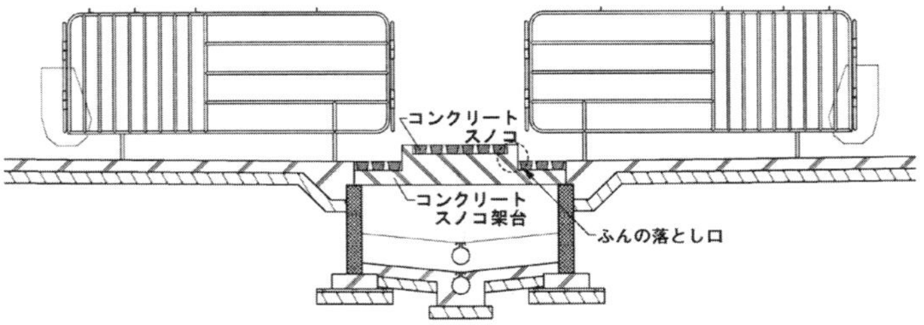

図3　ふんのかき出し作業が簡単なスノコの設置例　（新原原図）

す。

豚舎用のカーテンも、繁殖豚舎は観察が重要なため、黄色や明るいグレー色、白色の断熱機能が付いたトンネルクールシートを使用するなどして、内部の壁も天井もできるだけ明るく清潔につくることが大変重要なポイントです。

（2）作業上の視点

繁殖豚舎の場合、移動や観察、交配が容易で、なおかつ発情発現も促しやすいという作業性が重要になります。いろいろな農場の繁殖豚舎を見ていますが、規模によって作業性の違いはさまざまです。

ある農場では、雄柵の周りに母豚を巡回させて発情回帰を促進させる方法をとっています。扉幅と通路幅を同じサイズにすることで、タイミングを見て雄豚房に母豚を導入して交配したり、ときには母豚柵側の通路を使い交配ができるようなレイアウトにしていました（**図2**）。ちなみに、雄の飼養頭数は**表3**をご参照ください。

最近では、NSとAIを併用するケースが増えており、そのような場合、繁殖豚舎にはAI室が隣接されていますが、母豚を移動しやすいように妊娠豚舎も隣り合うことが望ましい形です。

母豚はストール柵で飼養します。ストール幅は広過ぎると反転するものも出るので、60 cmくらいが理想的です。床面は、種雄豚房も母豚ストールも部分スノコを使用して、ふんのかき出し清掃作業の管理が容易にできるようにレイアウトすること（**図3**）と、種雄豚の頻繁な移動を考慮した出入り口および通路配置が重要です。また、種雄豚房が隣り合う場合の間仕切りは、面状パネルもしくはブロック積みなどの壁仕切りのものが理想的です。

通路幅については、通路を交配場所に使用する場合は1.2 m以上必要です。また、豚房の扉は器具を持ちながら開閉する作業が多いので、簡単に開閉できるものが良いでしょう。

表4　妊娠ストール数算出の公式

妊娠ストール数（A）＝年間分娩腹数（B）×妊娠ストール収容期間（C）÷365		
（例）100頭一貫経営の場合		
（B）年間分娩腹数	235頭	
（C）妊娠ストール収容期間	妊娠期間	114日
	水洗期間	4日
	種付ストール分	−21日
	分娩豚舎導入分	−7日
	計	90日
（A）＝235×90÷365＝57.9≒58		

（3）環境調整・空調からの視点

先に述べたように、採光に配慮すれば基本的には開放型でもウインドウレス、セミウインドウレスでも構いません。

夏場対策を考えたとき、開放型の中でよりベターな方法を取るか、もっと積極的に冷却する場合は、ウインドウレスかセミウインドウレスになるような改造が必要となってきます。どちらを採用するかは、既存豚舎の状況に応じて、改造コストのかからないほうを選択することになると思います。

なお、このステージは種雄豚、母豚ともに成豚で、子豚に比べて十分に体力がついているので、直接風が動いても体力的消耗が少なく、空調的には比較的やりやすいと思っています。

ただし、種雄豚の繁殖生理は、気候の変化の影響を受けやすいので、四季の変化にあまり影響を受けない収容施設が必要です。特に、夏場の暑熱ストレスは種雄豚、母豚双方の繁殖生理に悪影響を及ぼすので、30℃以上の高温環境にならないように温度コントロールできる豚舎が理想的です。

簡易方法として、ドリップクーラーを使用する方法があります。水が落下する場所にダクトファンなどで風を当ててやると、気化効率が上がり体感温度がより下がります。最近では、ドリップクーラーの上部にペットボトルに入れた水を凍らせて使用するケースも増えています。

妊娠期の寒冷ストレスは、流早産の事故や分娩子豚の生時体重の減少など、繁殖成績低下の要因にもなるので、二重カーテンにするなど舎内温度低下の防止策についても十分に検討すべきでしょう。

妊娠豚舎

妊娠母豚を分娩予定日前まで飼養、妊娠鑑定を行い、空胎豚を早期に見つけ出して種豚の稼働率を上げることを目的とした豚舎です。ここでは、分娩した子豚の事故率低減に必要な母豚のワクチネーションを実施し、生産成績の向上を図ります。ストール数は**表4**をもとに算出してください。

妊娠鑑定作業、ボディコンディションのチェック、計量器付自動給餌器による給餌量の調整作業など、日常の管理作業がやりやすいようにストールの構造を検討する必要があります。ストールは、初産目、２産目の体格の小さい母豚用のストール幅の狭いタイプと、３産以降の母豚用の幅広い２つのタイプのストールを設けることができれば管理上理想的です。

妊娠豚舎のストールに取り付ける飼槽については、以前は流し船方式もありましたが、飼料の飛散やボディコンディションに合わせた個別飼料管理を考えると、ステンレス製の個別飼槽が望ましいと思います。また、飼槽の清掃作業（水洗い）がしやすいように、マジックキーを２個付けて反転するようにして、ホースで水洗いができるようにすると管理面でも衛生面でも最適です（47ページ写真１参照）。

床面は部分スノコで、除ふん作業とスクレーパー部分へのふん落とし作業が容易にできるよう、隣のストールの中間に部分スノコの穴の部分がくるように設置するケースが増えています。なお、ストール用のコンクリートスノコは、特注サイズのスノコを前もって注文できるので、よく検討してください。

また、後ろ扉については、除ふん用ふんかき棒が入るように、下部に切り込みのあるタイプにすると作業性が良くなります。

ストール柵設置の際は、下部床面との接触部分がさびて早く腐食するので、塩化ビニルパイプで巻き、モルタル仕上げにしたほうが柵が長持ちします。また、床面は常に乾燥状態が保たれるように配慮すべきですが、母豚の事故防止のために水勾配以上の傾斜は避ける必要があります。

豚舎内の急激な温度変化は妊娠維持に悪影響を及ぼすので、ウインドウレスや開放豚舎の場合、カーテンは密閉度が高くなるように設置し、地域によっては二重カーテンや断熱カーテンなどで、外気の影響を受けにくくする必要があります。

繁殖豚舎のレイアウト

繁殖豚舎は、作業上の関連から、AI室、妊娠豚舎と同一建物、もしくは隣接するケースが多いので、レイアウトについてはまとめて繁殖豚舎として説明していきたいと思います（**図４〜６**）。

現場に行くと、空調改善の相談をよく受けますが、なかでもレイアウト上の障害にぶつかるケースを多く経験します。縦換気に改善しようとすると、妻側に設置してある管理棟や倉庫などが問題になることがあります。作業上必要な倉庫、管理棟、AI室が、空調設計するときに入気取り入れ口の上で重なり、障害とならないかどうかなどは後々問題になってくるので、作業性、観察、発情誘起のための雄豚の移動、空調などについて総合的視点に立ってレイアウトしていくことが重要です。

分娩直前の母豚の移動ストレスができるだけ少なくなるように、繁殖豚舎は分娩豚舎に近い場所が理想的です。また、防疫面からは繁殖豚舎、分娩豚舎ともに、一般道など外部と直接的に面していない場所（農場の奥まった所）が望ましいといえます。

空調視点でみる繁殖豚舎の考え方

（1）養豚飼養の各ステージの最適環境について

繁殖豚舎と分娩豚舎について、養豚の空調全体の流れをつかむために、全ステージの最適環境を**表５**に示しました。

（2）繁殖豚舎の具体的空調のあり方

前項でも述べましたが、改めて繁殖豚舎の空調について詳しく考えてみます。

現在、特に九州では開放型の繁殖豚舎が圧倒的に多い現状があります。ただ、最近夏場の猛暑対策をすることで、秋口以降の分娩、繁殖成績も大きく改善されることから、繁殖豚舎に夏場対策の改善を施す依頼が大変増えています。

ところで、繁殖豚舎のレイアウトで示した**図４、５**の２例は、クーリングパドと細霧装置を使用した事例であり、豚舎側面はカーテン方式で、縦換気方式のセミウインドウレスの繁殖豚舎です。前述の通り、繁殖部門の豚は基本的に成豚であるため、直接風が当たっても体力的消

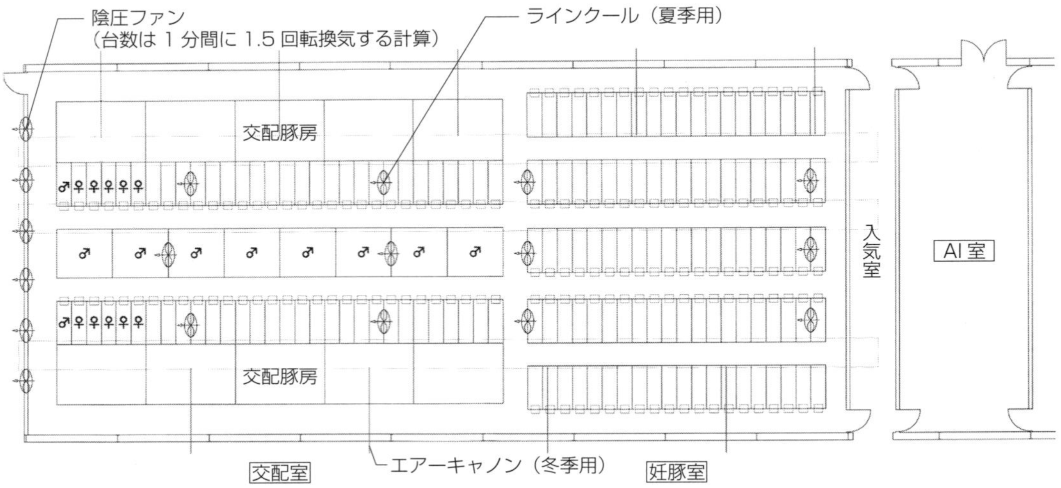

図4　繁殖豚舎のレイアウト例　（新原原図）

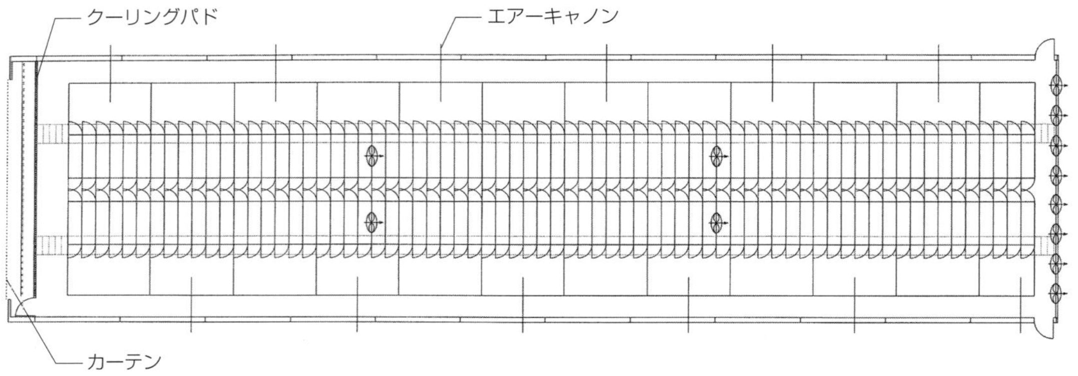

図5　繁殖豚舎のレイアウト例　（新原原図）

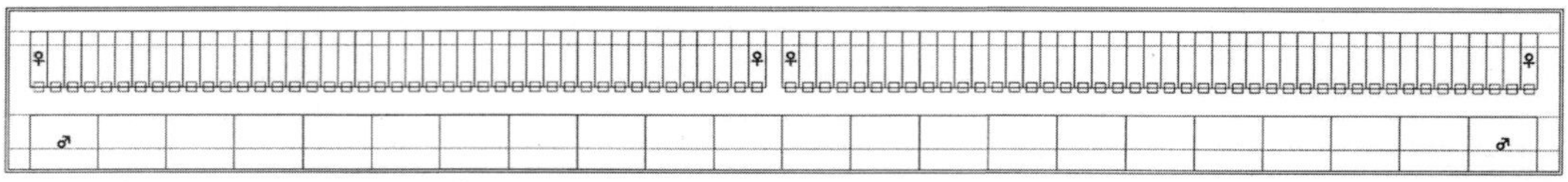

図6　繁殖豚舎のレイアウト例　（新原原図）

耗は少ないことから、開放型豚舎ではファンの台数を増やして、体感温度を下げる方法が夏場対策として多く採用されています。

ファンの前に温度計を置いて温度を計測しても、運転時と停止時で温度計に変化は起こりません。鶏や豚のように汗腺の少ない動物では、風だけでは涼しさは感じにくいといえます。すなわち、温度だけでなく湿度についても考慮することが重要です。

例えば、湿度 60％で温度が 20℃のときに、湿度を 10％上げると体感温度は 3.3℃暖かく感じます。また、逆に 10％湿度を下げて乾燥方

表5 養豚における全ステージごとの適正環境条件

分娩豚舎	母豚スペース	15～20℃	特に夏場は母豚を30℃以下に涼しくしてやることで、秋の繁殖成績にプラスに働く
	子豚スペース	35～30℃	子豚は出産後12kgくらいまでは高温障害が出ないので、温度重視の管理をする
交配豚舎		22～25℃	照度を上げて明るくする
出産予定の妊娠豚舎		できれば真夏日でも30℃以下になるように心がける	
候補豚舎			
導入豚舎			
離乳豚舎		前期：30～28℃→後期：24～22℃	
肥育豚舎		25℃	

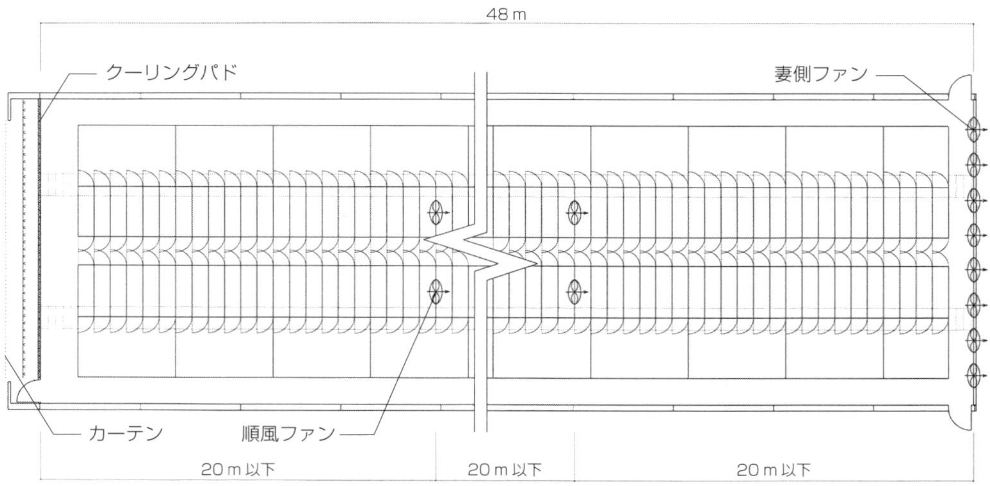

図7 クーリングパドおよび順風ファンのレイアウト例 （新原原図）

向に持っていくと、3.3℃涼しく感じることから、ファンの台数を増やすと体感温度は下がることになります。

ただし、開放型豚舎の中で、熱気に近い外気温が出入りしているような場合は、ファンだけで全体を冷やすのは大変効率が悪いということになります。このときは、ドリップクーラーとダクトファンなどで改善する方法もあります。

また、外気温が35℃以上になる地域で常に30℃以下（できれば28℃くらい）にしたい場合は、密閉度を高めてクーリングパドや細霧装置による合理的な冷房方法を取り、冬場対策としてエアーキャノン換気方式を併用する方法があります。

（3）クーリングパド

クーリングパドに関しては、皆さんご存じだと思いますのであえて述べません。この設計に当たっては、豚舎の密閉度を高め、縦換気方式を採用して、妻側のファンで1分間に1.5回転以上の換気ができるようにし、かつ舎内も密閉度が高ければ20m間隔での順風ファンの設置が必須です（**図7**）。これは、クーリングパドの近くと遠い所の温度ムラをなくすためであり、順風ファンを使用するのとしないのでは、冷房効果に大きな差が出てくるので要注意です。

（4）細霧装置による合理的冷却方法

この場合も、妻側のファンで舎内の空気を1

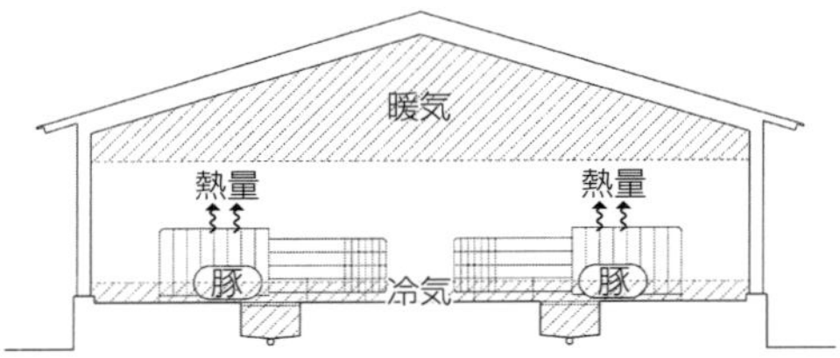

図8　舎内の温度の違い　（新原原図）
暖気は上部に、冷気は下部に滞留する

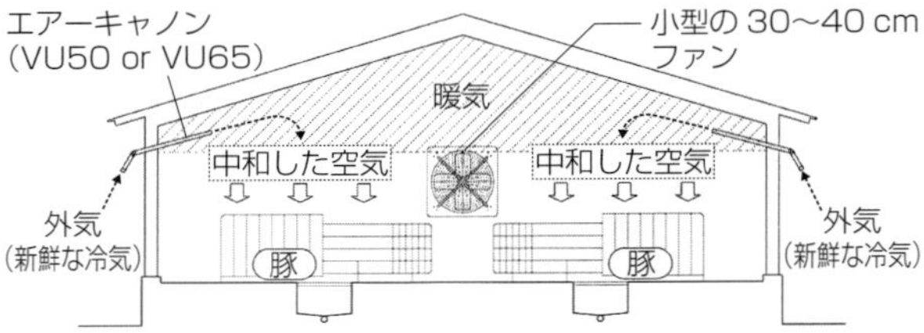

図9　エアーキャノン使用時の空気の動き（新原原図）

分間に 1.5 回転以上換気できるようにします。

細霧装置は、入気の入口および順風ファンの前に高圧ホースを使用して、30 キロ圧くらいの非常に微細な霧を噴くよう設計したものを使い、ON／OFF 制御ができるコントローラーで温度と湿度のバランスを取りながら使用します。

以上のように、豚舎全体を積極的に冷やす方法が普及してくると、どうしても豚舎全体が暗くなるので、繁殖豚舎の部分の照度を明るく管理するように、くれぐれも注意してください。

クーリングパドや細霧装置による冷却については、気化熱を奪う方法なので、常に新鮮な空気と入れ替えます。この方法だと、どうしても舎内の湿度が高くなるため、夜間、外気温が下がる時間帯（地域やその日の気候によって差が出てくるので要注意）には特に観察が必要です。翌朝温度が上がり始める前までは、細霧や水を止めてファンだけを運転して、1日の3分の1位の時間を乾燥する方向で管理するよう心掛け、バランスをとることも大変重要なことです。例え熱帯夜でも、夜の 10～12 時ごろになると、さすがに外気温が下がってきます。

（5）冬場対策としてのエアーキャノン換気方式

この換気方式は、アメリカ、カナダなどの種鶏場やブロイラーの農場で採用されている方法です。南九州のある種鶏場で採用し施工したことがきっかけとなって、その後養豚場にも同方式を取り入れてみたところ、冬場の換気方式としてはコスト的にも安価で、良い結果が出ています。

この方法は基本的には縦換気方式で、ウインドウレスもしくは閉じ込みの良い豚舎であることが条件です。特に、繁殖豚舎では縦型の1棟方式が多いので適しています。

図8のように、豚の熱量で暖まった空気は、軽くなって建物上部に上がって天井で滞留します。スノコの下がスクレーパーで、外部からの冷気に対する対策を施していない場合には、豚舎の上部は暖かくても、下部は寝冷え床になっているケースがよくあります。豚舎の環境観察のときに大事なことは、生息している動物の高さでの温度、湿度、換気などの状況を見分ける習慣を身に付けることです。

上部の暖まった空気層の中に、新鮮で冷たい空気を少量ずつ豚舎全体に分散させながら注入し、豚舎の下部妻側からインバーターでゆっくりと回転数を落とし、少ないファンの台数（2～3台で制御）で排気することによって、豚舎上部の暖まった空気と新鮮な冷たい空気が中和して豚の生息する高さに対流を起して暖かい空気が降りてくるようにできます。

これは特に冬場、カーテンを閉じ、安定した温度を保ちつつ新しい空気と入れ替えながら換気するという理にかなった方法です（**図9、10**）。このほかにも、ダクトホースに上部へ向けて穴を開けることにより、エアーキャノン方式と同様の結果が得られる方法があります。

場所の確保とダクトホースの管理の点で問題があるダクト換気方式に比べて、エアーキャノ

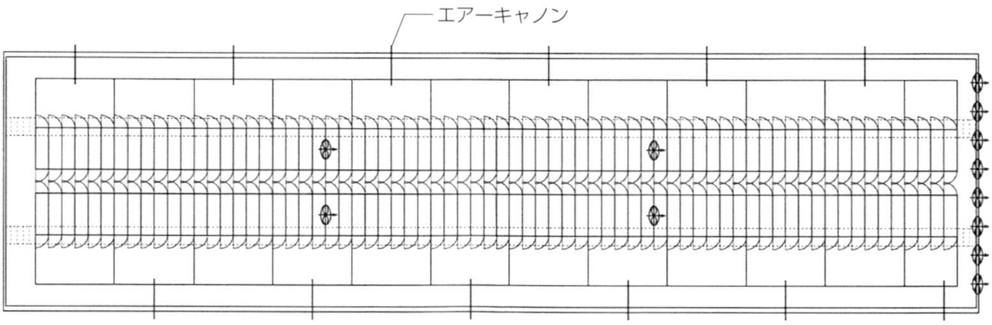

図10　エアーキャノン設置のレイアウト　（新原原図）

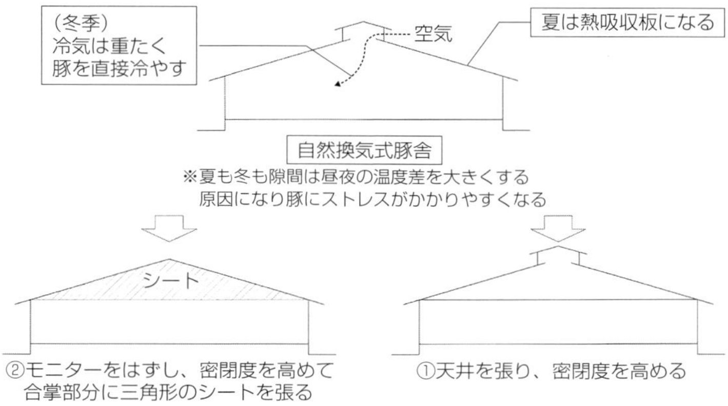

図11　密閉度を上げる方法　（新原原図）

ン換気方式の場合は、従来の豚舎の密閉度を高めて冬場の空調改善策を講じる点から、低コストでできる方法です。ただし、夏場はパイプにキャップをはめ込んで使用しないようにします。

養豚においては、できるだけ低コストで各ステージごとに環境を整え、空調を最適に制御してやることが極めて大事です。

具体的な改善事例

繁殖豚舎においては、これまで開放型豚舎で軒高が高く、しかも屋根にモニターが設置されているケースが多く見られますが、この場合、改善するときに最初にしなければならないのは密閉度を高めることです（**図11**）。

①屋根の波の所の穴（**図12**）

天井を張ることで解決します。穴の部分にウレタン吹付けをする方法もあります。

②ブロックと壁波板の目詰め

モルタルかコーキングで目詰めします。

③建物の両側の妻壁と側面との接点の部分

すき間の多い部分ですが、コーキングかウレタン吹付けをすれば改善できます。

④カーテンのかぶりを十分に取る

以上により密閉度が高まったら、縦換気方式でファンを取り付けます。妻面に取り付けたファンを使用すると、陰圧状態になりカーテンが吸い付くようになりますので、ビニールなどで張り付けても密着して、セミウインドウレスの状態になります。

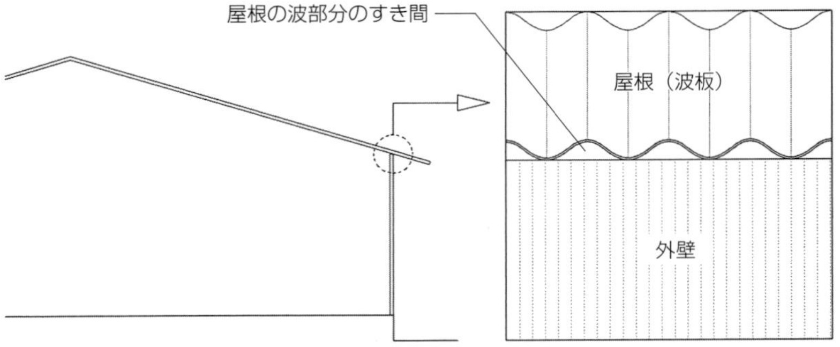

図12 屋根の波部分のすき間 （新原原図）

天井を張らない場合でも、天井上部の三角部分（合掌部分）を、三角形のシートを合掌の一つ置きに張ることによって、暖まった軽い空気層がシートで挟み込まれた状態になって、上部から降りてこなくなります。これは、夏場は天井を張ったのと同じ状態になるので、夏場対策としてクーリングパドや細霧などで冷やしたときに、暖まった軽い空気は合掌部分に上がり、下部の飼養空間には降りてこなくなることから、合掌の下部分だけの容積だけで必要ファン量の計算ができることになります。

後は、クーリングパドあるいは細霧装置とエアーキャノンとを組み合せて夏場および冬場対策をすれば改善できます。 （新原 弘二）

1-6
分娩豚舎の施設論

はじめに

　分娩豚舎は、養豚における全ステージの中でも、特に成績が収益に大きく影響すると言われ、離乳豚舎と同様に大事なステージです。生まれた子豚を１頭でも多く離乳し、バラツキをできるだけ少なくして、健康な状態を保ちながら上手に保育するシステムの確立が大切です。

分娩豚舎

（１）分娩豚舎の母豚と哺乳子豚の適正環境の違いについて（41 ページ表５参照）

①母豚と子豚では、適温域が10℃以上も異なります。母豚と子豚両方に適正な環境温度を保持し、しかも新鮮な空気が入ってくる換気コントロールシステムが必要になってきます
②母豚は成豚で体力がありますが、哺乳子豚については、分娩直後は特に小さく体力がないため、母豚の寝起きによる哺乳子豚の圧死および柵などの挟み込みを回避する必要があります
③母豚は体力があるので、夏場は発情回帰の遅れをなくすためにも、温度を下げるために換気して風を動かしてやります。この場合、哺乳子豚には直接風を当てないことが重要です。特に、子豚の高さでは、風が動かないように工夫することが大事です。また、子豚に乾燥、脱水を起させないためにも、母豚への飲水や相対湿度が60％以下にならないようにする必要があります

　以上のように、双方に合った適正環境や生理環境の条件を整えてやり、観察や管理面については、常に気配りをしながら作業しなければならないのはもちろんのことですが、作業性の良い施設や建物内の空調など、設備面も大変重要な部分です。

　豚舎設備を上手に使いこなして、少しでも離乳頭数を増やし、離乳までの子豚の体力をつけながら、なおかつ母豚は次の発情回帰の遅れや、分娩や授乳による体力消耗が起こらないような維持管理に努めなければなりません。そのため、管理する人的要素も重要な部分であると同時に、衛生状態の維持を考えた施設と管理も必要になります。

（２）分娩豚舎のレイアウトと構造

　養豚における各豚舎の中で、一番お金を掛けてつくるのが、分娩豚舎と離乳豚舎です。母豚300頭以上の規模では、オールイン・オールアウト（AI・AO）できる豚舎が望ましく、これにより週管理が可能になります。母豚100頭の場合でも、分娩ケージが28基前後になりますので、３部屋くらいに分けた方が水洗いの徹底と作業上の視点からも衛生管理上良いと考えます（**表１**）。

　レイアウトについては、スノコの下をスクレーパーにするか、スラリーストック式（溜め方式）にするか、あるいは分娩柵の形状で違ってきます。ヨーロッパタイプのケージで、後ろから母豚を入れて、移動時はケージ扉を移動させて反転、子豚は床面給温だけで保温箱をつくらない方式や、後ろ入れ、前扉出しの保温箱付き（日本国内ではこの方式が多い）などがあります。いずれにしても、地域の気候、管理作業、建物の構造、空調方針など、総合的な視点でレイアウトすべきであると思いますので、参考までに事例を紹介します（**図１**）。

表1　分娩豚房数算出の公式

分娩豚房数（A）＝年間分娩腹数（B）×分娩豚房収容期間（C）÷365

（例）100頭一貫経営の場合

（B）年間分娩腹数	235腹	
（C）分娩豚房収容期間	分娩前導入	7日
	授乳期間	24日
	離乳子豚育成	10日
	水洗消毒	3日
	計	44日

（A）＝235×44÷365＝28.3≒28

最近では、AI・AOのウインドウレスまたはセミウインドウレス豚舎が増えていますが、天井や壁面が多く、下地づくりが楽なため、木構造が増えています。天井材はホワイトボード（アルミ複合板の白色）を使用し、結露が出ないようにその上に断熱材を敷いています。

ところで、鉄骨構造の場合の天井下地には、軽量鉄骨天井下地（軽天）を使用しないことです。薄い鉄板を使用しているため、6年くらいすると下部から上がったガスでさびが発生し、天井が落下しますので要注意です。このことから、天井下地はやはり木下地のほうが良いと思われますので、建物の構造を考えるときには、それぞれの資材の材質からも考える習慣を身に付けることです。

素材には必ず利点と欠点がありますが、ベストを求めるとどうしてもコスト高になってしまいますので、その材料の欠点が出にくい使い方を工夫する必要があります。例えば、ガルバリユウムウレタン張りの場合は、アンモニアなどに直接触れない状態で使用すれば非常に長持ちしますし、またトイレファンの煙突を屋根材の近くに設置しない、モニターの出口の所に使用しない、などでも同様です。

最近さびに大変強いといわれるザムという鉄板が開発されていますが、硬い材質のメッキであるため、90°や360°など、鋭角な曲げ加工をした場合は曲げ部分にひび割れが発生しやすいという欠点があります。このことから、それぞれの物性の特徴を知ったうえで、どこに使うかの判断をすることが肝要です（モヤ、ケラバ、水切りなどはステンレスにするなど）。

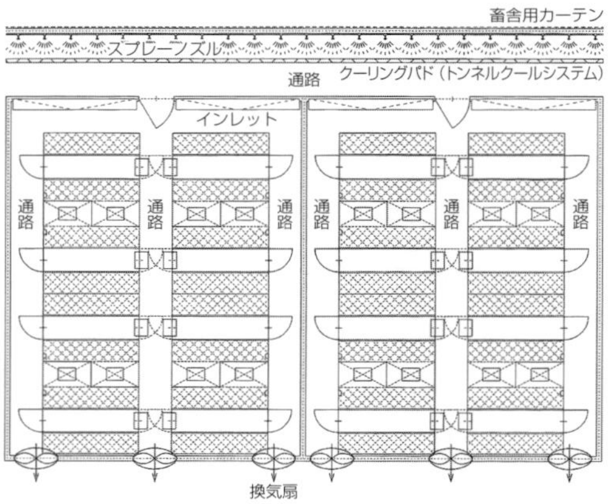

図1　分娩豚舎のレイアウト例　（新原原図）

安価な材料で良い結果が出るような使用方法や、あるいはほかの部分では多少我慢をしながらでも、欠点の出にくい方法を考えるなど、さまざまな視点で捉えることが必要です。ほかの分野で使われている資材や素材を豚舎に転用できないかなど…何かヒントが見つかることがあります。

（3）分娩柵の構造

現在、分娩ケージと言われる高床式の分娩柵がほぼ定着化しており、分娩豚房に使用される床材も、プラスチックスノコ／ステンレスウーブンワイヤー／メッキウーブンワイヤー／トライアングルスノコ／プラスチックコーテングメタル（オレンジマット）／鋳物スノコなどいろいろとあります。それぞれふん切れ、滑りにくさ、洗浄性、耐久性などの面においては長所や短所がありますので、どこに重点を置くかで決定します。

いろいろな材料を組み合せて使う場合も多いようですが、プラスチックのスノコの場合は安価ではありますが、使用期間によってはキズがつき、洗浄しにくいという欠点があります。

また、ステンレスウーブンワイヤーはふん切れが良く、洗浄水が少なくて済み、汚水量が増えないという利点はありますが、ステンレス鋼材（SUS304）の高騰により価格面で厳しいことから、最近、SUS304（磁石がつかない材質・さびにくい）より多少グレードは低いのですが、適正価格に近いM3タイプ（ややさびやすいが、SUS430よりはグレードが高い）を使用されるケースもあります。なお、ステンレスウーブンワイヤーの床材と、床材を支えるドブ付けのフラットバーの高さのセット方法によって、母豚の乳首を切るケースもあるので要注意です。

最近は、疾病の関係で、分娩柵を四面（母豚の前後は柵あるいは飼槽）とも中空パネルなどの面状に囲うケースも増えています。また古いものでも、後から鉄柵などに付けて改善策を講じるために飼養する壁材などもいろいろあります。この方法は、子豚同士の接触の点や、子豚に直接の風を当てない方法としては有効です。ただ、風が動かなくなると子豚はどこでも寝るようになるので、圧死防止に関しての対策が必要です。

分娩ケージは、ピット方式の場合は通路より少し高く（首位）設置することで、乾きが良く、子豚を有害なガスから離すことができます。また、スラリーストック方式の場合は、ト

写真1　母豚用給餌器を取り外した状態

イレファンを使うと改善できます。母豚のふん落としや通路の清掃のために多少ケージを上げますが、上げすぎると子豚がピットに落ちる危険が出てきますので要注意です。

ケージは通常、母豚の上部を狭く、下部は八の字状に広がって、母豚が寝るときにまず腹這いになってから横向きになる際、時間がかかるようになっているので圧死も少なく、子豚も乳を飲みやすくなります。

保温箱は、母豚と哺乳子豚の適温の違いに対応するために設置するもので、母豚の夏場対策として換気と冷却を行う際、子豚の逃げ場として重要な部分を担いますので、密閉度の高いものが必要です。

分娩後の母豚は、泌乳中に十分ミルクを出すためにも、十分な水量と飲みやすい給水器が必要です。また、子豚の給水器は浅い給水皿状のものがお勧めです。これはいつも新鮮な水が飲みやすく、しかも水が溜まらないため、衛生的でもあります。

母豚飼槽は丸底で**写真1**のように、両方のマジックキーで簡単に外して洗えるようにしておきます。この形状の飼槽なら、予備と取り替え

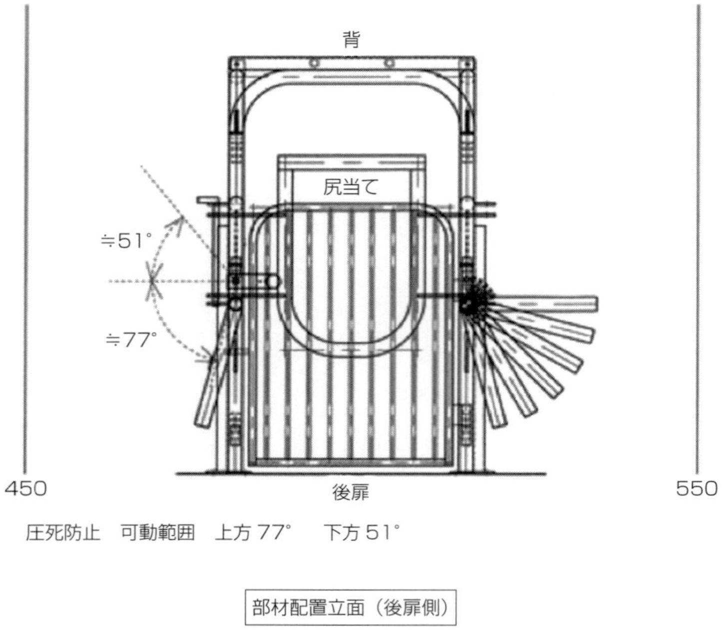

図2　多産系など大型種用に設計した分娩ストール　（新原原図）

ながら洗浄できます。

子豚の餌付けは、丸型で高さ 10 cm くらいのスノコで止めて動かないタイプが良いと思いますし、給水器は母豚の頭部の方の子豚スペースが設置場所として望ましいです。

（4）最近の分娩ケージの構造についての方向性

①大型種豚の場合

最近、分娩ケージの選択や考え方について、少し変化が出てきました。ヨーロッパの多産系の大型種（TOPIGS、ダンブレッドなど）に合わせたサイズのストール柵や分娩柵に対する問い合わせ・発注が多くなりました。母豚の長さ、高さ、幅について、どのように考察するかが重要なポイントになりつつあります。大型種以前のケージ類を全面的に取り替えるとなると、費用的にも大きな設備投資になります。改造の場合、ピット幅はそのまま、あるいはピット幅も広げて設計提案してほしいなどさまざまです。ピット幅まで広げると、さらに費用と通路幅の問題にも影響が出てくる場合もあります。ピット幅はそのままでは、ふんのかき出しの作業の手間の問題が出てきます。同じ大型種でも、国内生産なのか、海外生産なのかにより、適正サイズが微妙に違うようです。

大型種だからといって、幅をあまりにも大きくすると、母豚がストール内で方向転換をしてしまうことも多いので、従来のサイズよりも 5 cm 広い程度で良いという意見も聞こえてきます。それぞれの種豚の選択により、利点も欠点も出てきます。従来サイズの種豚から大型種に変更してはみたものの、従来サイズに戻すという可能性がないわけではありません。尻当て、種豚幅、高さが変更できるように考案された資材などを選択するとよいと思います。

②離乳子豚を分娩ケージで長く飼養する場合

離乳のストレスと移動のストレスを分散させるため、離乳した子豚を分娩ケージに残して飼養することもあると思います。以前は乳押さえのバーを取り外すことも多かったですが、省力化のためそのままの位置ではね上げる方法を考案したため、参考に図面（**図2**）を掲載します。

③分娩ケージの各部品

分娩ケージについては、それぞれの国内メーカーが自社で製作した商品の販売から、価格を安くするためにアジアで製作した商品に変更する現象が一時的に起こりました。その結果、時間の経過でプラスチック（PVCなど）の耐候性対策剤やUV加工がしっかりされていないために、長持ちしない問題がいろいろなところで起こりました。日本のプラスチックメーカーの技術はたいへん優れていますが、畜産用プラスチック製品をつくっている企業は少ないのです。

最近では、少々割高になりますが、ヨーロッパのポリプロピレン（PP）などを基本材とした製品に目が向き始めています。しっかりと製品素材の品質などにも目を向けて、選択してほしいと思います。

母豚用の鋳物スノコもありますが、この商品については中国製の商品がよいようです。日本では大型の鋳物製品は、徐々につくられなくなりました。ステンレス製のウーブンワイヤー、あるいは三角スチールでできたスチールスラットなども、選択していただく床材の素材の１つかもしれません。

（5）分娩豚舎の空調視点

冬場は外気、内気とも乾燥しやすいので、体感温度を上げるためにも加湿対策が必要です。冬場の加湿をいろいろ試みてみたところ、点滴チューブやスポンジ状のマットなどで通路を常時濡らす方法が意外と効果的でした。冬場の加湿は、通路に点滴チューブで常時水をまき濡らすことで解決できます。

特に寒冷地の湿度の低い所では、温度だけに気をとらわれずに、常に計測しながら加湿することをお勧めします。前述の通り、加湿により１割湿度が上がると、体感温度が3.3℃上がると言われています。以前、２月ごろ北海道に行ったときの舎内湿度は30％台でした。

母豚の適温は15～20℃前後ですが、子豚は出産直後は35℃くらいで、３週齢で26℃くらいまで排温していきます。

保温箱は一種の暖房器具と考えても良いと思います。保温器具は、保温ランプ、ガスブルーダー、床面暖房（温水）などがありますが、保温ランプは舎内が乾燥しやすいという特徴があります。ガスブルーダーは熱量が多くあまり乾燥しませんが、密閉度が高い豚舎では酸素欠乏気味になるので要注意です。最近の原油高によるガスも含めた燃料費の高騰で、ランニングコストへの影響が出始めていることから、省エネタイプ（低電圧ヒーター）が開発されていますが、さらなる改良による耐久性と洗浄性の向上が待たれます。

夏場は、母豚の発情回帰と、暑さと分娩・授乳による体力消耗を極力抑える必要があります。夏場でも25℃くらいに温度を抑えると理想ですが、クーリングパドなどを使って換気量を増やし、30℃以下に維持することが肝要です。この場合、子豚は保温箱に逃げられるようにしておきます。このとき、設計上の考え方が大変重要になってきます。

冬場は、天井裏から熱交換した新鮮な空気を、妻側天井上部の入気ガラリ（天井は結露防止のため、断熱材を使用）から入気し、各部屋の天井入気インレットから各部屋に入気するようにします（**図３**）。北海道のような寒冷地では、妻面に入気室を設け、少し内部の温度と混ぜてから入気するような工夫が有効です。

夏場は、天井インレットの入気を防ぐためにシャッターを閉じ、サイド通路のサービスルームをクーリングパドなどを通して、母豚の真上の高さ20 cmくらいの場所から部屋全面に均一に冷気が入るようにします（**図４**）。夏場も通路上部の天井を通して入気インレットから入気しようとすると、天井上部に滞留している暖

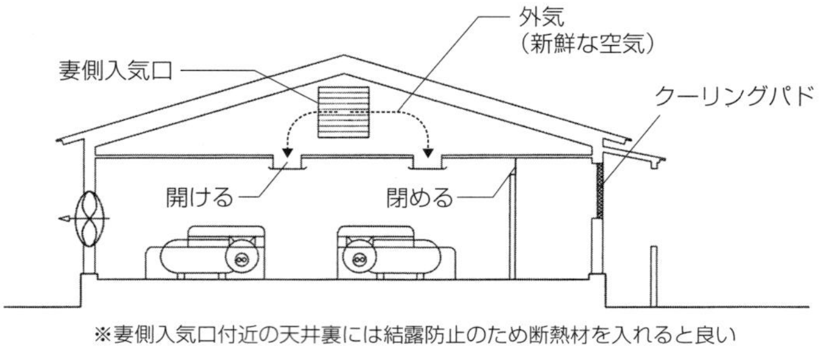

図３　冬季の入気経路　（新原原図）

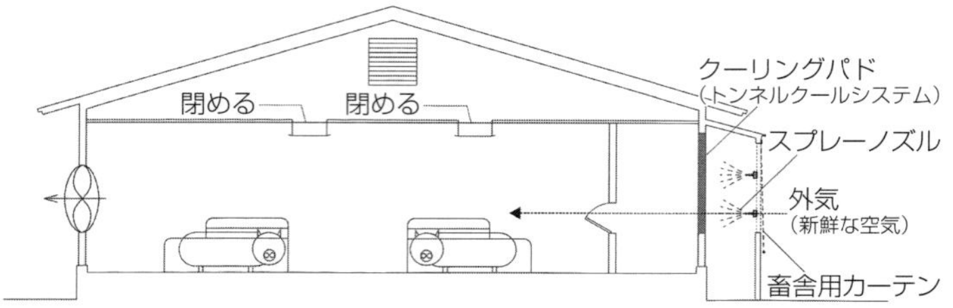

図４　夏季の入気経路　（新原原図）

まった空気層と混ざってしまうため、せっかくクーリングパドで冷やした空気の温度が上がって、冷却効率を下げることにつながります。

ところで、夏場、特に猛暑になる国内の地域では、ヨーロッパ式の通路上空を通って天井から入気する空調システムは改善したほうが良いと思っています。ファンは台数制御ではなく、部屋の換気ムラをなくすためにインバーターでの全体コントロールが必要です。インバーターは雷対策やノイズの発生など欠点もありますが、使用方法、管理方法などでカバーすることができます。完璧な施設を求めるというのはなかなか困難を極めることなどから、その施設の特徴や長所、短所を知って創意工夫しながら使いこなすことが大事です。

照明にも触れておきますが、分娩豚舎でも照明は大事な要素です。特にウインドウレスの場合、暗くすると母豚の寝ている時間が長くなり、採食量が減ることになります。さらに、子豚は乳をたくさん飲むため母豚の体重減少に拍車がかかり、その後の繁殖成績に影響が出てきますので、１日14時間くらいは照明が必要です。

また、子豚の保温のために床面暖房を使用する場合は、子豚は分娩後しばらくは目が開いていないので、明かりの方向に移動するよう保温箱には必ず明かりが必要です。

施設の都合で、夏場簡易的に母豚を冷やしたいときは、繁殖豚舎のときと同様に、ドリップクーラーなどで首筋に水を落とし、ダクトファンで風を送って気化熱を奪う方法や、凍らせたペットボトルを使用する方法が効果的です。

分娩豚舎は、常に清潔に保たれていることが大事です。導入前に母豚をシャワールームあるいは洗浄ルームで水洗消毒し、それから分娩豚舎へ導入するとより効果的です。

また、授乳中にはどうしてもヒネ豚が出てきますが、廃豚予定かつ３週齢ほどで離乳した母豚は、まだまだ授乳する能力がありますので、乳母として５～６頭の里子をつけてやるためのスペースも、別に設けてやることが大事です。

特に分娩豚舎は、切歯、断尾、へその緒切

断、消毒などの作業も多く、そのためのスペースの確保も必要です。

おわりに

今後の国内養豚がグローバル化するなかで、繁殖成績の向上は生き残りの必須条件であり、母豚や種雄豚の能力を最大限発揮させるために、種豚の収容施設は大変重要です。

①種豚にとっての快適性
②管理作業にとっての利便性
③施設、設備の内容に見合った低価格性
④イニシャルコストの低さはもちろん、ランニングコスト（省エネ、省労働を視野に入れた設備など）の低廉性

などを目標にした施設の新設あるいは改善のための研究、開発、推進を業界全体の目標にすべきだと思います。　（新原 弘二）

コラム 1-1

グループ管理システムについて

グループ管理システムとは

飼養管理面からの豚の疾病対策として、豚群のロット管理とオールイン・オールアウト（AI・AO）が有効であることはよく知られています。

ロット管理とは、一定期間内の生産頭数を生産単位（ロット）とし、このロット単位で移動・飼養管理を行うシステムで、AI・AOのための前提条件となります。多くの新設大規模農場においてはロット管理とAI・AOを前提とした飼養管理が行われていますが、母豚100頭前後の中小規模農場では1回に離乳できる子豚頭数が少ないため、ロット単位でのAI・AOを取り入れることは非常に困難でした。そこで母豚300頭以下の中小規模農場においてAI・AOを可能にするために考えられた生産体系が、母豚の繁殖サイクルを利用した「グループ管理システム」です。

従来の生産体系は、豚舎を豚房別に利用するシステムであり、連続飼養生産体系と呼ばれています。繁殖豚は個体管理で、毎日交配と分娩が行われており、子豚の移動は体重および日齢に加え、利用可能な空豚房数を考慮に入れて行われます。

連続飼養生産体系では豚舎の利用効率は高くなるものの、飼養管理、環境管理、衛生管理の合理化が難しくなり、大規模化に伴う病気のコントロールが困難となっています。そこで、1週間分の交配・分娩群を1グループとして、定型化した飼養管理作業を行う「ウィークリー養豚システム」が提案されました。

グループ管理システムの種類

このウィークリー養豚システムをさらに発展させた考え方が、グループ管理システムです。グループ管理システムは、毎週の交配・分娩グループを数週間分まとめて1週間程度の間に集中的に交配・分娩させ、日齢のそろった子豚をロット単位でAI・AOする管理システムです。

2週間から5週間のうちどれだけまとめて交配させるかは、農場の規模、豚舎状況、病気の浸潤状況によって変わりますが、3週分をまとめて交配させ、7グループを管理する場合をスリーセブン（3－7）システム、4週分をまとめて交配させ、5グループを管理する場合をフォーファイブ（4－5）システム、2週分をまとめて交配させ、10グループを管理する場合をツーテン（2－10）システムと呼びます。ウィークリー養豚システムもグループ管理システムの1つであり、ワントゥウェンティ（1－20）システムと呼ぶことができます。

豚舎	室数	収容頭数	備考
分娩豚舎	2室	分娩柵18台×2室	1グループ6週間（6週÷3週＝2室） 分娩前1週＋4週哺乳＋空舎1週＝6週
離乳豚舎	3室	180頭×3室	1グループ9週間（9週÷3週＝3室） 収容期間7週＋空舎2週＝9週
肥育豚舎	6室	180頭×6室	1グループ18週間（18週÷3週＝6室） 収容期間16週＋空舎2週＝18週

表　スリーセブンシステムの豚舎構成（母豚130頭規模）　（岡田、2008）

母豚の繁殖サイクルを21週間（妊娠期間：16週間＋授乳期間：４週間＋離乳から交配まで：１週間）とすると３－７システムは、３週間分の母豚を１グループとして交配、分娩、離乳させるため、母豚グループは７グループ形成されます。３－７システムの場合、再発母豚を発情サイクルに合わせて次のグループに組み込めるため、ほかのグループシステムに比べ、分娩回転率のロスが少ない利点があります。

３－７システムは、特に養豚密集地域での疾病コントロールに効果的です。このような地域では、さまざまな経営形態・グループの中小規模農家が近接して事業を営んでおり、地域での統一した衛生管理が困難です。そのような環境のなかで、個々の中小規模農家が病気をコントロールする方法としてのAI・AOと、それを実現する３－７システムの活用は有効な手段であり、病気の連鎖を断ち切ることにより生産性の向上が期待できます。

３－７システムのメリットとデメリットとしては以下の点が考えられます。

３－７システムのメリット・デメリット

〈メリット〉

１）離乳子豚がロットとして集約され、AI・AOが可能となることから、病原体の水平感染を防ぎ、事故率の改善、生産性の向上が期待できる

２）母豚の発情が同期化するため、発情が強くなる。また交配が３週間に１回であるため、再発豚を次の交配グループに組み込むことができることから繁殖成績は連続飼養生産体系と変わらない

３）グループごとにまとまって収容されており、給餌・ボディコンディション管理・ワクチン接種など作業が容易であり、豚舎の環境（温度、湿度、換気）コントロールもしやすい

４）分娩が同時期なので、里子がしやすい

５）交配と分娩が重ならないため、それぞれの作業に少人数で集中できる

６）交配のない期間があるため、まとまった休暇を取りやすい

７）ロットごとの生産履歴が分かりやすい

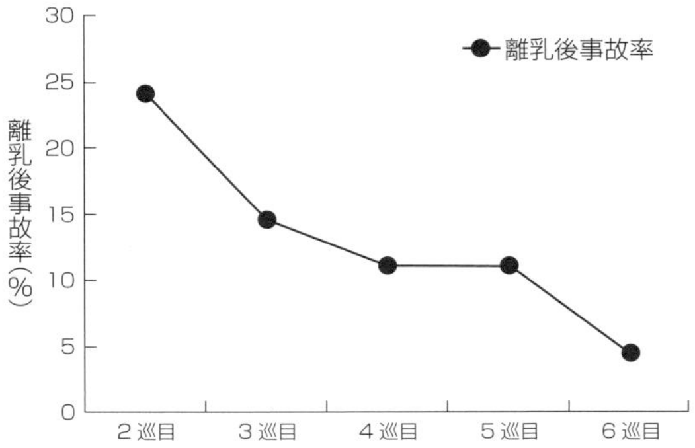

図　スリーセブン導入後事故率の推移

（岡田、2008）

〈デメリット〉

１）２グループ分の分娩豚房の確保が必要なため、分娩豚房が多く必要となる

２）交配が集中するため、人工授精中心の交配になる

３－７システムはグループ単位でのAI・AOが基本となるため、分娩豚舎は２室、離乳豚舎は３室、肥育豚舎は６室を確保する必要があります。多くの農場では分娩豚房をはじめ離乳豚舎および肥育豚舎が不足していることが多く、このことは徹底したAI・AOが不可能であることを意味します。必要とされる豚舎を確実に

準備することが重要です。

３－７システムを成功させるには

３－７システムに転換する際、繁殖サイクルを 20 週とするか、21 週とするかが重要になります。一般のコマーシャル農家の場合は、集中作業日の曜日が固定される点や、離乳・肥育豚舎の収容日数が長くとれる点などを考慮し、繁殖サイクルは 21 週がお勧めです。その場合、離乳日齢は必ず 28 日齢としてください。

３－７システムの場合、AI・AO を目的とするため１ロットの飼養頭数を一定にする必要があります。そのためにグループごとの分娩腹数を平準化することがポイントとなります。農場の季節別分娩率を参考に目標種付け腹数を設定し、繁殖成績が不安定な夏季には稼動母豚数を増やすなどの工夫が必要です。

なお、受胎確認頭数が目標分娩腹数を大きく超えた場合、分娩豚舎に収容しきれないことが想定されるため、プロスタグランジン（PG）$F_{2\alpha}$ を用いて妊娠前期に人工流産を行い、分娩腹数の調整を行うことも必要です。

３－７システムでは３週間に１回のペースで分娩集中日がやってきます。$PGF_{2\alpha}$ により分娩開始をそろえ、分娩介助を行います。分娩介助は生存産子数の増加につながり、さらに分割授乳を行うことにより離乳成績が向上します。

（岡田 宗典）

コラム 1-2

多産系母豚について

日本でも増える多産系母豚

現在、国内の養豚農場の一部では、欧州を中心とした種豚メーカーから、繁殖能力に優れた母豚を導入し、肉豚生産に利用しています。イギリスのGreat Britain - Agriculture and Horticulture Development Board（AHDB）（https://pork.ahdb.org.uk/）に毎年掲載されるPig cost of production in selected countriesから、近年の欧州での母豚の繁殖能力の変化をみることができます。2000年代初頭には、1母豚当たり年間離乳頭数は、20頭前後から最も多いデンマークでも24頭でしたが、2016年には最低でも24頭、最も多いデンマークでは32頭となっています（**図**）。年間の分娩回転数を2.4～2.5とすると、1腹当たり離乳頭数は13頭となります。従来、繁殖能力は遺伝率が低く改良が困難とされていましたが、血縁情報を利用したBLUP法による育種価推定の導入や選抜形質（生後5日での生存産子数）の変更などにより、遺伝的能力が改良された結果と考えられます。

近年は、一塩基多型（SNP）情報を利用したゲノム選抜により、さらに改良が進むと予想されています。(一社)日本養豚協会（JPPA）が(独)農畜産業振興機構の平成28年度養豚経営安定対策補完事業として行った養豚農業実態調査報告書（養豚経営における優良事例調査結果）では、海外の種豚を導入した国内養豚農場では、1母豚当たり年間離乳頭数が30頭近い成績を挙げています。

本稿では、繁殖能力に優れた種豚の開発を進めている6つのメーカーの特徴を紹介します。ちなみに、これらのメーカーの世界的なシェアは、2017年時点でPIC社が25％、ハイポー、ダンブレッド、TOPIGSがいずれも10％程度といわれています。

海外産の多産系母豚

PIC

Pig Improvement Company（PIC）の種豚は、世界市場の約25％を占め、年間1億2,000万頭ほどの肉豚を生産しています。日本では、イワタニ・ケンボロー㈱が国内に供給しています。

アメリカのトップレベルの農場における、1母豚当たり年間離乳頭数（2015～2016年）は35.6頭（母豚5,400頭、3農場平均）です。一方日本のトップレベルの農場における1母豚当たり年間離乳頭数（2015年1～12月）は、29.07頭（対象農場24農場、2万297頭の母豚）となっています。また別の農場では、総産子数が14.1頭、哺乳開始頭数が12.9頭、離乳頭数が12.2頭、1母豚当たり離乳頭数が32.4頭（2.65回転）でした。

同社では、SNP情報の活用により、1腹当たりの総産子数をさらに改良することを予定しており、また、改良形質としては飼料要求率や筋肉内脂肪などの肉質もターゲットとしているようです。

ハイポー

ハイポーは、オランダのHendrix Genetics Hypor社が作出した種豚です。国内稼働頭数はGPの雌が4,250頭、PSの雌が8万5,000頭で、世界での母豚のシェアは約10％です。2014～2015年における世界の

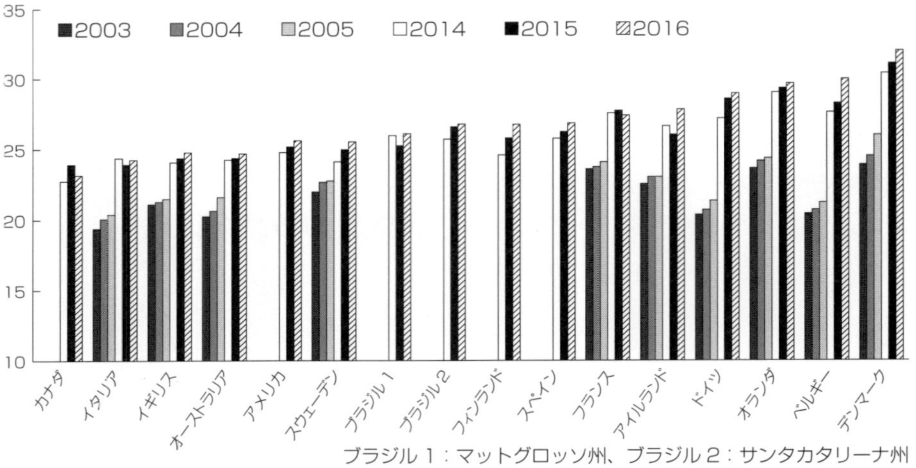

図　1母豚当たり年間離乳頭数　(AHDB、2006、2007)

上位2万頭の成績では、1腹当たり離乳頭数が12.6～12.7頭、分娩回転数は2.52回、1母豚当たり離乳頭数は31.7～31.9頭でした。

また、国内のハイポーに限ったベンチマーキングによるトップ10農場の成績では2011～2015年で、1腹当たり総産子数が13.34～14.06頭、生存産子数は12.2～13.0頭、離乳頭数は10.7～11.5頭でした。1母豚当たり離乳頭数は26.48～28.43頭であり、発情再帰日数は5.5～6.2日となっています。

今後さらに、多産性、効率性を高めるためにSNP情報を使い、生時体重や飼料摂取量、さらには超音波を使った機器により背脂肪厚は一定にして筋肉内脂肪、ロース芯の改良を予定しています。

チョイス・ジェネティクス

㈲シーエフ東日本では、フランスの育種会社であるチョイス・ジェネティクス社と提携し、国内での種豚を供給しています。チョイス・ジェネティクス社はこれまで、デカルブからモンサント、そして現在へと変遷してきました。これまで、乳頭数の改良（2003～2014年：14.5～16.0個）、生存産子数と生涯離乳頭数の改良に取り組んできました。2015～2016年の国内ベンチマーキングデータでは上位10％の1母豚当たり離乳子豚数は27.96～28.76頭となっています。

今後の遺伝子改良プログラムでは、大ヨークシャーについては乳頭数、生存産子数、生涯離乳頭数、1日平均増体量、背脂肪厚、ロースの太さが、ランドレースは泌乳量、生存産子数、1日平均増体量、背脂肪厚、ロースの太さを対象としています。さらに、肉質についてもpH、筋肉内脂肪、肉色を予定しています。

ダンブレッド

㈱シムコでは、デンマークの種豚であるダンブレッドの販売も手掛けています。デンマークの平均離乳頭数は2014～2015年で1母豚当たり30.6～31.4頭、平均生存産子数は

15.6〜15.9頭、離乳頭数は13.5〜13.8頭です。トップ5％の平均離乳頭数は36.9頭、トップ25％でも33.8頭となっています。2006年では、離乳頭数26頭でしたが、2014年では30.4頭まで改良されています。

ダンブレッドを一貫生産するポールセンCM農場の成績では、母豚1,407頭で分娩回転数2.3回、哺乳開始17.2頭、離乳頭数15頭、哺乳期間30日、母豚更新率は45.5〜50%となっています。

今後の予定として、SNP情報を用いた育種システムを利用し、生後5日齢（LP5）の生存頭数、飼料要求率などに重きを置き、交雑母豚の長命性、子育て能力、と畜までの子豚の生存能力、社会性に関する育種選抜などを予定しています。

TOPIGS

Topigs Norsvin社はオランダの種豚会社Topigsとノルウェーの種豚会社Norsvinが合併してできた会社であり、日の出物産㈱が日本の総代理店となっています。

両者とも、生産者組合を母体としており特徴を持った種豚系統と遺伝学的研究、育種改良の強みを生かし世界トップレベルの種豚会社となってきています。現在、世界54ヵ国で事業を展開しており、年間160万頭のF_1候補豚と900万ドースの精液で、年間1億頭の肉豚が生産されています。

オランダでは、2010〜2015年に1母豚当たり年間離乳頭数が28.0頭から30.6頭に増加しています。日本国内でも2010〜2015年に1母豚当たり年間離乳頭数が27.5頭から29.2頭に増加しました。さらに、オランダの198農場の成績は、生存産子数14.7頭、離乳頭数12.7頭、再帰日数5.5日、年間30.2頭の離乳頭数となっています。日本国内では、母豚680頭で、分娩回転数2.39回、生存産子数13.0頭、離乳頭数11.7頭、年間27.9頭/母豚となっています。

同社はすでに、SNP情報を活用した取り組みを開始しています。これにより改良の速度を上げて、乳頭数や母豚の耐用性、飼料要求率、CTスキャンを使った肉質の改良、抗病性など形質の改良を進めています。

PIQUA

イギリスのJSR Genetics社がCotswold Pig Development社を吸収し、イギリス最大の種豚会社となりました。日本市場向けに供給を開始したJSR Genepacker90の能力は、2006年から2016年の間に1.6頭の遺伝的生存産子数の改良を実現しています。国内でのコマーシャル農場の成績では、母豚数4,454頭、生存産子数13.2〜14.6頭、離乳頭数11.6〜12.4頭、1母豚当たり年間出荷頭数が26.9〜32.4頭となっています。550頭一貫の直営農場のPSの成績では、総産子数14.3頭、生存産子数12.8頭、離乳頭数11.8頭となっています。

なおコツワルドジャパン㈱は、2018年3月1日よりピクアジェネティクス㈱に社名変更し、種豚「PIQUA」を販売しています。

大事なのは飼養管理

従来の品種よりも産子数が多い多産系母豚の飼養管理については、育成期、妊娠期、授乳期別に特に留意すべき点があります。産子数の増加により、母豚が消耗しやすくなりますので、授乳期は従来の給与体系では消耗が著しく、経産により背脂肪厚が回復しにくい状況となります。そのため、痩せている母豚は妊娠前期から増給し、妊娠後期にも増給する給与体系が重要となります。

種豚の育成期には粗繊維含量を高めると胃や大腸の発達を促進し、授乳期の飼料摂取量増加が期待できます。妊娠期は、個別に背脂肪厚やボディコンディションスコアなどの体型を確認し、飼料の給与量を調整する必要があります。また、乳頭数以上の産子が分娩した際には、里子や人工哺乳などの設備が必要となります。

（鈴木 啓一）

第2章

正しい母豚の選抜・導入

2-1
母豚の選抜と導入

母豚を選ぶ基本

養豚を行ううえで、根幹となるのは何でしょうか。適切な飼養管理、疾病対策など、やるべきことはさまざまにありますが、生産性の高い農場を目指すためには、良い母豚を使っているか、ということが重要になるでしょう。

では、良い母豚とは何か、といえば、私は「丈夫で長持ち」するということが最も重要だと考えます。よく「こういう豚が良い」「こういう豚はダメだ」と豚の形についての議論になりますが、豚の姿形というのは、あくまで「丈夫で長持ちする母豚になる確率が高い」という指標です。例えば、脚に柔軟性のある豚のほうがない豚よりも加重に耐えられる可能性は高いでしょうが、柔軟であるからといって、絶対にケガをしないというわけではありません。経験則から「こういう豚がいい」という好みはあると思うのですが、「こうでなくてはならない」というものではないと思います。

しかし、形が「丈夫で長持ちする豚」を選ぶ１つの基準となっているのも確かです。まず、どのような形の母豚を選抜すべきのかという基本についてお話ししていきたいと思います。

母豚の基準

選抜に際しては、①乳器②強健性③外陰部④尻の大きさ、形⑤背線⑥腹のゆとりなどのポイントを見るようにします。

①乳器

乳頭の数が６対以上あるもの、また乳頭が陥没していない、しっかりした形のものを選ぶようにします。子豚の「ごはん」である母乳を出すという重要な器官です。選抜の際にも、きちんと見ておくべきポイントです。

写真１、２　ランドレース（上）と大ヨークシャー（下）

②強健性

母豚は一生のほとんどをストールの中で動きを制限されて過ごします。そのうえ、自然交配ともなれば自分よりもかなり大きい雄豚を乗駕させなくてはなりません。そのためにも、母豚には強健性があることが必要です。

母豚の強健性を見るには、脚に柔軟性がありしっかりしていること、爪がそろっていること、歩かせてみて、歩様がゆったりと軟らかいこと、などが挙げられます。

③外陰部

陰部は子供を産む器官ですから、小さ過ぎるものは母豚には向きません。こうした豚は、子豚登記の際にはねられるため、一般的な種豚場では供用されていません。形も選抜の際には見るべきポイントとなります。

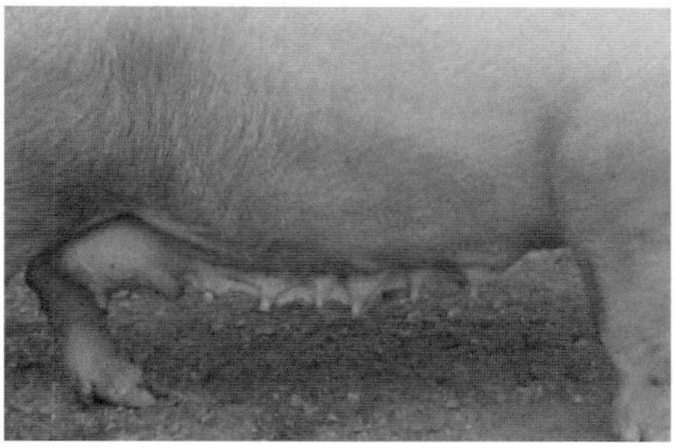

写真３　経産豚の乳器

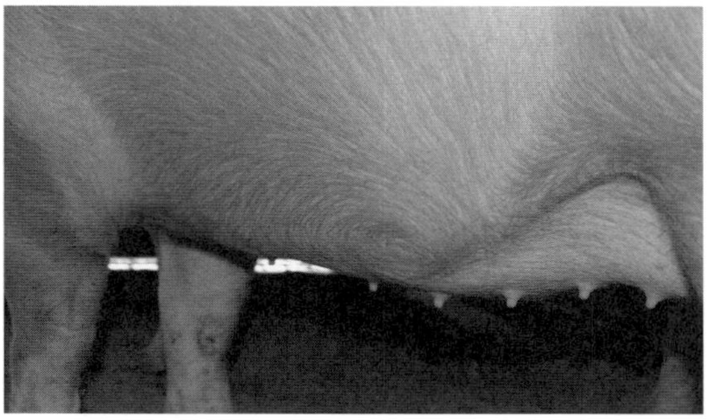

写真４　候補豚の乳器

④尻の大きさ、形

尻の大きさ、形から、豚の骨格が分かります。骨格の大きい豚はいわゆる「安産型」で、分娩でのトラブルが少なくなります。

⑤背線

背中の線は、ゆったりとしてゆとりがあるものを選びます。

⑥腹のゆとり

腹にゆとりのあるものは、増体量が期待できます。また、産子数も多い傾向があるようです。

ただし、こうした形質の選抜については１つの目安であり、良い母豚の可能性を高めるために行うものだと私は思います。乱暴に言ってしまえば、例えば脚が少々細くても、実際供用に耐えることができれば問題ないと思います。

もちろん、これは弊社が種豚場であり、より良い種豚をつくるためにさまざまな努力をしているから言えることではあります。例えば、候補豚の段階から犬座になりやすいものは除くといったように、豚の状態をよく見て不適格なものは惜しまず淘汰するようにしています。

また、弊社では飼養管理の状況を厳しいものにしています。販売先の農場の環境がどうなっているか分からないため、どのような環境でも供用に耐えるよう、わざと過酷な環境におき、ここで耐えられないものは淘汰するという方法をとっています。これも、丈夫で長持ちする母豚をクライアントに使ってほしいと思うからこその判断ですが、種豚を供給するからには、それくらいのことをしなければならないと思っています。

多くの種豚場では、このようにそれぞれの基準で豚の選抜を的確に行い、より良い種豚づくりを目指していると思います。信頼のおける種豚場から F_1 を導入することは、農場の生産性を上げるうえで重要でしょう。

「良い豚」は選ばない

前項で母豚のチェックポイントを挙げましたが、ここで気を付けたいのは、１つだけの形質が良くても意味はないということです。例えば、いくら爪のそろいが良くても、ほかの部分に問題があるような豚は、母豚として供用するのは避けるべきです。脚が強いだけでは、母豚としての仕事を果たすことはできません。トータルのバランスをみることが大事なのです。

また、母豚を選ぶ１つの基準としては、実際に見て選ぶ場合、「この豚が一番良い！」と思うものは選ばないということです。むしろ、一見「まあ、いいんじゃないかな」と思うものを選ぶようにすると失敗は少なくなります。

こう書くと、一番良い豚を選んではいけないのか、と思う方もいるかもしれませんが、一番

写真５　導入後は、候補豚の健康維持を第一に考える

良いと感じる豚は、日ごろ自分が飼養しているタイプの豚とは違うことが往々にしてあります。豚のタイプが変われば管理の方法が変わります。適正な管理ができなければ、母豚が能力を最大に発揮することは難しくなるでしょう。

また、例えば産子数が多く繁殖成績が高いといったように、１つの性質、能力が特化されている母豚は、ほかにトラブルを抱えている可能性があるというのが実感としてあります。すべての能力が高い母豚というのは、まずあり得ない夢のような話です。やはり、繁殖成績が高くても病気に弱い豚や、抗病性は高くても気性が荒く使いにくい豚だったりということは、皆さんも経験があるのではないでしょうか。

せっかく良い母豚を導入しても、生かしきれないのではもったいない話です。それよりは、自分が見なれている「普通」の母豚を選んだ方が豚のそろいも良くなりますし、管理も容易です。豚の管理をするのは結局は人間ですから、管理しやすい豚、使いやすい豚を選ぶことが重要です。

写真６　㈱春野コーポレーションの導入豚舎

種豚導入元はできるだけ絞る

種豚を新しく農場に入れるうえで大事なのは、既存の母豚群に影響が出ないようにする、ということです。一番大きな影響は、母豚が病気を持ち込むということでしょうが、それ以外にも温度の管理などに影響が出る可能性もあります。

すべての豚を入れ替えるなら、全く違うタイプの豚を導入するのも「あり」かもしれませんが、問題は違うタイプの豚が混在するときです。すべての豚に合わせるのは難しいですし、基準をどこに置くかが非常に問題になります。

できるだけ導入元を限定し、１、２軒の農場から導入するようにして、母豚のタイプの均一性を図ることで、管理は容易になります。

また、種豚の導入元を絞ることは、疾病対策に関しても効果があると思います。さまざまな農場から豚を導入するということは、それだけ病気のリスクも高くなるからです。

導入後の管理

豚を選抜し、購入した後は、その豚を農場の中に導入することとなります。導入の際に気をつけなければならないのは、まず豚の健康を維

写真7　㈱春野コーポレーションの繁殖豚舎

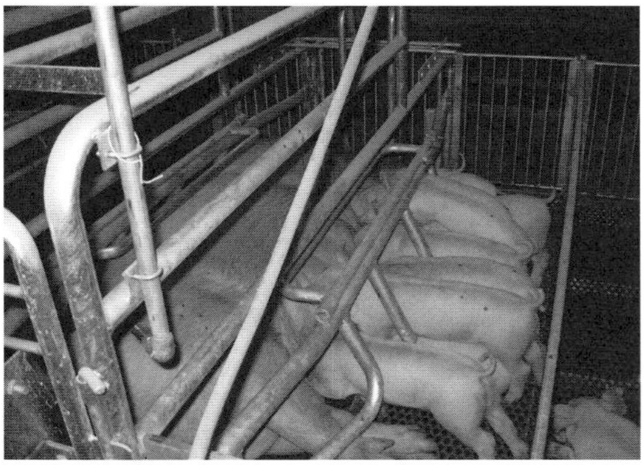

写真8　どのような母豚を必要とするかは、経営者の判断が重要になる

持するということです。

導入は、長距離の移動や環境の変化など、豚に大きな負担をかけるものです。豚が農場に着いた後は、まず候補豚の健康を維持することを第一に考えるようにしてください。抗菌薬を飼料に添加して病気を予防したり、分娩母豚用や子豚用などの高カロリーな飼料を与えること、豚舎温度を15℃に保つことなどが有効です。

その後、疾病馴致、環境馴致などを行いますが、特に気をつけるべきは疾病馴致です。馴致の方法などはまたほかの項目があるのでそちらを参照していただきたいと思います。

ただ、馴致スペースがないといった理由から、肥育豚舎の豚房を一部空けて候補豚を入れ、馴致豚舎の代用としている農場が散見されます。しかし、農場内に新しく入ってきた豚は、その農場内の病気に感染して病原菌をまき散らす、いわば汚染源です。豚房で仕切っていても、同じ豚舎内にいれば、ピットでつながってもいますし、もちろん空気感染の可能性も高くなります。もし肥育豚舎に導入豚を入れるとしたら、その豚舎すべてで病気が動くと考えたほうがいいでしょう。そうした状況になれば、経済的に大きなダメージを与える結果となってしまいます。

生産性を高めるために導入する候補豚で、生産性を落としていては本末転倒です。導入豚舎をつくることをお勧めしたいと思います。

「良い豚」は農場によって違う

冒頭で「私は良い豚とは丈夫で長持ちする豚だと思っている」と述べました。しかし、これは私見であり、もっとほかに重要視する形質がある、という方もいるかもしれません。考えていただきたいのは、農場にどういう母豚が必要かということです。

例えば、豚へのこだわりを持って、頭数が小規模であるなどきちんと管理をすることが可能なら、自分の好きな母豚を集め、自分の求める豚を追求するのも良いと思います。

ただ、省力化を目指したい、または大規模で管理の中心が従業員になるといった農場では、成績はほどほどでも健康で育てやすい豚を選ぶことが、コンスタントに良好な成績を上げることにつながると思います。

どのような能力を母豚に求めるのかは、農場によってそれぞれ異なると思います。本当に「良い母豚」とは、それぞれの農場に合った母豚であり、どのような豚を必要としているのかを考えるのは経営者の重要な仕事の1つではないでしょうか。

（鳥居 英剛）

2-2 馴致の科学と実践

はじめに

一般に候補豚の馴致というと、大きく分けて3つの目的があるかと思います。①「環境への馴致」②「人への馴致」そして③「病気への馴致」ですが、ここでは③に特化してお話ししていきます。

"馴致"の語源は"慣らす・馴れる"から来ているようです。しかし、これは環境への馴致と人への馴致にはそのまま当てはまりますが、「病気への馴致」に対しては、また意味合いが異なってきます。病気に対する馴致とは、「**その農場既存の病気に対して、確実に免疫付与させた候補豚を繁殖群に導入すること**」を指します。すなわち馴致とは、雰囲気や感覚を当てにして勘で行うものではなく、すべて科学的根拠に基づいて計画的に行うものである、ということをまず冒頭で強調したいと思います。何のために疾病馴致をするのかということは、以下の3つに集約されると思います。

疾病馴致の目的

1）新規導入する候補豚を病気から守る

導入する候補豚がその病気に感染して激しく発症してしまい、繁殖豚として使いものにならなくなるのを防ぐ

2）導入先の既存母豚群を病気から守る

発症・排菌（ウイルス）している候補豚を導入することにより、既存の母豚群に病原体を導入・伝播してしまうことを防ぐ

3）生産される子豚の質・健康度を改善する

母豚の免疫状態はそのまま子豚の健康に反映する。分娩・離乳・肥育ステージでの子豚フローの健康改善には、母豚群の免疫安定化が重要なカギ

「病気に感染させること＝馴致」ではない！

馴致について、最も陥りやすい致命的な勘違いは、「馴致って、病気を持ってない豚をわざと感染させてやることでしょ」というものです。全く違います。

確かに感染はさせますが、その後その「病原体を排せつしない状態まで回復させる＝免疫が付与される状態」が確認できて初めて馴致が完成します。感染は単純に豚の体内で免疫を発動させるためのスイッチに過ぎず、必要条件の1つであっても十分条件ではないのです。

では、十分条件としてあと何が必要になるかといえば、それが感染後の回復期間に当たるわけです。

すなわち、「**馴致＝感染＋回復期間**」がすべての病気に対するさまざまな馴致方法（ワクチンも含めて）の基本中の基本となります。簡単に結論を言うと、どのような方法でも良いから「①できるだけ発症させないように豚を感染させ②できるだけ長い回復期間を取ってやり③免疫が付与されたことを確認する」ことが疾病馴致のすべてだと言っても過言ではありません。

従って、日本国内でごくたまに耳にする「馴致は病気をばらまくことになる！　だから、馴致という行為そのものは養豚生産および獣医療の倫理に反する！」というような極端な意見は、全くナンセンスな話です。

それは単純に、馴致について正しい知見を持っていなかったために馴致を失敗したから、そのような偏見にとらわれた結論になっているだけです。そして、それぞれの方法について、①利点・欠点を正しく理解し②それを農場生産者（もしくは獣医師）に事前に説明し③科学的根拠に基づいた検査によってその馴致法の結果を評価する、というステップを踏むのを怠っているからに過ぎません。

このステップをしっかり踏まえれば、むしろ馴致は養豚疾病対策を行ううえで必要不可欠な、強力な武器となります。すべてにとって言えることですが、武器はあくまでも武器であって、どのような結果を出せるかはあくまでもその武器の使い手の器量次第である、ということでしょう。それが馴致についても、漏れなく当てはまるわけです。

病気の種類と馴致法の「相性」

免疫を付与するためには、まずその豚（豚群）を馴致させたい病原体に感染させなければなりません。馴致方法の違いとは、この感染させる方法の違いにほかなりません。極端に言うと、「どのような感染方法でも、そのあと十分な回復期間が取れて免疫付与できれば、それがその農場における正しい馴致法である」と言い切って良いと思います。慣例的にふん便などによる馴致が行われてきましたが、現在ではそれに加えてワクチネーションによる馴致も一般的なオプションとなってきています。

しかしながら、現実問題として現場では、馴致したい病気の種類によって“うまくいきやすい感染方法”“失敗する可能性の高い感染方法”というものがあるように感じられます。同じく“馴致”とひとくくりに呼んでいますが、例えば、大腸菌症に対する馴致と豚繁殖・呼吸障害症候群（PRRS）に対する馴致では、考え方や方法が違ってきます。また、豚胸膜肺炎（App）のように発症だけを抑えた自然感染・馴致が困難なもの、日本では一般的にサーコと呼ばれるPCVAD（豚サーコウイルス２型関連疾病）のように免疫の仕組み自体がまだまだよく分かっていないものなど、その病気の種類によって、馴致のインパクトはさまざまだといえるでしょう。

学術的過ぎるように聞こえるかもしれませんが、馴致の方法と効用を知ることは、実は現場での対策としてとても重要なことです。例えば、PRRS陰性農場であればPRRS馴致そのものは必要ないわけですが、分娩豚舎での哺乳子豚下痢が目立つような状況であれば、PRRS陰性農場でもふん便馴致が必要です。逆に、PRRS陽性農場へのPRRS馴致についても、ただやみくもにふん便だけをフィードバックして馴致を試みようとしても、なかなか感染が成立してくれず馴致がうまくいかない農場もあります。従って、「自分はどの病気の対策として馴致を行うのか？　その特定した病気に対して功を奏す方法なのか？」ということをまずは念頭に置いて、馴致プログラム作成に取り掛かります。

病気の種類と馴致法の“相性”について、現在までで分かっている知見と筆者の経験を基にまとめてみました（**表1**）。もちろん個々の農場の状況・条件により評価の違いはあるので絶対的なものではありませんが、目安を立てるうえでの参考になれば幸いです。

また、馴致の方法を１つ間違うと、農場内に生きた病原体をまき散らすことになりかねません。生きた病原体を含む材料を使って人為的暴露を行う場合は、必ず管理獣医師に相談し、正しい方法で馴致を行うようにしてください。

伝統的馴致法：（もしくはPRRS陰性農場の場合）

適切な馴致を行い、効果を上げるためには、まず農場にどのような病気があるかを調べる必要があります。前述のように病気によって効果的な馴致方法が異なること、また複数の病気がある場合は馴致方法を適切に選ぶ必要があることから、馴致を安全に行うためには抗体検査が

表 馴致が功を奏す病気 VS 難しい病気*

馴致したい病気 / 感染の方法	PRRS	パルボウイルス感染症、大腸菌症	App、グレーサー病、マイコプラズマ肺炎、レンサ球菌症	日本脳炎、インフルエンザ	回腸炎、PCVAD
感染豚と同居（もしくは候補豚自家育成）	○	○	△	×	?
生きているヒネ豚との直接接触	○	×	×	×	?
分娩豚舎からのフィードバック**（胎盤・流産胎子・母豚と子豚のふん）	○（母豚繁殖障害が出ているもののみ有効）	○	×	×	?
離乳・肥育豚舎からのフィードバック**（ヒネ豚の肺・リンパ組織・血液）	○（App やグレーサーが発症していないもののみ有効）	×	×	×	?
離乳・肥育豚舎からのフィードバック**（ヒネ豚の腸管・ふん）	△	○	×	×	?
市販ワクチン**	○（程度に差がある）	○（程度に差がある）	○（程度に差がある）	○（程度に差がある）	○

＊：あくまでも目安と傾向。個々の農場の状況・条件により評価は異なることがある　©S. Otake
＊＊：動物用薬品の使用およびウイルスを含む材料の人為的暴露は、各々農場の管理獣医師の指導と判断の元で適切に行われる必要がある

不可欠です。

それでは実際に、馴致の実践方法について具体的に述べていきたいと思います。現在の養豚業界においては、馴致法というと大きく2つの傾向に分かれると思います。

1つは昔ながらに行われてきたふん便馴致を基本にした伝統的な方法、そしてもう1つはPRRS浸潤農場におけるPRRSに特化した馴致法です。**その農場にPRRSがあるか・ないかが馴致プログラムを作成するうえでの最重要ポイントになります。**言い換えるならば、PRRS陰性農場の場合は、現在でも伝統的馴致法をきちんと実施することで十分目的が達成できる、ということです。

誤解を恐れずはっきり申し上げると、PRRS以外に対する候補豚馴致プログラムの作成と実行はそれほど難しくありません（PCVADや回腸炎などの例外を除けば）。以下の基本的なポイントを押さえるだけです。

PRRS 以外の馴致のポイント

1）候補豚用の群飼豚房（部屋・豚舎）を確保し、ここで最低1ヵ月以上の馴致期間が取れるようなタイムラインで候補豚を移動

2）ふん便フィードバック（農場固有の母豚腸内細菌叢と哺乳子豚の大腸菌症に対する馴致）

①分娩後1週間もしくは10日以内の母豚4～5頭の新鮮なふん便を採取。哺乳子豚が下痢をしている腹がみられたら、その下痢便をタオルでふき取って採取

②バケツに冷水を入れ（通常の水道水・井戸水を用いる。お湯や消毒水はだめ）、子豚下痢便をふき取ったタオルをこの水で絞り洗いし、便を水に溶け込ませる。そこに水と同じ割合の量の母豚から採取した新鮮便を入れ、よく混合する

③ふん便と混ぜ合わせる水に、分娩豚舎からの母豚の食い残し飼料を混ぜ足す場合もある。また、流死産・ミイラなどが目立つ場

合は、流産胎子・ミイラ・胎盤（後産）をミンチにして、混ぜ足す場合もある（パルボウイルスなどの繁殖疾病を想定して）

④混ぜ合わせたふん便液を、柄杓などを用いて飼槽の食い口にまいて、豚が飼料と一緒に食べられるようにする。もしくは床に散布してもよい。ただしこの場合、確実に豚が撒布ふん便液に接触するように床に飼料をまいておくなどの工夫が必要。撒布ふん便液を豚によく食べてもらうため、この作業は朝一番の給餌前に行うのが理想。１日１回、３日から１週間続けて行う

3）同時に、農場固有の衛生プログラムに従った適切な候補豚へのワクチネーションを実施

4）馴致期間中は特に注意して候補豚を観察し、何らかの臨床症状（発熱、食退、下痢、努力呼吸、咳など）がないことを常に確認する。もし激しい発症がみられた場合は、フィードバックを中止し、適切な抗菌薬の注射による治療を試みる

近代的馴致方法：（もしくはPRRS浸潤農場の場合）

もはや言うまでもありませんが、PRRSはほかの養豚疾病と比べ、別格といえるほど異なるものです。病気そのものが違うのですから、対策方法がほかのものと大きく異なって当然です。

例えば、PRRSに感染した豚の体内で起こる免疫動態も、ほかの病気と比べて異様に違っています。前述した伝統的馴致法だけではPRRSを抑えきることができない場合が多々あることも容易に腑に落ちます。**要するに、PRRSにはPRRS用に特別の馴致プログラムが必要だということです。**従って、農場固有の馴致プログラムを作成する際においては、それがPRRS浸潤農場である場合、常にPRRSを真っ先に念頭におかなければなりません。

日本も含め世界の養豚生産国のほとんどは、現在PRRSに広く浸潤されています。従って、PRRSを軸に据えた馴致法が、現在の養豚業界におけるスタンダード＝近代的馴致法となっているのが現実です。この項では、そのPRRS馴致についての解説と具体的な実践例について述べます。

PRRS免疫の仕組み：現場で知る必要があるのはこれだけ

PRRSの馴致法を知るには、まずそのPRRS免疫の仕組みについて理解する必要があります。PRRSの免疫機序は本来非常に複雑で、学術研究でもまだ分かっていないことが多々あります。

しかし、農場現場での馴致に有効活用するために必要な知見は現段階では**図１**のように集約されるでしょう。重要なことは、PRRSウイルスと豚との関係は以下の３種類のどれかであり、さらにそれぞれの状態を見極めるための方法がある、ということです。

PRRSと豚の関係

①シロ（PRRSウイルスに感染していない豚）

②アカ（急性感染期でウイルスを排せつしている豚）

③ピンク（感染してから期間が経ってウイルスを排せつし終わり、防御免疫がついた豚）

PRRS免疫のように、本来学術的に複雑な情報を複雑なまま農場現場で活用しようとしても結局「難しいから何もできなくても仕方ない…」で終わってしまい、具体的にそれ以上先に進まなくなってしまいます。現段階で分かっている範囲のなかで肝になるポイントを押さえ、「現場で行動を起こすためには何を知らなければならないのか」ということだけを軸に、できるだけシンプルに情報を整理することが大事で

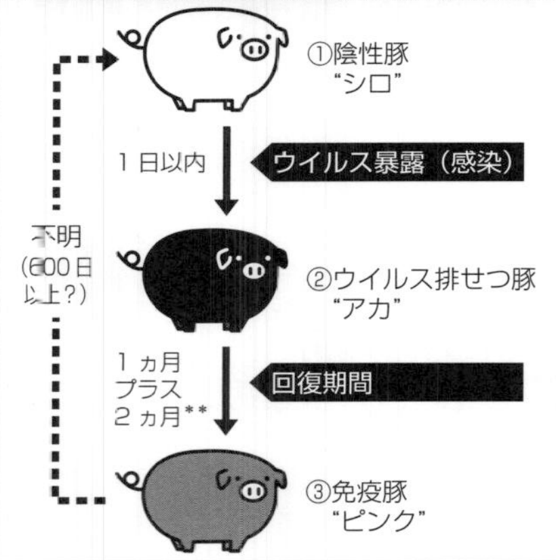

	臨床症状	ウイルス排せつ	ELISA 抗体	血液 PCR
①陰性豚 "シロ"	なし	なし	完全に陰性（0.0 以下）	陰性
②ウイルス排せつ豚 "アカ"	**あり**	**あり**	陰性 / **陽性（上昇）**	**陽性**
③免疫豚 "ピンク"	なし	なし	**陽性** / 陰性（平行・下降）	陰性

＊　同じ株に対しての免疫の指標。異なる株に対しての場合は必ずしもこれに準じない　©S. Otake

＊＊：離乳・育成・肥育豚と候補豚の場合。感染後の最初の１ヵ月がその後の２ヵ月より圧倒的にウイルス排せつの可能性が高い
経産母豚ではウイルス排せつ期間は短く、１～２週間程度

図1　農場現場で活用できる PRRS 免疫学*

す。**図1**がその手助けとなるでしょう。

もう１つ現場でよく混乱されているのが、ELISA による PRRS 抗体価の見方ではないでしょうか。前項でも少し触れましたが、ELISA により分かる抗体価は PRRS 免疫付与の直接の指標にはなりません。何が分かるのかといえば「PRRS に感染した経験があるかないか、そして暫定的にいつごろ前に感染したのか」という点のみです。

ほかの病気の場合は「抗体価が上昇したから免疫がついた。だから馴致完了…」と安直に解釈できたかもしれませんが、**PRRS の場合は「抗体価が上昇中のものはむしろ急性感染期で、まだウイルスを排せつしている可能性が非常に高い」という解釈になる**ので、これを知っているのと知っていないのでは現場での判断が真逆になってしまいます。

また PRRS の場合、抗体陽性豚が同じ株に再暴露しても ELISA 抗体価は上昇しませんが、防御免疫は付与されます。

逆に、異なる株に再暴露した場合に ELISA 抗体価は上昇して表れますが、防御免疫については定かではありません。これはほかの病気とは全く逆の現象です。ほかの病気では、再暴露による抗体価の上昇を「ブースター効果」と読み取り、免疫付与の指標となりますが、これもまた PRRS の場合は全く正反対だということです。この点を知っていないがために、候補豚馴致がうまくいっているかどうかの判定やワクチン効果の判定に際し誤った判断を下しているケースに多々遭遇します。

要するに、ほかの病気と同じ理屈で PRRS を解釈してしまうと現場で命取りになる、ということです。上述した知見を**表2**にまとめました。

これらのことを踏まえて結論すると、PRRS の候補豚馴致がうまくいったかどうかを評価する基準は以下のようになります。ただこれだけで、判断できるのです。

検査で分かる PRRS 馴致成功の判定ポイント（陰性豚を馴致した場合）

1）ウイルス暴露（感染）後、１ヵ月以上間隔を置いたペア血清の ELISA 抗体価が右肩下がり

表2 PRRS抗体検査について
研究と現場検証から分かっていること

	①抗体による免疫（体液性免疫）	②抗体によらない免疫（細胞性免疫）
ELISA検査で…	調べられる（抗体価）	全く調べられない
防御免疫？	No	Yes（"ピンク"の素）
発現時期	早い（感染後2週間）	遅い（感染後1～3ヵ月）
同じ株の再暴露で…	無反応（抗体価が平行/下降）	上昇
異なる株の再暴露で…	上昇	無反応

©S. Otake

（数値はまだ陽性でもよい）

2）回復期間最後の段階（つまり母豚群に繰り入れる直前）で血清PCRがマイナス

3）回復期間最後の段階で顕著な臨床症状（発熱、食退、ヘコヘコ、咳）を示していない

繁殖豚群のPRRS免疫安定化：その本当の意味

PRRS対策で最も大事な柱になるのは、母豚群の免疫安定化です。候補豚馴致はそのために行っているのです。PRRSによる流産や死産などの繁殖障害がある農場では、その被害をまず抑えることが免疫安定化の分かりやすい最初の指標となります。しかしながらそれに加えて、「母豚群でPRRSを抑える」ことの本当の意味はむしろ「その農場での離乳・育成豚でのPRRSの問題を解決できるかどうかの決め手となる」という点にあります。

PRRSによる離乳後事故率の問題では、離乳・育成・肥育ステージでの対策ばかりに気をとられている農場がいまだに多いです。

「母豚群から離乳されてくる子豚がPRRSウイルスを持っていないこと」、すなわち「母豚から子豚への垂直感染が完全にシャットアウトされていること」が繁殖豚群でPRRSを抑えたといえる真の定義です。

流産や死産がいったん収まった農場であっても、この垂直感染が切れていない場合、ウイルスが子豚の流れとともにピッグフローの下流に垂れ流しになるので、離乳―育成期におけるウイルス循環が断ち切れず、結果としてここで問題が慢性化してしまいます。そして残念ながら、日本にはこのようなパターンに陥っている農場が非常に多いことを筆者は経験しています。従って、繁殖豚群のPRRS免疫安定化は繁殖障害を引き起こすPRRSを抑えるという意味だけでなく、その農場の離乳・育成・肥育ステージでのPRRS対策の第一歩でもあるのだということを再度強調します。

それでは、「豚群の免疫安定化」とは何でしょうか？　複雑そうに聞こえるかもしれませんが、実は単純なことです。要は、**ウイルスを排せつしている豚＝「アカ」が、母豚群中に1頭も存在しないということ**にほかなりません。

図1で示したとおり、陰性豚＝「シロ」がPRRSウイルスに感染するとウイルスを外部にまき散らす感染源＝「アカ」となります。そしてウイルス血症が終息していくのとほぼ同じタイミングで、その感染豚＝「アカ」は防御免疫を獲得し、もう同じ株に対しては発症しなくなる免疫豚＝「ピンク」となります。このように、免疫豚＝「ピンク」のみで母豚群が構成されていれば、当然ウイルスの動きが止まるわけです。

逆に母豚群の免疫状態がバラバラ（すなわち「シロ」、「アカ」、「ピンク」が入り混じった「カラフル」）な状態では、いつまでたってもウイルスの循環が終息することがありません。結果的に不規則で小規模の繁殖障害を発症したり、その母豚群から生産される子豚のなかで母子垂直感染しているものが、離乳豚舎へウイルスを持ち込んでしまう原因ともなってしまいます。

そして、母豚群の免疫安定化の最大のカギを握るのが、候補豚の適切な馴致です。ウイルス

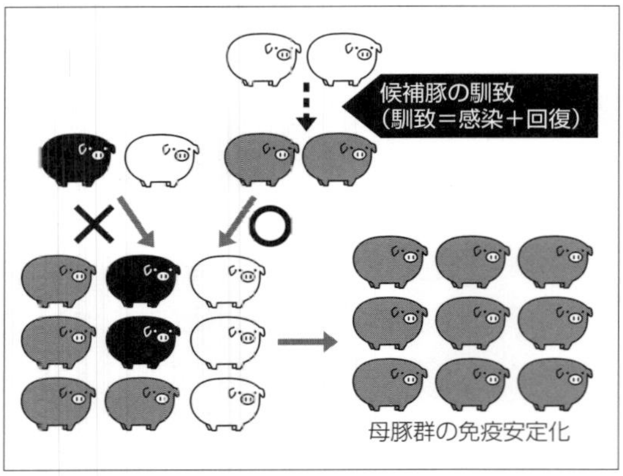

©S. Otake

図2　母豚群免疫安定化における候補豚馴致の重要性

排せつが終息して免疫が付与された「ピンク」の候補豚のみを母豚群に繰り入れていくことにより、結果として母豚群の免疫状態が「ピンク」に一律化されていきます。馴致とは病原体にただ暴露させて終わり、ではありません。肝心なのはその後、免疫付与されるまで（すなわちウイルスをまき終わるまで）十分休息期間を設け、回復させた状態になって初めて馴致成立＝「ピンク」なのです。ウイルスをまだまいている「アカ」の状態で豚群に導入してしまっては、馴致の意味がありません。

これはそもそも疾病対策における基礎概念であったはずですが、諸々の事情によりおざなりにしてきた農場が意外と多いようです。PRRSに対してはこの基本対策を本当に理解・実践しているかどうかが成功の決定打となるのです（**図2**）。

「いつまで待てるか？」がPRRS候補豚馴致成功のカギ

候補豚のPRRS馴致成功の「肝」は、ウイルス暴露後の回復期間にあります。それでは具体的にどれくらい回復期間が必要なのでしょう。

現在までの研究と現場検証で「PRRSの排せつ期間は肥育豚で約90日」であることが分かっています。この90日を現場でのPRRS対策に使える1つの目安とできるでしょう。何らかの方法で候補豚をウイルスに暴露した後、できれば3ヵ月、それが無理でも最低1ヵ月は回復期間を設けたいところです。この回復期間中は、ウイルスをまいている可能性がまだ高いわけですから、別途の隔離豚舎で馴致を実施するのが理想です。そしてこのように十分な回復期間を取るためには、暴露を早めに開始しなければ繁殖供用に間に合いません。従って、若齢馴致という形になるのです。

馴致におけるウイルス暴露の手段についてですが、結論から言うとウイルスに暴露できればどの方法でもいいのです。それがウイルス排せつ豚であれ、内臓ミンチであれ、市販生ワクチンであれ、要するに暴露させるウイルスのもとをどこから得るかという違いに過ぎません。農場によってウイルスが循環しているステージも違いますし、株の違いもあるはずです。従って1つの暴露法がすべてのPRRS対策における一律の答えだということはあり得ません。

欧米と日本で現在よく用いられている暴露法を、**表3**にまとめました。それぞれについて利点・欠点があり、どの方法がベストであるかは各農場によって異なります。極端にいえば、その農場で馴致の目的＝防御免疫付与が達成できたのならば、どの方法であろうがそれが正解でしょう。しかし、**いかなる暴露方法を取っても「その後十分に回復期間を取る」という点は共通して変わらない**、ということを再度強調しておきます。

PRRSワクチンについて

現在、欧米・日本で市販されているPRRS弱毒生ワクチンはPRRS馴致ツールにおける選択肢の1つです。しかしながら、その長所・

表3 候補豚PRRS馴致におけるウイルス暴露の方法例*

方法	利点	欠点	適用**
感染豚群と同居（もしくは候補豚自家育成）	●従来のピッグフロー ●自然感染経路 ●自農場株に暴露	●ウイルス循環が活発か？ ●暴露時点が不明確 ●自農場株に対してのみ防御 ●ほかの病気にも感染？	●連続飼養 ●ウイルス循環が活発 ●隔離豚舎が無理 ●ほかの病気の動きが弱い
ヒネ豚と接触	●自然感染経路 ●自農場株に暴露	●選抜ヒネ豚が確実にウイルスを排せつしている保証？ ●暴露時点が不明確 ●自農場株に対してのみ防御 ●ほかの病気にも感染？	●ウイルス循環が活発 ●適切なヒネ豚の選抜眼 ●ほかの病気の動きが弱い
フィードバック（ヒネ豚の血液・リンパ組織ミンチ）	●暴露時点が明確 ●自農場株に暴露	●ミンチが確実にウイルスを含むか？ ●病原性が強い農場株は被害大 ●ほかの病原体も暴露 ●自農場株に対してのみ防御	●ウイルス循環が弱い ●ほかの病気の被害が少ない ●病原性の弱い農場株
市販弱毒生ワクチン	●暴露時点が明確 ●病原性が弱い（安全） ●ほかの病原体を暴露しない ●不完全だが幅広い交叉免疫	●陰性妊娠後期母豚で若干の副作用？ ●接種豚はワクチン株をまく ●自農場との交叉免疫の程度？ ●コスト	●ウイルス循環が弱い ●バイオセキュリティが弱い？ ●極端な若齢導入が無理

©S. Otake

＊：ウイルスを含む材料の人為的な暴露および動物用薬品の使用は、各々農場の管理獣医師の指導と判断の元で適切に行われる必要がある
＊＊：あくまでも目安

短所を熟知していないがために、誤った判断・評価を下しているケースを多々経験します。PRRSワクチンに関して理解しておかなければならない知見を以下にまとめました。

PPRSについて知っておきたいこと

1）**同じ「ワクチン」というくくりの中で、PRRSワクチンをオーエスキー病（AD）ワクチンや豚コレラワクチンなどと同じであると考えるのは間違い。病気が違えばワクチンの性質が違うのは当たり前。PRRSという病気が特別であるのと同様に、PRRSワクチンもまた特別であるということ**

2）**PRRS弱毒生ワクチンの性質は、基本的にすべてPRRSウイルスの性質そのものに起因する。従って、PRRS弱毒生ワクチンは馴致におけるウイルス暴露法のなかの1つのオプションとしてとらえるべき（表3）。ウイルス暴露・回復を経て防御免疫をつけるという理屈は、ほかの方法とまったく同様。その馴致（免疫付与）に必要な暴露ウイルスの供給元を自農場から求めるのか市販ボトルから求めるのか、という違いだけ**

3）**ただし、ワクチン株が自農場ウイルスと全く同じ株であるという保証はどこにもないので、ワクチンを用いて免疫付与を試みる場合は、常に異なる株に対する交叉免疫を期待するのが前提**

4）**市販生ワクチン株は、広く異なる株に対して交叉免疫が期待できるが、その程度には差が出る。そして、株の遺伝子相違性（シークエンス）から交叉免疫の程度を直接予測することは困難**

5）**従って、結論としてはワクチンが効くかどうかは自農場株でチャレンジ試験するしかない。つまり、最終的に自農場での結果で判断するしかない**

市販の弱毒生ワクチンを使用する場合、母豚群接種法の現在の国際スタンダードは、候補豚への２回接種プラス母豚への年４回（つまり３ヵ月ごと）全頭一斉接種です。接種回数や時期（年２回でもよいのか、もしくは６回必要

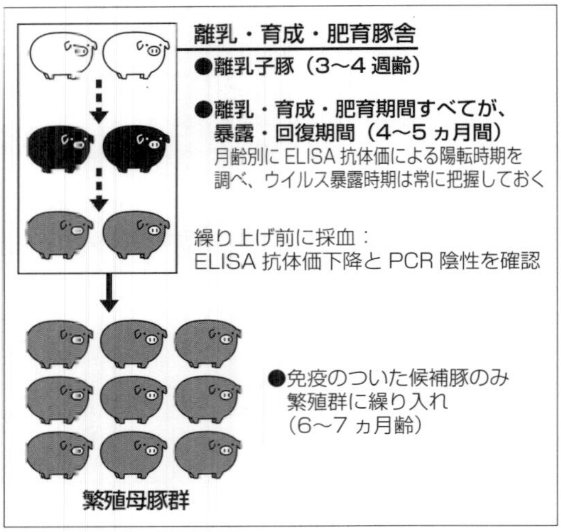

©S. Otake

図3　PRRS 馴致法の実践例 I
自然馴致（候補豚の自家育成）による対応

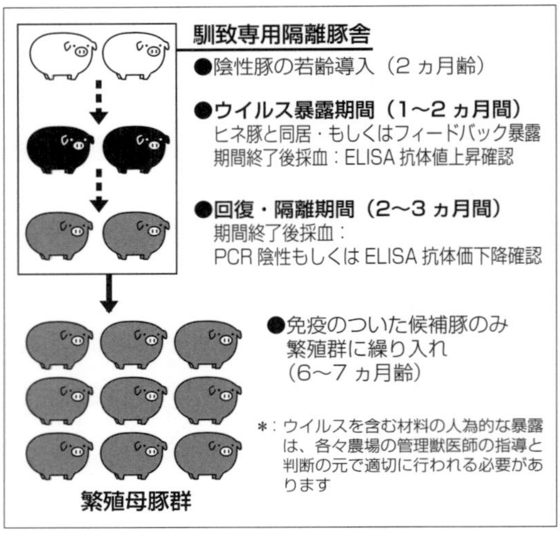

©S. Otake

図4　PRRS 馴致法の実践例 II
人為馴致（既存農場株の暴露）による対応*

か、妊娠後期母豚はスキップすべきか、ほかの暴露法と組み合わせるか、候補豚のみの接種はどうかなど）は、筆者の経験上、各農場で臨機応変に変えてもよいと思います。

PRRS 馴致法の具体的な実践例

以上の知見が、PRRS 候補豚馴致法を立てるうえで必要なものです。それらを踏まえた国内外での具体的な実践例を、筆者の経験としてここにいくつか紹介します（**図3～6**）。

何度も強調しますが、**ある 1 つのパターンが、すべての農場において一律にベストであるということはあり得ません。**農場個々における立地条件や状況はそれぞれ違うはずで、その限られた制約のなかで、いかに工夫し、妥協して現実化していくのかが大事なのです。その工夫・妥協の過程のなかでも、「PRRS 対策をするうえで外せない肝となるポイント」を上項までで述べてきたつもりです。

図3～6を参照していただくとお分かりいただけると思いますが、それらのポイントはどのパターンでもしっかりと押さえられているはずです。つまり豚群が「ピンク」に到達するまでの理屈と過程はどれも一緒で、それを達成する方法としていくつかのオプションがあるというだけの話です。

それぞれの暴露法の長所・短所を加味して、自農場の状況で最も効果がありそうなもの、そして最もシンプルに行えそうなものを選択します。あとは必要な工夫を施し、実現可能な形にして現場で実践するだけです。

PRRS 馴致の最終確認：母豚群免疫安定化

「ピンク」の定義とその評価方法

どのような対策法を用いるにせよ、その方法が自農場で効果があったのかどうかを判定する基準が必要です。「母豚群の PRRS 対策がうまくいっている」という表現をよく耳にしますが、その「うまくいっている」という表現は、あいまいであってはなりません。以下の定義を

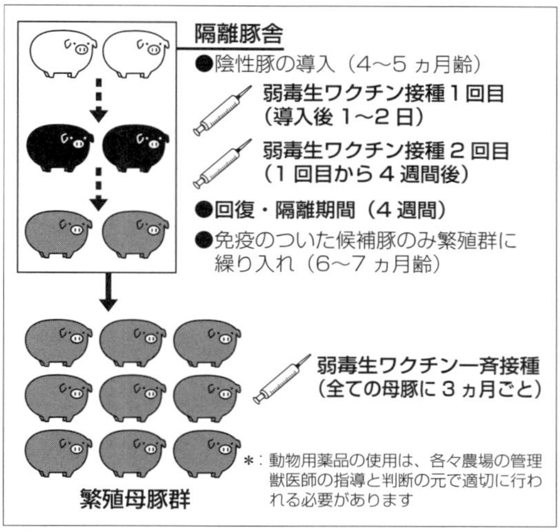

©S. Otake

図5　PRRS 馴致法の実践例Ⅲ
市販弱毒生ワクチンのみによる対応*

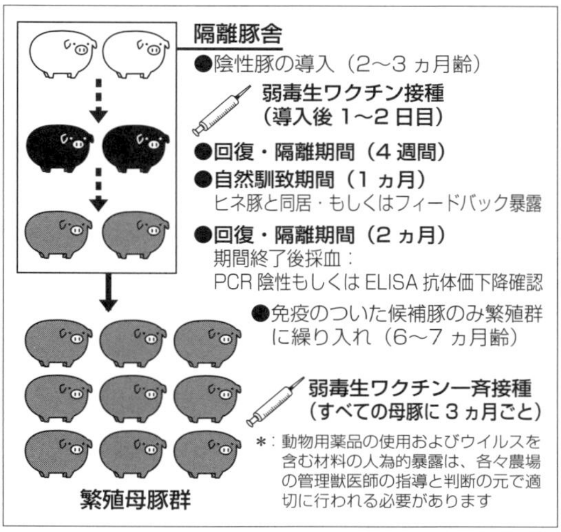

©S. Otake

図6　PRRS 馴致法の実践例Ⅳ
人為馴致と市販弱毒生ワクチンを組み合わせた対応*

クリアして初めて「母豚群はPRRS安定化している」といえます。これを母豚群におけるPRRS対策評価の確認法として用いることができます。

そもそも候補豚馴致は、母豚群のPRRS免疫安定化を目的として行っているわけですから、もしこの評価法で「母豚群はまだ免疫安定化していない」という判断になるのならば、さかのぼって候補豚馴致プログラムの見直し・再検討が必要だということになります。

検査で分かる母豚群の免疫安定化のポイント

1）PRRSに起因する母豚の発熱・食退および死流産などの繁殖障害が一切ない

2）母豚群全体としてELISA抗体価にバラツキがなく、低い値で一定している

3）ウイルス血症の母豚、すなわちウイルス排せつ母豚がいない（血液PCR陰性）

4）母子感染（胎盤感染もしくは哺乳中水平感染）が一切ない

5）すなわち、分娩豚舎での哺乳子豚の健康状態が良く、PRRSウイルスに感染していない（その直接的な確認法として、哺乳子豚の血液PCRが陰性であること）

結論：「結果が出ればその方法がその農場でのPRRS馴致法」

ここまでにも述べてきたように、PRRS馴致を実施するうえで、最も重要で肝に銘じておかなければならないこと、それは「**すべての農場に同等に当てはまる一律した馴致法などない。核になるポイントを理解し、あとは自農場で臨機応変に工夫・妥協して試してみて、その結果で判断する**」という潔い姿勢です。これは一聴すると何やら投げやりなように聞こえるかもしれませんが、決してそうではありません。「PRRSの馴致法はこの1つしかない」と思い込み、固執してしまうことが、逆に最も危険である、ということです。

まずは、自分の農場が置かれている条件の中で最もシンプルに行える方法から試すのがベストでしょう。それで結果が伴わなければ、どこがネックであったのかを考察して、「それを改善するには、ほかにPRRS対策としてどんな手持ちのカードがあるのか」というように、柔軟で臨機応変な意識を持つこと。そのために、PRRSにおける正しい知識と経験が必須となってくるのです。

まとめ

・繁殖豚群にとって候補豚導入が最もリスクの高い疾病伝播経路。それを防ぐために馴致がある
・疾病馴致＝その病気に特定した免疫を付与してやる計画的な行為。馴致は“おまじない”や“げん担ぎ”ではない。科学的根拠に基づいて有効性を検証しながら、現場実践する必要がある
・馴致の目的とは？　自分の農場はどの病気に対して馴致を行うのか？　それによって方法が違ってくる
・「伝統的馴致」と「近代的馴致」。PRRS対策が馴致プログラムの軸
・「疾病馴致＝感染＋回復期間」。感染の方法はいろいろあるが、その後の回復期間を十分設けることが、いかなる馴致法においても成功を握るカギ
・個々の農場の状況・制限条件に対応した馴致プログラムを作成・実践する。臨機応変に融通を利かせることが、「近代的馴致」の肝。そのための知識・技術・経験が必要

（大竹　聡）

2-3

バイオセキュリティ

はじめに

養豚疾病対策の最終形は、農場防疫（バイオセキュリティ）以外にあり得ません。病気による被害が出てから対処するのではなく、病原体を農場に入れない、すなわち“戦わない”ことこそが、真に病気に“勝つ”ことだからです。

それを実践するためにはまず、どのような伝播経路で病気が農場に侵入してくる可能性があるのかを知っておかなければなりません。次に、その可能性のある伝播経路のなかでも、自分の農場で最もリスクが高いものは何か？　という優先順位付けが必要です。そして、そのリスクが高い伝播経路から順番に効率的にシャットアウトするための具体的な対策プログラムを作成・実践していくわけです。

母豚群のバイオセキュリティに限っていうと、この病気の侵入・伝播のリスクが最も高い経路が、候補豚の導入です。ほぼすべての病原体は豚そのものを“乗り物”として動くからです。

従って、できるだけ病原体を持たない候補豚を農場に導入することが理想なわけですが、ここで候補豚馴致の問題が非常に重要になってきます。

バイオセキュリティ

バイオセキュリティの徹底が、今後将来、唯一にして最強の疾病対策となるでしょう。これは間違いありません。更新豚の馴致にしても、このバイオセキュリティの一環だととらえることができます。

豚繁殖・呼吸障害症候群（PRRS）を例にとってみてみましょう。**陰性農場は当然、また陽性農場であっても異なる株をできるだけ農場内に侵入させない徹底した意識と具体的な取り組みが必須**です。「うちの農場はすでに陽性だからバイオセキュリティは関係ない」という考えは、PRRSの場合には通用しません。実際、複数の株が同時に農場内に存在しているケースでは、PRRS被害を抑えることがより困難であったという野外実例が国内外でいくつも報告されています。

「PRRSにすでに感染していたとしても、感染している株が1つであるだけまだマシだ」ということです。せっかく達成した農場のPRRS免疫安定化も、外部からの新しい株の侵入により被害を再発し、対策をまた1からやり直し、ということもあります。PRRS対策成功の“維持”は、このバイオセキュリティにかかっているわけです。

くしくも現在日本では、PRRSだけでなく豚サーコウイルス2型（PCV2）が広く浸潤してしまっています。一体どこから入ったのでしょうか？　今後、またこのような新しい病気が日本でも出てこないとも限りません。病気の種類に関係なく、効果がある疾病対策が必要です。それが何かといえば、抗菌薬でもワクチンでも生菌剤でもなく、バイオセキュリティなのです。

なぜならば、誤解を恐れずに言うと、「抗菌薬やワクチンで病気を抑える」という作業にかかる経費・時間・手間というのは、結局のところは“敗戦処理”にほかならないからです。病原菌の侵入を許しさえしなければ、全く必要のなかった作業ですから。

「自分の農場は自分で守る！」。当たり前の話です。そのための武器がバイオセキュリティなのです。

表 PRRSウイルスの伝播経路とその危険度

危険度最大	危険度大（農場間伝播）
■感染豚	■衣服・靴・人
■汚染精液	■豚移動用トラック
	■蚊・ハエ（夏期）
危険度大（農場内伝播）	■運搬用品・一般車両
■注射針	
■衣服・靴・人	**危険度小（農場間伝播）***
■蚊・ハエ	■ネズミ
■**空気**	■野生動物・ペット
	■鳥
	■**空気**（株の違いにより危険度大）

＊：農場密集度合いと地域性によりその危険度は異なる

©S. Otake

バイオセキュリティの意識付けと具体的な実践：PRRSを手本として

「バイオセキュリティがいかに重要なのか。そして具体的に現場で何ができるか」。このことを身に染みて体験できる良い例は、やはりPRRSです。

従って、このバイオセキュリティの項でもPRRSを１つのモデルとして、バイオセキュリティの考え方と現場での具体的な実践法について解説したいと思います。PRRSだけではなく、ほかの病気についても同じことが言えるからです。

PRRSの伝播経路

PRRSの侵入を防ぐためには、まず「PRRSウイルスがどのような経路で農場内に侵入し、広がっていくのか」を知る必要があります。

PRRS伝播経路については、以前はほとんど未知の領域でしたが、2000年以降の北米での研究・現場検証により、現在まででかなりのことが分かってきました。そのPRRS伝播経路を危険度別にリストアップしました（**表**）。

この表から分かるように、PRRSを持ち込み拡大させる危険が圧倒的に高いのは、①感染豚の導入②ウイルス汚染精液の供使によるもの、の２点です。従って、**まず第一に農場に導入する種豚と精液に細心の注意を払うことがPRRS農場防疫の必要最低条件です。**

導入豚・精液のバイオセキュリティ

1）種豚導入元（もしくはAIセンター）がPRRSフリーかどうか？　定期的にモニタリングしているかどうか？　そのELISA抗体価の数値は？

2）PRRSフリー農場から供使されてくる豚でも、トラックでの移動中に感染してくる可能性も否定できない。自農場での着地検疫は必ず行う

3）どうしてもPRRS陽性農場から豚を導入せざるを得ない場合、最低限その豚がウイルスを排せつしていないことを血液PCRで確認する（もしくは１ヵ月間隔のペア採血でELISA値が確実に降下していることを確認）

4）精液そのものがPRRSウイルスに汚染されているかどうかは、PCRにより分かる。必要であればPCR検査を実施。ウイルス血症を起こしている雄豚は、同じ時期に精液にもウイルスを排せつしている可能性が非常に高い

PRRS侵入を防ぐための具体策とは？

感染豚と汚染精液のリスクが完全に取り除かれた段階で初めて、ほかの間接的伝播経路の対策の話になります。PRRSウイルスという目に見えないものが敵なだけに、**バイオセキュリティとはその伝播経路を断つ行為をいかに日々の農場作業のなかに浸透させて習慣化できるか、ということにほかなりません。**「１回やったらそれで終わり」ではなく「それをやるのが当たり前」というレベルになって初めてバイオセキュリティ法が確立したといえます。

従って、その伝播経路を断つ作業が場員にとってあまりに過度な負担とならないよう、うまく工夫して実践することがバイオセキュリティを定着させる秘けつです。

もう1つ成功のポイントは、「自分自身がバイオセキュリティの日々の作業を怠ってしまったことが原因で、もしも農場にPRRSが入ってしまったら？　ウイルスが暴れたらどれだけの被害が出るのか？　そしてその被害は最終的にはいろいろな形で自分自身に返ってきてしまう…」という危機意識と責任感を、農場経営者・場員・管理獣医師が同じレベルで共有することです。

どんなに立派なバイオセキュリティプロトコールを作成しても、それらが農場現場で実践されなければ、それは最初からなかったも同然です。科学的根拠に基づいた正しい情報とともに、それらを実践するための知恵や指導力がPRRS農場防疫には求められるのです。

人・物・害虫（獣）のバイオセキュリティ

1）ワクチン接種などの際、注射針をできるだけ頻繁に交換する。哺乳子豚は1腹1針、子豚・肥育豚は1豚房1針。母豚はできれば1頭1針だが、難しければせめて5頭1針。ただし、妊娠後期母豚（妊娠75〜90日から分娩直前まで）はPRRSによる流産・胎盤感染のリスクが最も高いので、必ず1頭1針とする

2）繁殖・離乳・肥育ステージ間での場員の行き来の交差を極力避ける。行き来する場合、必ずその場所専用の衣服・靴に交換してからにする。できればシャワーも浴びる。シャワーが無理な場合でも手指の洗浄は必ず行う

3）農場に持ち込む運搬用品のケア。燻蒸室を設ける、紫外線殺菌箱、二重包装にしておいて外袋は豚舎内に持ち込まない工夫、簡易消毒できるハンドスプレー、など

4）蚊・ハエ対策。殺虫剤のまめな散布、ピットフライ、豚舎内外のまめな清掃、ふん尿・堆肥の適切な処理、死亡豚を豚舎の外にそのまま放置しない（特に解剖したもの）、乾燥地帯なら豚舎に防虫ネットの設置も可能か？

5）ネズミ対策。毒餌まきはできるだけ頻繁に。トラップは豚舎内だけでなく、豚舎の外側にも設置

6）防鳥対策

汚染トラックの危険度と消毒後の乾燥の重要性

出荷・離乳など、豚移動の際に用いられるトラックが汚染されていることによってPRRSを伝播してしまうリスクが高いことが分かっています。アメリカのある野外調査では、PRRS再感染ケースの約20％が汚染トラックによるものであったという報告もあります。そしてさらに重要なことは、汚染トラックは**洗浄・消毒後さらに十分乾燥させて初めてPRRSウイルスが完全に消滅する**という事実です。

北米の種豚企業や大手インテグレーションでは、人為的にトラックを強制乾燥させるための自動トラック乾燥機（TADDシステム、トレーラー・ベイカーなど）を開発・実践しており、このことからも汚染トラックによるPRRS伝播リスクの高さとその対策として乾燥の重要性が業界レベルで強く認知されていることが分かります。

トラック・消毒のバイオセキュリティ

1）まずは農場専用トラックの確保。出荷トラックは最も汚染リスクが高いので、それ以外の目的では絶対に使用しないようにする

2）ピストン輸送は原則的に禁止。どうしてもしなければならない場合、複数の作業員が豚を追うエリアを完全分業制にする、衣服・靴を

交換するなどして、汚染リスクを極力抑える工夫を

3）専用のトラック洗浄センターを設ける。豚舎から隔離された場所がベター

4）洗浄して目に見える汚れを落としたら、消毒。PRRS ウイルスに最も効果がある消毒剤は7％グルタールアルデヒドと26％4級塩化アンモニウムの混合剤なので、できるだけこれに近い成分のものを用いるようにする。発泡消毒がより効果的

5）とにかく、できるだけ乾燥させる期間を長く設ける。寒冷地域における冬期では外に放置しておくと消毒効果も低減し、さらに凍結すると乾燥しにくくなるので、むしろ室内に収納するほうがベターと思われる

空気伝播を言いわけにしてバイオセキュリティを放棄するな！

PRRS の空気伝播については、まだはっきりと分かっていないことが多くあります。現在までの知見では、**PRRS ウイルスが空気に乗って農場から農場へ長距離間飛び感染するリスクは、ほかの伝播経路と比べると低い**とされています（ただし、空気を共有する同じ豚室内ではリスクは高くなります）。**表**で示した通り、豚・精液以外の PRRS 伝播経路としては、空気よりも衣服・人、トラック、昆虫などのほうがリスクが高いことが証明されています。にもかかわらず、「空気感染」という言葉を言いわけに使ってバイオセキュリティそのものをあきらめ、放棄していないでしょうか？

最近の北米での研究において、最高レベルの農場防疫が要求される原種豚農場や AI センターでは、そのわずかの空気感染のリスクをもシャットアウトするために、エア・フィルターの導入が普及しています。また、PRRS の株の中には通常の株より空気感染しやすいものも存在するという報告もあります。さらに今後、空気感染についての新しい知見が出てくるかもしれません。

しかしいずれにしても、まず人・トラック・昆虫などへの対策を徹底することが、その農場がさらされている PRRS 伝播リスク全体を小さくするための最も現実的な近道なはずです。それらの対策がおざなりのまま、ただやみくもに空気感染を心配するのは、本来順序が逆ではないでしょうか？

「空気」に対してわれわれができることは極めて限られていますが、それ以外の伝播経路に対しては現時点でもあらゆる農場現場で実践可能なはずです。まずは、できるところから始めましょう。

農場モニタリングが生命線

バイオセキュリティがうまくいっているかどうかの判定は、作成した防疫作業チェックリストに OK の印がついているかどうかを見て行うのではありません。その農場に新たに PRRS が侵入していないことを再確認して初めて判定できるのです。つまり、血液検査による定期的なモニタリングです。できれば毎月もしくは隔月で採血し、ELISA で確認するのが理想なのです。

臨床的に異常がみられた場合は、ELISA 抗体価がまだ上昇していない急性期であることを想定して、いくつかのサンプルは PCR 検査も行う必要があります。欧米と比較すると、日本の場合は検査を豊富に行う意識と土壌がまだ乏しいですが、このように頻繁にモニタリングすることで、PRRS の侵入を早期に発見でき、農場全体に拡大する前に摘発・淘汰して農場の陰性状態を保つことができた、という事例を日本でも経験しています。

バイオセキュリティが PRRS 対策の最終形として行き着くところであるならば、モニタリ

ングの充実は必要不可欠であると言えるでしょう。ラボでの検査方法や農場サンプリング方法など、今後はさらなる発展と工夫が必要になります。

繁殖雄豚・AI センターの馴致とバイオセキュリティ

本章ではもっぱら“更新用雌豚”に焦点を絞って展開しましたが、農場によっては、本来“更新豚”のなかには“種雄豚”も含まれるはずです。

また、AI センターにおいては“更新豚＝種雄豚”になるわけで、今回の内容が必ずしもそのままあてはまらないかもしれません。今回は本書の都合上、繁殖雄豚・AI センターの馴致とバイオセキュリティについての詳しい記述を避けました。また別の機会に譲ることにいたします。

まとめ

- 抗菌薬、ワクチン、生菌剤、病性鑑定などは、どれも「後追い問題処理」にすぎない。被害が出てから手を打っても、すでに手遅れ
- 病気と「戦う必要がない」ことが、病気に勝つということ。病気を「侵入させない」ことに、知恵とお金と労力を
- 科学的根拠に基づいた知識と技術を最大限に活用する
- 地域ぐるみのバイオセキュリティが必須。お隣さんは自分の農場のリスクであると同時に、自分もまたお隣さんのリスクであると考える
- 第２の PRRS、PCV2 が出てこないとも限らない。「イタチごっこ」はもうやめにしよう！

（大竹　聡）

コラム 2-1

母豚の脚線美と脚弱症

豚の運動器病

関節が腫れている豚、後肢がうまく踏んばれずに股開きになる豚、外観上どこにも異常がないのに立ちにくそうにしている豚、雄豚を乗駕させるときに腰が落ちてしまう豚、立つのがおっくうで飼槽に顔をつっこめない豚、普通に歩いているようだけどよく見るとこわばった歩き方をしている豚など、養豚場には足腰に問題を抱えるさまざまなタイプの豚がいます。

豚の運動器病は、関節炎などの炎症性の疾患と脚弱症などの非炎症性の疾患に分けられます。このうち脚弱症は、昔から繁殖豚で世界的に問題になっている病気です。脚弱症を引き起こす原因として、骨軟骨症や骨関節症があります。骨軟骨症は、軟骨が骨化せずその部分が壊死し、やがて軟骨表面にまで病変が及んできます。また骨関節症は、関節の軟骨表面がびらんしひび割れてくる病気です（**図**）。

骨軟骨症は静かに進行します。外観上健康な4、5ヵ月齢の豚の多くが四肢の関節にもうすでに骨軟骨症がある、という報告もあります（古郡：1984）。

一見健康そうに見えてもその関節では骨軟骨症が徐々に進行しており、やがて脚弱という症状になって現れます。

脚線美は長持ちのポイント

見た目に異常がなくても関節では病変が進行しているこの骨軟骨症を、何とか早期に見つけることができないものかと、健康状態の良い候補豚の足を観察し、追跡調査を実施しました。その結果、繁殖育成豚の段階で足に関する７つのポイントを見ることで、その豚がその後淘汰される危険性が高いかどうかが、ある程度予測できることが分かりました。つまり、豚の脚線美をよーく観察することで、その豚の未来が分かります。

候補豚の未来が分かる７つの観察ポイントは、**表**の通りです。これらの状態にあった候補豚は、早い時期に淘汰されていました。

例えば、後肢が外を向いている豚の淘汰率は、後肢が外を向いていない豚の淘汰率の2.7倍もありました。また、後肢のつなぎが弱い豚の淘汰率は、そうではない豚の淘汰率の2.2倍もありました。

つなぎは、加齢とともに次第に弱くなっていました。弱くなることで、重い体重を支えてショックを吸収しているようです。しかし、若

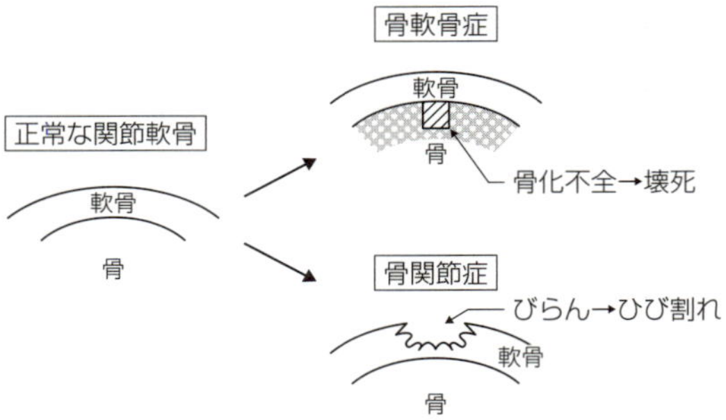

図 骨軟骨症と骨関節症の模式図（古郡、家畜診療 256：1984 の図を一部改変）

表 淘汰対象になりやすい肢蹄

1）後肢が外を向いている（写真１）
2）後肢のつなぎ（蹄と副蹄の間）が弱い（写真２）
3）前肢のつなぎが弱い（写真３）
4）後肢が直肢（写真４）
5）前肢が直肢（写真５）
6）歩行がこわばっている
7）歩行時に後躯が揺れている

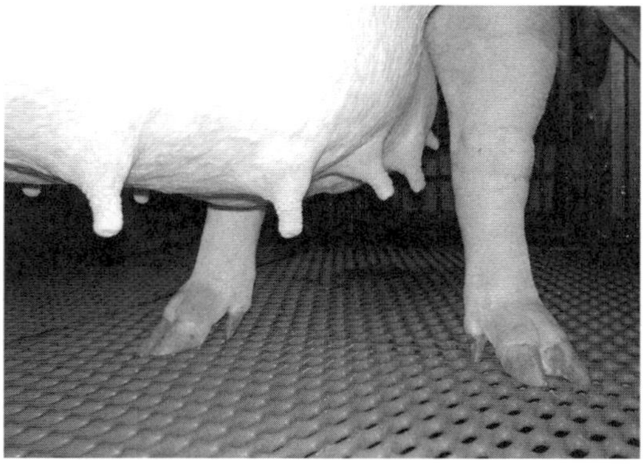

写真１　後肢が外向きの足

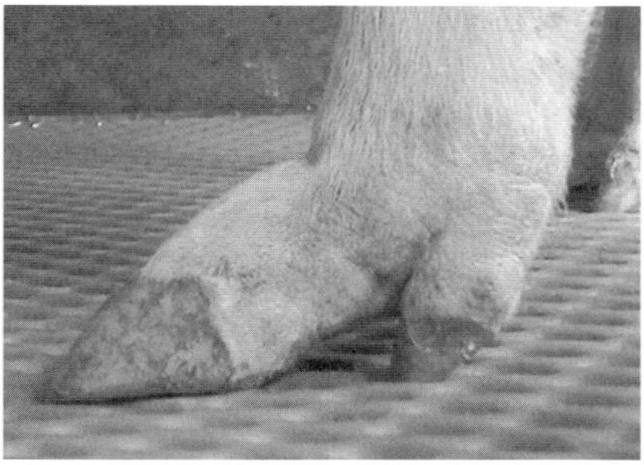

写真２　つなぎの弱い後肢

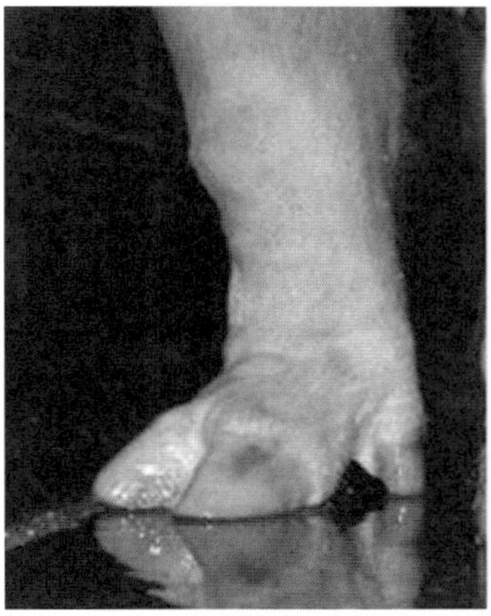

写真３　つなぎの弱い前肢

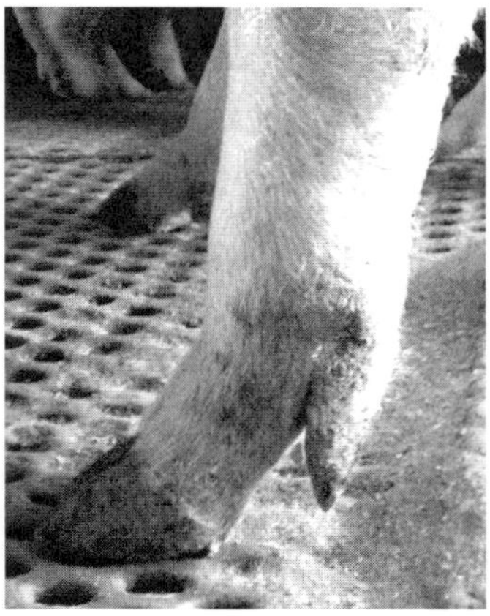

写真４　直肢の後肢

写真５　直肢の前肢

いときからつなぎが弱い豚は長持ちしませんでした。

また一方で、後肢が直肢の豚も、直肢でない豚に比べて淘汰率は 1.9 倍高いという結果が得られました。つなぎの角度は急過ぎてもダメ、ゆる過ぎてもダメです。また足首の幅よりも蹄の幅が広く、安定感のある豚を選びます（桑原：2003）。以上のような脚線美を観察しつつ候補豚を導入・選抜することで、足腰の強い連産性の高い豚が得られます。

足をいたわる管理も大切

もちろん、遺伝要因、環境要因、栄養要因も重要です。

種雄豚は蹄が大きく厚い豚を用います。また、育成期の早い段階からストールに移されている豚や、育成期に過肥の豚は肢蹄が弱い傾向にありました。さらに、切歯や去勢などで持ち上げた子豚を放り投げるように床に置くことは、4、5ヵ月齢以降に骨軟骨症を引き起こすこともあるため、禁物です。前肢が床に着いているのはもちろん、後肢も床に着いてから手を離しましょう。

以上のように、母豚の脚弱にはさまざまな要因が絡んできます。遺伝的要因も重要ですし、飼養環境もおろそかにできません。育成豚の選抜時に、脚の付き方や蹄の大きさ・形などの脚線美をよく観察して、問題のない豚を選ぶこと。そうやって遺伝的要因の優れている豚を選んだ後は、適切な環境で飼養することが脚弱を予防するうえで重要です。（堀北 哲也）

脚線美をよく観察する。脚が強い豚は、雄も雌も本交に強い

コラム 2-2

飼養衛生管理基準について
〜口蹄疫と PED を踏まえて〜

疾病の発生を予防するために

家畜伝染病の防疫対策上、最も重要なことは「発生の予防」と「早期発見・通報」、さらには「迅速・的確な初動対応」です。このうち「発生の予防」を実効あるものにするため、2004年に家畜伝染病予防法（家伝法）第12条の3の規定に基づき飼養衛生管理基準が定められ、家畜の所有者に対し、その順守を義務づけています。

制定当時は、家畜として牛、豚、鶏を対象とし、家畜の疾病予防に資する一般的概念として10項目の基準を設けました。具体的には、畜舎の清掃や消毒、畜舎入出時の消毒の徹底、飼料や飲水への異物混入防止、家畜導入時の清浄性確認および検疫の実行、農場間の病原体伝播阻止への取り組み、野生動物の畜舎内侵入阻止、出荷や家畜移動時の健康確認、家畜の健康管理および異常時の早期診療、密飼いの禁止、疾病予防に関する知識の習得などでした。

口蹄疫発生を機に改正された飼養衛生管理基準

2010年に宮崎県で発生した口蹄疫を踏まえて設けられた口蹄疫対策検証委員会の報告書において、飼養衛生管理基準については、畜産農家へのウイルスの侵入防止を日頃から徹底する観点から、より具体的なものとする必要があると提言されました。このため、2011年に飼養衛生管理基準を改正し、①農家の防疫意識の向上②消毒等を徹底するエリアの設定③毎日の健康観察と異常確認時における早期通報・出荷停止④埋却地の確保⑤大規模農場に関する追加措置の新設等について、畜種ごとに、より具体的な飼養衛生管理基準が定められました。

あわせて、飼養衛生管理基準は、飼養管理技術の向上などによる飼養変化を踏まえ、その内容をより現場の実態に対応した効果的なものとするため、少なくとも5年ごとに再検討を加え、必要がある場合には改正を行うこととされました。

PED の流行を受けて一部改正

2011年の改正以降、豚に水様性の下痢を引き起こす豚流行性下痢（PED）の発生（2013年）と、それを受けたPEDの疫学調査に係る中間取りまとめ（2014年10月PED疫学調査に関する検討会決定）や都道府県による飼養衛生管理基準の指導の徹底を促す家畜伝染病対策に関する行政評価・監視結果に基づく勧告（2015年11月総務省公表）などが示されたことから、こうした新たな知見や社会的要請を踏まえ、2017年2月に飼養衛生管理基準の一部改正を行いました（**図**）。主な改正内容は以下の通りです。

疫学調査報告書などを踏まえた飼養衛生管理基準の改正

①豚及びイノシシに食品循環資源を原材料とする飼料を利用するに当たり、原材料の詳細及び処理方法が確認できない事例が確認されたため、生肉が含まれる可能性がある飼料の加熱処理を規定

②畜舎には飼料などが豊富にあることから野生動物が侵入する可能性が高く、これらの野生動物が伝染性疾病を機械的に伝播することが考えられる。このため、現行の給餌施設などへの野生動物の排せつ物の混入防止の規定に

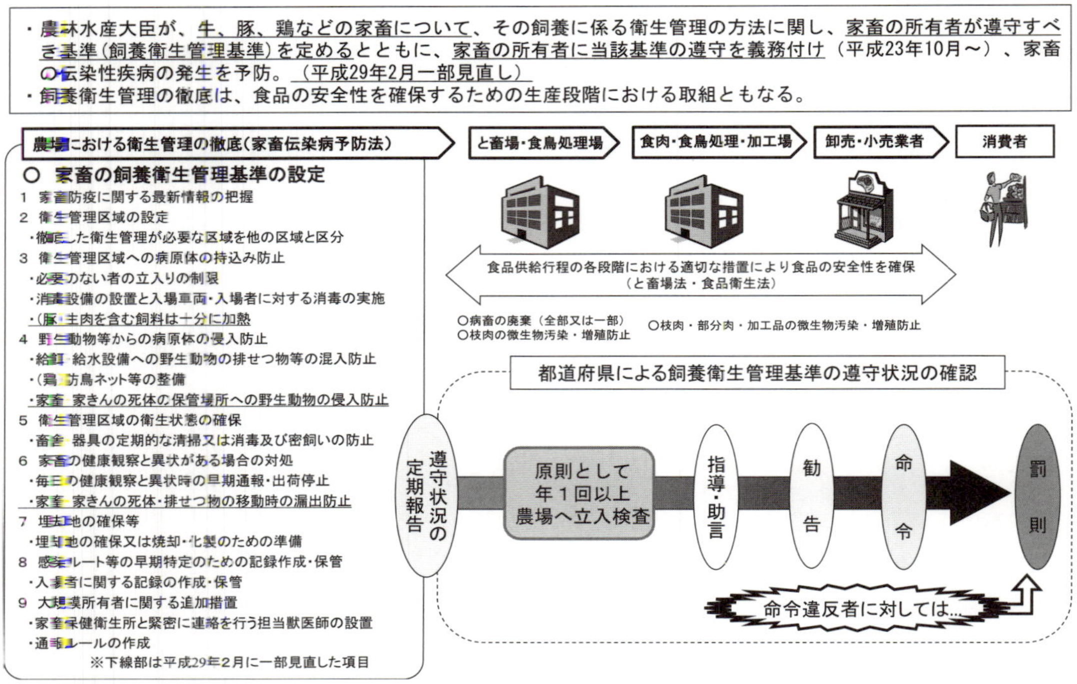

図 家畜伝染病予防法に基づく飼養衛生管理基準の設定 （農水省）

加え、家畜の死体の保管場所への野生動物の侵入防止を規定

③と畜場やふん尿処理施設に持ち込まれる家畜の死体や排せつ物による病原体伝播の可能性が確認されたため、家畜の死体および排せつ物を移動する場合には、漏出を防止するための措置を講ずることを規定

行政評価を踏まえた家伝法施行規則別記様式（家畜の所有者報告様式）の改正

①農場における飼養衛生管理基準の順守状況を的確に把握できるよう、飼養衛生管理基準の全項目を家畜の所有者の報告対象とし、報告様式を改正

いま一度、豚・イノシシの飼養衛生管理基準を確認

現在の飼養衛生管理基準は、牛など（牛、水牛、鹿、めん羊、山羊）、豚など（豚、イノシシ）、家きんなど（鶏、あひる、うずら、きじ、だちょう、ほろほろ鳥、七面鳥）、馬についてそれぞれ個別に基準が定められています。養豚場の方にとって関わってくるのは豚・イノシシの基準ですので、農水省HPなどでご確認ください（http://www.maff.go.jp/j/syouan/douei/katiku_yobo/k_shiyou/index.html）。

ちなみに、口蹄疫に関する特定症状として、表に掲げる１～３のいずれか１つ以上の症状を呈していることを発見した獣医師または家畜所有者は、都道府県知事にその旨を届け出なければなりません。　（大石 明子）

表　口蹄疫に関する特定症状

症状	１－①　39.0℃以上の発熱を示した家畜が １－②　泡沫性流涎、跛行、起立不能、泌乳量の大幅な低下または泌乳停止のいずれかを呈し、 １－③　かつ、その口腔内、口唇、鼻腔内、鼻部、蹄部、乳頭または乳房（口腔内等）のいずれかに水疱、びらん、潰瘍または瘢痕（外傷に起因するものを除く。水疱等）を呈している場合
	２　同一の豚房内において、複数の家畜の口腔内等に水疱等があること
	３　同一の豚房内および隣接する複数の豚房内において、半数以上の哺乳子豚が当日およびその前日の２日間において死亡すること。ただし、家畜の飼養管理のための設備の故障、気温の急激な変化、火災、風水害その他の非常災害等口蹄疫以外の事情によるものであることが明らかな場合は、この限りではない

※改正された家畜伝染病予防法では、口蹄疫、豚コレラなどの悪性伝染病については、殺処分に際しての手当金について、評価額の５分の４から５分の５に引き上げる一方で、発生の予防などに必要な措置を講じなかった場合には、手当金を交付しない、あるいは減額することになる
※具体的には、発生農家における飼養衛生管理基準全体の順守状況が、標準的な畜産農家の順守状況と比べて、大きく劣っているかどうかなどを精査した上で判断する。従って、飼養衛生管理基準の一部項目の順守が不十分であることのみを理由として、手当金が直ちに減額されることにはならない

（農水省）

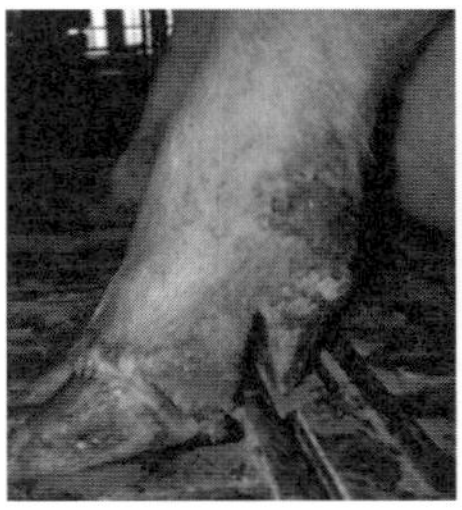
蹄冠部皮膚のびらん

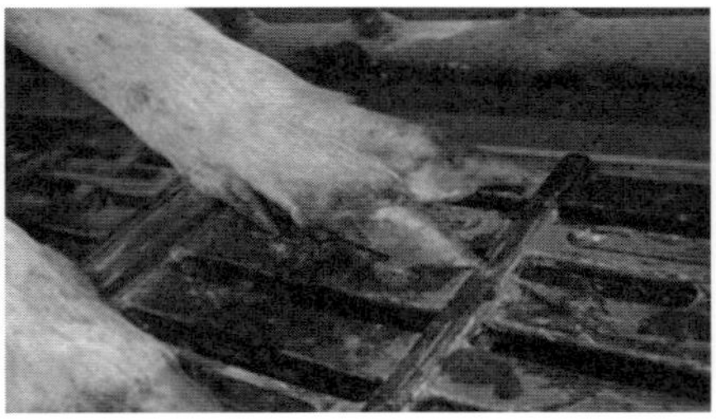
蹄冠部皮膚のびらん

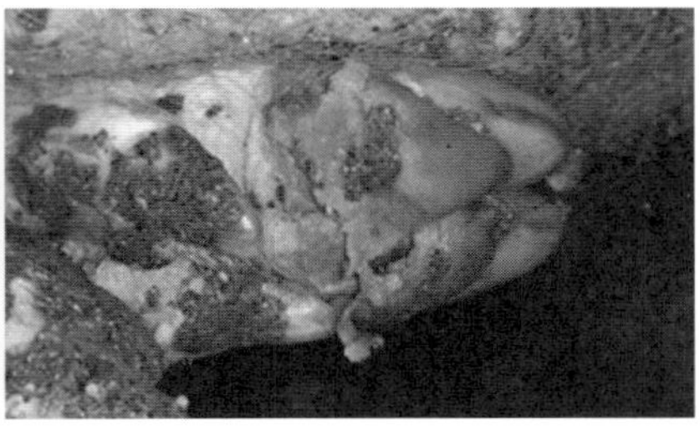
蹄の剥離

鼻平面の潰瘍

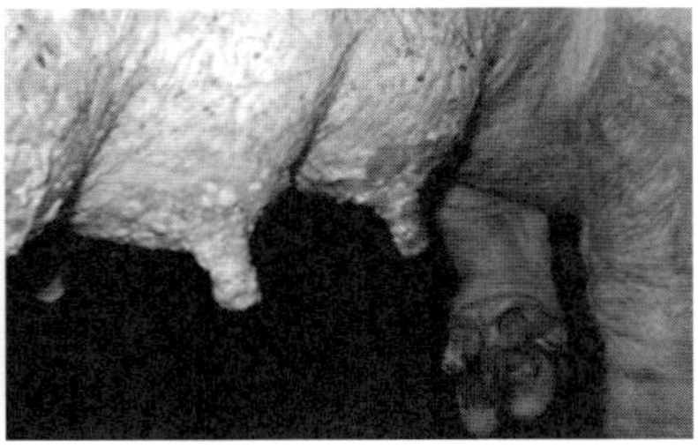
乳房、乳頭の水疱、びらん、痂皮

写真　口蹄疫の特定症状の例　（農水省）

第3章

母豚の生理から見る繁殖

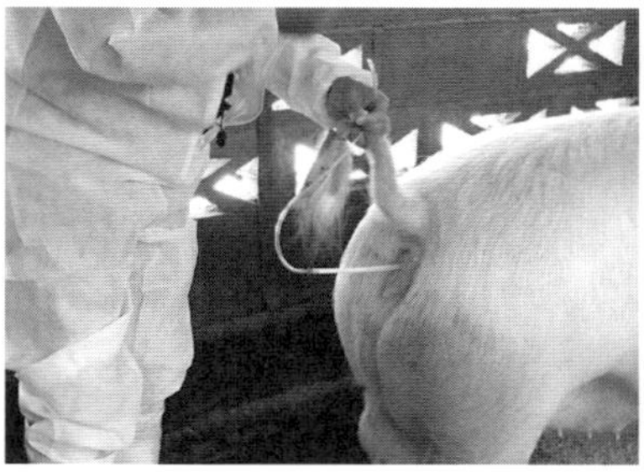

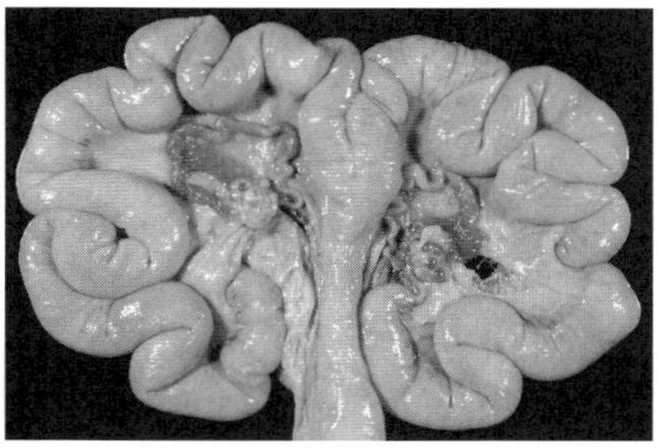

3-1
母豚の繁殖生理

はじめに

母豚の生産性は、産子数と年間の分娩回転数に大きく影響されます。産子数をコントロールすることは難しいですが、分娩回転数は、離乳後の無発情や発情回帰の遅れ、種付け後の不受胎などを防ぐことにより改善可能です。また、それらを早く見つけ出して廃用・淘汰することも重要ですが、それによって母豚の更新が早まり、母豚の生涯生産性を落とす原因ともなります。

離乳後の無発情や発情回帰の遅れは、卵巣で卵胞がうまく発育しないことによるものです。一方、自然交配（NS）や人工授精（AI）を行うタイミングが、雌豚の排卵時期より早過ぎたり遅過ぎたりした場合には、精子と卵子は受精できず不受胎となります。

離乳後正常に発情する場合は、離乳から発情、種付け、妊娠にかけて卵巣が大きく変化し、また、子宮や外陰部もそれに対応した変化を示します。そこで、雌豚の離乳後の発情を理解するうえで有益となる、離乳から発情、種付け、妊娠までの卵巣の変化、発情・排卵を中心とした母豚の繁殖生理について説明します。

母豚の生産・淘汰フローと母豚の経済的価値

母豚の生産・淘汰フローを**図1**に示しました。候補豚は6～8ヵ月齢で性成熟に達し（春機発動）、初発情後2～3回目の発情で交配されます。8ヵ月齢に達した後も発情が見られず、ホルモン処置によっても発情が誘発できない雌豚は淘汰すべきです。また、離乳後、7～10日を過ぎても発情が認められない卵巣静止では、ホルモン処置により発情が誘発されますが、授乳中の母豚の消耗が激しい場合には治癒しないことがあり、淘汰の対象となります。さらに、再発情を繰り返す場合や、妊娠診断により不妊が確認され、適当な処置後回復の見込みが期待できない場合にも淘汰が適当と思われます。

母豚の経済的価値を、生産した子豚が肥育豚として出荷された場合の収益をもとに試算し、**表1**に示しました。母豚の妊娠期間は115日と一定ですが、哺乳期間や離乳後に母豚が発情を

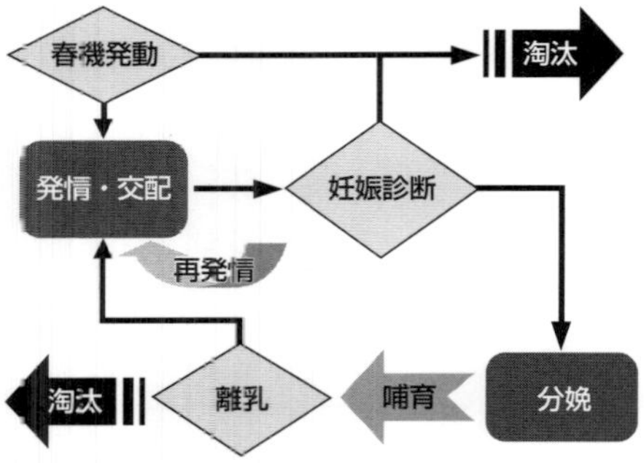

図1　母豚の生産・淘汰フロー図

（岩村原図）

表1　母豚の経済的価値の試算

	試算1	試算2	試算3
妊娠期間（日）……A	115	115	115
哺乳期間（日）……B	21	28	35
発情回帰日数（日）……C	4	7	15
分娩回転数（回／日）……D	2.61	2.43	2.21
離乳頭数（頭／腹）……E	12	10	8
育成率（%）……F	97	90	85
枝肉重量（kg）……G	75	73	70
枝肉単価（円／kg）……H	450	400	350
1日当たりの収益(円／日／頭)…I	2,806	1,752	1,010
妊娠期間中空胎であった場合の損失（円）	322,698	201,480	116,115

（岩村原図）

示すまでの発情回帰日数、1腹当たりの離乳頭数、出荷までの育成率、枝肉重量、枝肉単価はそれぞれの状況で異なることが考えられますので、3つの条件で試算しました。分娩回転数(D)は365／(妊娠期間(A)＋哺乳期間(B)＋発情回帰日数(C))で計算し、1日当たりの収益(I)はD×離乳頭数(E)×育成率(F)×枝肉重量(G)×枝肉単価(H)／365で計算しました。

試算1では母豚の1日当たりの収益は2,800円を超え、試算3でも約1,000円という計算になります。NSあるいはAIを行った母豚がすべて妊娠・分娩するのであれば、妊娠診断の必要はありません。しかし、たとえ分娩率が95%以上と高い場合でも、不受胎豚を見つけるために妊娠診断は必要です。妊娠診断をすることなしに、母豚が妊娠期間を満了するまで115日間空胎であった場合には、分娩回転数は低下しますし、その母豚1頭の損失額が、試算1では約32万円、試算3の場合でも12万円弱となります。

これらの損失を少なくするためには、できるだけ早く妊娠診断を行い、妊娠していない母豚はその原因に応じた処置を取る必要があります。

雌豚の生殖器

雌豚の生殖器は、**図2**のように、左右に卵巣、卵管、子宮角が1対あります。卵巣は、卵巣嚢という薄い膜に覆われていて、排卵した卵子は、卵管の入り口にある卵管采から卵管、子宮角へと移動していきます。

豚では、1回の発情で左右それぞれの卵巣から6～10個(合計12～20個)程度の卵子が排卵されます。卵巣では、排卵後に排卵した数だけの黄体ができます。卵管は、左右それぞれ30 cm程度の長さがあり、卵巣に近い卵管膨大部で卵子と精子の受精が起こります。子宮角は、受精卵が着床して妊娠する場所であり、その長さは左右それぞれ1mを超え、子宮広間膜という強い膜によって腹腔中に支えられています。

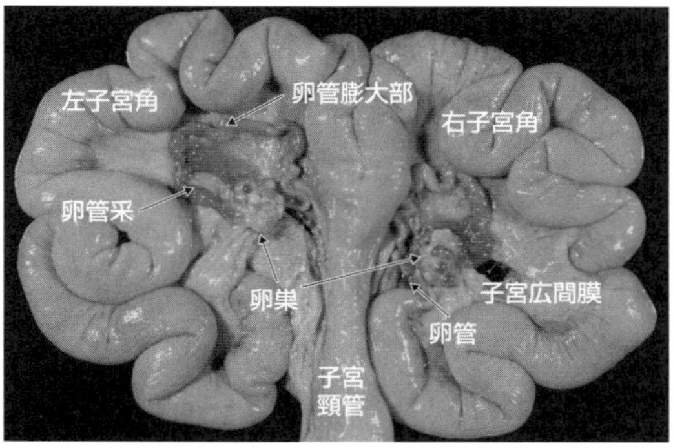

図2　雌豚の生殖器　(岩村原図)

膣へとつながる子宮頸管は、その内側がひだ状となっており、交尾した雄豚の陰茎らせん部が子宮頸管のひだに入って射精が始まります。射出された精子は、精子自身の運動に加え、子宮角や卵管の収縮運動によって、射出後15～30分で卵管膨大部に到達し、卵子が排卵されるまで、その場で待機しています。

離乳後の卵巣と性ホルモンの変化

図3に、母豚における卵巣の周期的な変化を示しました。離乳が引き金となって卵胞の発育が始まり(a)、発情前期から発情期にかけて卵胞は約1cmとなり(b)、発情の後半に排卵します(c)。排卵後に黄体が形成され(d)、黄体は成長して黄体開花期(e)となり、妊娠が成立した場合には、黄体はそのまま分娩まで維持されます。妊娠しない場合には、黄体は退行し(f)、再び卵胞が発育するという周期を約21日の間隔で繰り返します。

図4は、卵巣の周期的変化に伴う発情徴候・発情の発現と排卵の経過、血液中性ホルモン濃度の推移の例を示しています。発情前期には卵胞は6～7mm程度に発育して発情ホルモン

第3章

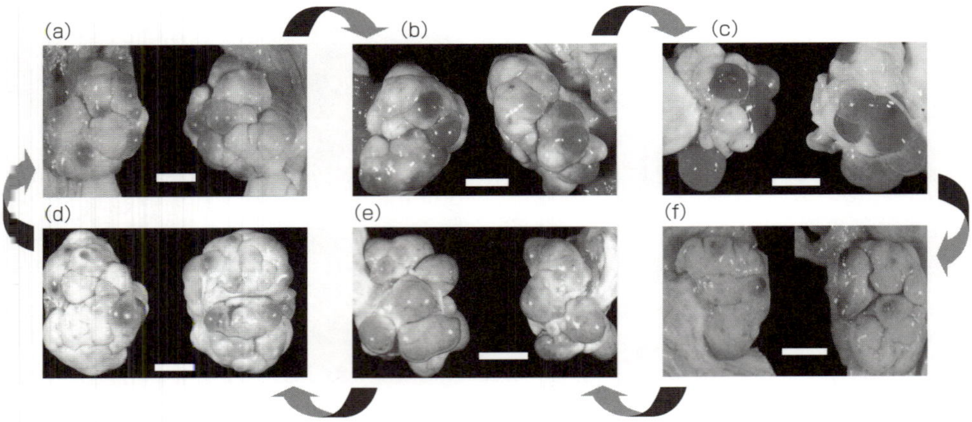

図3　雌豚の卵巣周期（各図のバーは1cm）　（岩村原図）

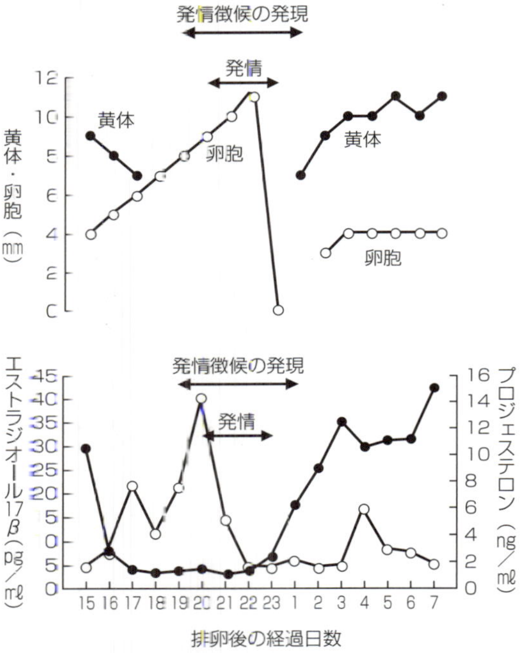

図4　発情周期における黄体、卵胞の消長と血液中性ホルモン濃度の推移の例　（岩村原図）

表2　離乳後10日以内に発情を示した母豚の発情、排卵の時間および卵胞の数と大きさ

	平均±SD	範囲
離乳後発情発現までの日数（日）	4.8±1.1	2～7
発情持続時間（時間）	56±7.9	46～73
離乳後排卵までの時間（時間）	153±26.0	86～204
発情開始から排卵までの時間（時間）	37±2.1	35～43
次回発情までの日数（日）	22±1.2	20～25
発情開始時の最大卵胞直径（mm）	6.3±0.5	6～7
排卵時の最大卵胞直径（mm）	9.3±0.5	9～10
排卵数（個）	18±2.6	14～24

Mburu ら（1995）を一部改変

（エストロジェン）の分泌が盛んになり、外陰部の発赤や腫脹、弛緩が見られるようになります。

3産以上の経産豚では、肛門から直腸に手を入れて、卵巣や子宮角、子宮頸管などの生殖器を触診する直腸検査が可能です。直腸検査によって、卵胞が7mm程度に発育している時期には、子宮頸管の腫大・硬直が確認でき、卵巣の卵胞も触知することができます。しかし、外陰部徴候や子宮頸管、卵巣の様子から発情を判定することはできません。発情とは、雄豚を許容する行動をいいますので、雄豚による試情や雄豚をそばに置いての背圧反応などによって確認する必要があります。

卵胞は、10～12mm程度まで成長すると排卵して、卵子が卵管へ放出されます。排卵後に形成される黄体では、妊娠維持に必須の黄体ホルモン（プロジェステロン）が産生されますが、妊娠しなかった場合には、排卵後15日ごろより黄体ホルモンの減少とともに黄体が退行し、次の卵胞が発育して新たな発情周期が始まります。

表3 超音波診断装置を用いた経産豚の発情期における排卵の時期の特定

発情期における排卵の時期（%）		例数	発情持続時間（D）をもとにした排卵時間*	文献
平均±SD	範囲			
71±14	−	91	99+0.53D	Nissen ら（1997）
68±8	54～78	20	−	Mburu ら（1995）
67±6	58～77	13	−	Soede ら（1992）
72±15	39～133	144	11+0.48D	Soede ら（1995）
69±1	−	60	−	Soede ら（1995）
64±1	−	31	−	Soede ら（1995）
68±10	−	115	8.6+0.5D	Steverink ら（1997）

*発情開始からの時間　　Soede ら（1997）を一部改変

発情と排卵の関係

超音波画像診断装置は、妊娠診断に有効であることがよく知られていますが、卵胞の発育や排卵などについて卵巣を直腸や体表から観察することも可能です。超音波画像診断装置を用いて経時的に卵巣の観察を行うことによって、発情と排卵の関係が示されています。**表2**に、離乳後10日以内に発情を示した経産豚の発情と排卵の時間関係を示しました。離乳後発情開始までの日数は平均4.8日で、発情持続時間が平均56時間、発情開始から排卵までの時間は37時間でした。また、発情開始時の卵胞の直径は6～7mmで、排卵時には9～10mmになっています。

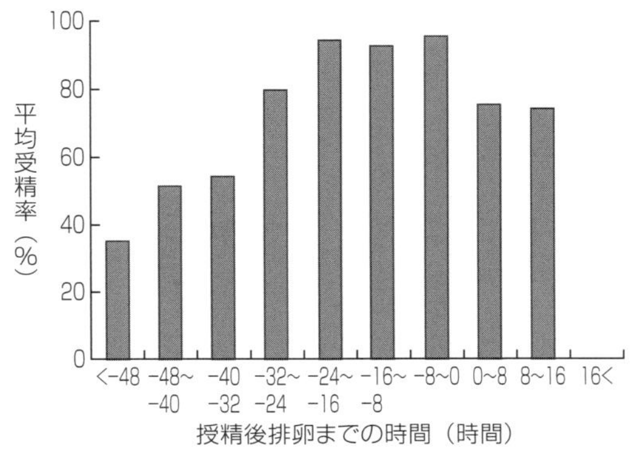

図5 AIと排卵の関係　（Soede ら、1995）

表3は、発情開始から発情終了までの発情持続期間のどの時期に排卵が起こったかを示しています。Nissen ら（1997）の報告では、発情持続期間の平均71%の時間に排卵が起こるとしており、例えば発情持続時間Dが56時間であったと場合、9.9+0.53×56=39.6となり、発情開始後約40時間に排卵するということになります。すなわち、排卵する時間は発情持続時間に比例しており、発情持続時間が短いと発情開始から排卵までの時間も短くなり、逆に発情持続時間が長いと排卵も遅くなります。Soede ら（1997）の式に56時間を入れてみると、11+0.48×56=37.9時間となります。経産豚では、発情持続時間のほぼ70%程度で排卵していることがこれらの研究により示されています。

排卵と受精の関係を調べるために、発情開始からさまざまな時間に1回だけAIを行い、排卵を超音波画像診断装置により確認して、AIから排卵までの時間ごとの受精率を調べた報告があります（**図5**）。排卵48時間以前にAIを実施した場合の受精率は35%であり、AIから排卵までの時間が短くなるにつれて受精率が高くなり、排卵の24時間前から0時間でのAIでは90%以上の受精率となっています。一方、排卵後にAIを行った場合、排卵後16時間以内の受精率は75%程度であり、それ以降では全く受精しないことが分かります。また、

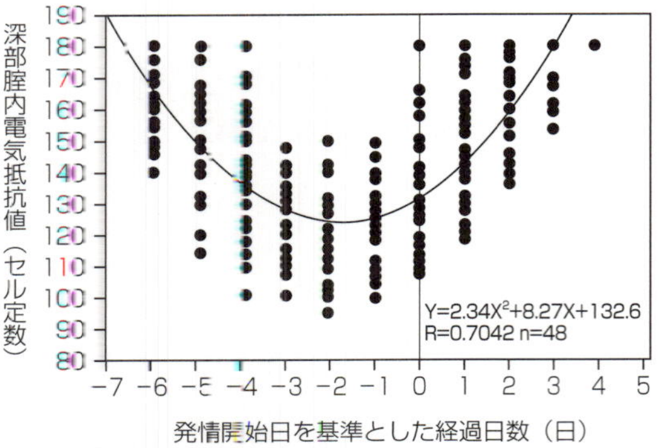

図6 発情期前後の腟深部の電気抵抗値の推移 （伊東、2000）

表4 豚の深部腟内電気抵抗値を指標とした交配時期と授精成績

区分	例数	発情期間（日）	受胎率（%）	総産指数（頭）
対照	7	2.1±0.4	85.7	11.2±2.6
Day1	9	2.3±0.7	77.8	12.4±2.0
Day2	12	2.4±0.7	83.3	10.1±2.4
Day3	7	2.3±0.7	71.4	11.4±2.3

対象区：発情期間中連日自然交配　　伊東（2000）を一部改変
試験区：所定日に１回のみ授精

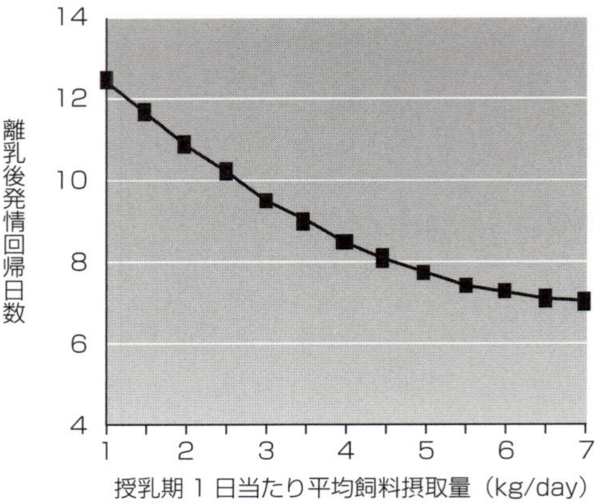

図7 授乳期飼料摂取量と離乳後発情回帰日数からみた平均飼料摂取量の関係 （纐纈、2003）

排卵前32～24時間に実施したAIでの受精率（63%）が、排卵後３時間前後に２回目のAIを追加することによって、受精率が97%に改善されたという報告もあります。

AIと排卵との間には受精率で見るとこのような明瞭な時間関係があり、これはAIのみならずNSでも同様です。受精率を上げるには、NSやAIを発情の後半の排卵に近い時間に行うことが有効です。発情持続時間は個体ごとにバラつくため、排卵時期をあらかじめ予測することはできませんが、発情持続時間が長い個体では、発情が続いている期間は１日１回のAIを繰り返すことにより受胎率および産子数の改善が期待できることになります。

伊東（2000）は深部腟内の電気抵抗値と発情・排卵との関連を報告しています。それによると、黄体期の電気抵抗値は高い値を示しますが、発情徴候が発現し始める時期に急激に低下し、発情開始の１～２日前に最低値となり、以降急激に上昇することを示しています（**図6**）。また、測定した抵抗値が最低となった日を基準（Day０）として、翌日（Day１）から３日（Day３）までの所定の日に１回のみ授精を行ったところ、**表4**の通りDay２に授精すると、発情期間中に連日NSを行った対照区と同等の繁殖成績を得ており、電気抵抗値による授精適期の判定の有用性が示されています。

離乳日齢の考え方

授乳中の飼料摂取量が、離乳後の発情回帰日数に影響を及ぼすことはよく知られています。**図7**に示すように、例えば授乳期間中の１日当たりの平均飼料摂取量を３kgから５kgに増加させることで、発情回帰日数を２日短縮できます。また、飼料摂取量の改善で、分娩率も改善されることが報告されています。当然、飼料摂取量の増加に伴い、母豚の泌乳量も改善されて、子豚の離乳時体重も増加させることができます。

早期離乳（SEW）は、母豚から子豚への感染を断ち切るためには有効であり、また離乳を早めることから、母豚の年間分娩回転数を上げられる可能性もあります。しかし、離乳後に母豚が次回の妊娠に備えるためには、卵巣および子宮機能の回復が必要です。授乳中は子豚の吸乳刺激が、母豚の卵巣活動を抑制すると同時に子宮の回復も促進しており、ある程度授乳期間は必要となります。**図8**に示すとおり、授乳期間が短いと離乳後の発情回帰までの日数が長くなり、特に初産豚ではその影響が著しいので、注意が必要です。また、SEW により分娩率が低下することがあるとの報告もあります。

平均飼料摂取量を 5 kg として、21〜28 日離乳というのが現実的な対応ということができると考えています。（岩村 祥吉）

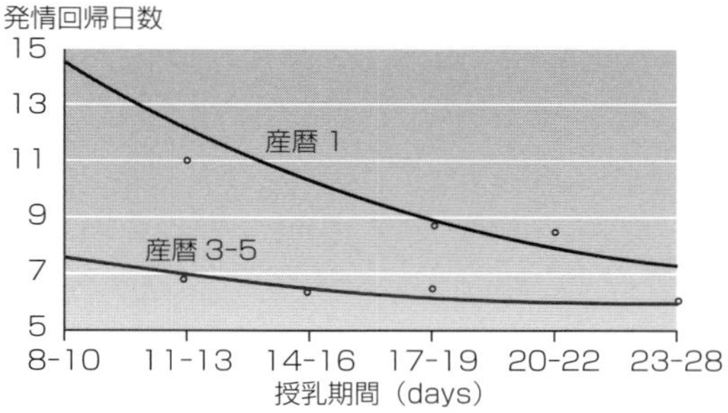

図8　授乳期間と離乳後発情回帰日数の関係
（纐纈、2003）

3-2 発情徴候の見極め方と鑑定方法

はじめに

動植物は子孫繁栄のために、授精や授粉に最も適した時期に、最大限の精子や花粉を送り込もうとします。その最適期に動物では精巣でできた精子を雄性生殖器（ペニス）を通して雌性生殖器に送り込み、植物は風や昆虫などを利用して生殖活動を行います。

養豚の世界においては、産業的にいかに受胎率や産子数を多く、人工授精（AI）機材を介して精子と卵子を誘合させるかという課題があります。発情徴候の現れ方は百頭百様（百人百様）ですが、基本は１つのパターンであり、そのリズムを繰り返しています。

ここでは、発情徴候の見極めと鑑定方法を農場での確認方法に沿って紹介します。

発情徴候

母豚は、５～７ヵ月齢になるころ、体型的成熟とともに、視床下部、脳下垂体からのホルモンの分泌により、子孫繁栄のシグナルを「発情徴候」という形で繰り返すようになります。この時期は、卵巣からいくつかの排卵があり、着床まで可能ですが、十二分な雌生殖器の成熟には至っていません。

長い将来への耐久性、骨格、繁殖性を恒久的に備えるには、中型種のバークシャーやヨークシャー種、大型種の大ヨークシャー、ランドレースやデュロック種においても８～９ヵ月齢での初回交配が適当です。

発情徴候とは、陰部にみられる発赤・腫張や粘液の漏出・濃厚化といった変化、異性への求愛行動・背圧反応の挙立化、食欲の減退などという行動に見られる変化を示し、これらが緩慢化し終息するまでの一連の徴候のことです。雄を許容するときのみを発情といいます。

表１　未経産豚、経産豚の発情周期

	周期	発情持続時間
未経産	20.4 日	54.7 時間
経産	22.2 日	70.0 時間

基本的に、雄許容時間は未経産豚が 54.7 時間で、経産豚が 70.0 時間と約 16 時間の差があります（**表１**）。未経産豚は全体の行程が短く、特に陰部の腫張と退化の明確な時間が早く過ぎ、許容時間も短くなる傾向があります。

AI の成績の向上の可否は、許容期間の始まりと最盛期から終焉までをいかに観察し、タイミング良く精液注入を行うかにかかってくるのです。AI の秘けつは、適期鑑定の技術が９割、AI 手技が１割です。

授精適期

何度も言いますが、AI の成功の可否は、授精適期の見極めにあります。そのポイントを再考してみましょう。

授精適期の把握と確定には、**図**のように①離乳後日数②乳房の状態③陰部の腫脹・発赤変化④粘液の状態⑤挙動⑥背圧反応を総合的に判断します。この中の３～４つの要因が重なれば適期の範囲内にあるといえます。また⑦直腸検査を行えば、より的確なものとなります。

①離乳後日数

離乳母豚の種付適期（授精適期）は、４日目後半から６日目にやってきます。これは豚の基本的な卵巣周期で、離乳と同時に直腸検査やホ

授精適期 人工授精の向上の秘訣は、適期９割・技術１割です。

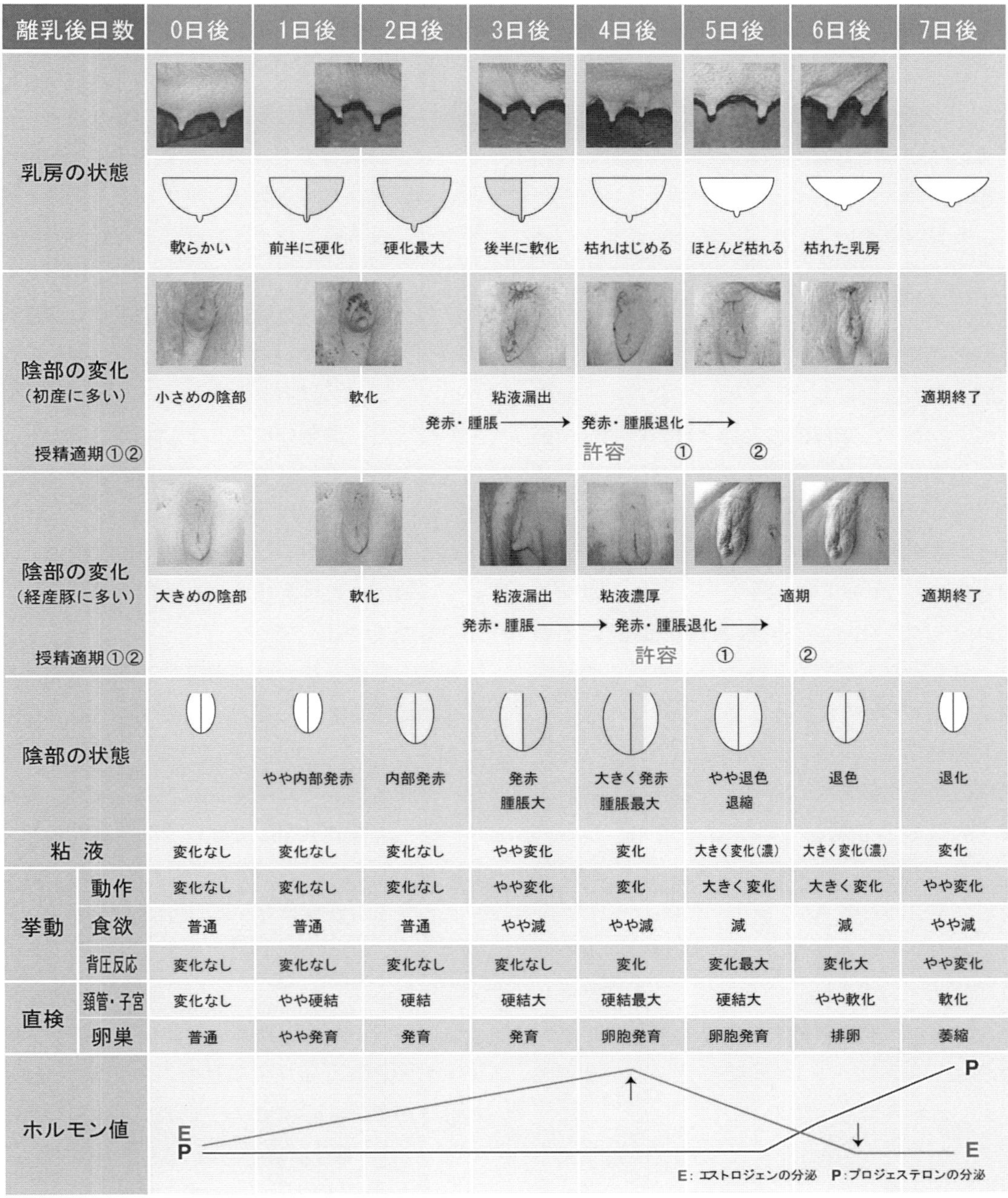

離乳後日数
0日後
1日後
2日後
3日後
4日後
5日後
6日後
7日後
乳房の状態
軟らかい
前半に硬化
硬化最大
後半に軟化
枯れはじめる
ほとんど枯れる
枯れた乳房
陰部の変化
（初産に多い）
小さめの陰部
軟化
粘液漏出
適期終了
発赤・腫脹
発赤・腫脹退化
授精適期①②
許容
①
②
陰部の変化
（経産豚に多い）
大きめの陰部
軟化
粘液漏出
粘液濃厚
適期
適期終了
発赤・腫脹
発赤・腫脹退化
授精適期①②
許容
①
②
陰部の状態
やや内部発赤
内部発赤
発赤
腫脹大
大きく発赤
腫脹最大
やや退色
退縮
退色
退化
粘 液
変化なし
変化なし
変化なし
やや変化
変化
大きく変化（濃）
大きく変化（濃）
変化
挙動
動作
変化なし
変化なし
変化なし
やや変化
変化
大きく変化
大きく変化
やや変化
食欲
普通
普通
普通
やや減
やや減
減
減
やや減
背圧反応
変化なし
変化なし
変化なし
変化なし
変化
変化最大
変化大
やや変化
直検
頚管・子宮
変化なし
やや硬結
硬結
硬結大
硬結最大
硬結大
やや軟化
軟化
卵巣
普通
やや発育
発育
発育
卵胞発育
卵胞発育
排卵
萎縮
ホルモン値
E
P
P
E
E：エストロジェンの分泌　P：プロジェステロンの分泌

図 授精適期 （桑原、2008）

ルモン値の経時的な測定を行うことにより裏付けられる生理です。現場で豚自体の発情徴候を確認せず、離乳後５日目にAIを行おうとするのは、この生理に基づいた経験が背景にあったと考えられますが、個体差も当然あるため一律対応は問題があります。

②乳房の状態

図のように離乳日を0日として離乳後経過日数と乳房の状態を観察すると、十分に授乳していた乳房は離乳日には大きなふくらみを確認できます。それが1日後には硬結が始まり、2日目は硬化が最大となり、3日目、4日目にはその硬化が急速に退化してきます。4日目、5日目、6日目とその退化が早く激しいころ、授精適期を迎えます。

③陰部の変化

離乳後の陰部の変化は、腫脹と陰部内の発赤が起こります。陰部内の発赤とともに陰部の腫脹が始まり、3日目後半～4日目には発赤が最大となり、腫脹もまた最高域に達します。この腫脹が最高のときにはまだ許容が始まらず、排卵も起こらないので、精液を注入しても意味がありません。かつてのAI失敗の原因の1つは、焦りから、許容も排卵も現れないこの時期にAIを行った結果なのです。

授精適期はこの腫脹の最盛期から12～24時間後、発赤が最大から退化したときにやってきます。このときは雄への許容も最大となるので、第1回目のAIを行います。そして24時間後に第2回目のAIを実施すればよいのです。

授精適期を見逃さないようにとの緊張感が焦りに転じ、発赤・腫脹の最高時にAIを実施しがちですが、早過ぎであることを再認識していただきたいと思います。「AIは焦るな」と先人によく言われたものです。

④粘液の状態

粘液も離乳後3日目より漏出し始め、4日目はやや濃厚となり、5日目にはかなりの濃厚な状況となってきます。粘液の状態を見るだけでも観察力のある方は適期を判断できます。**図**の粘液の項目の文言だけでも再度見てください。

⑤挙動

挙動、食欲、背圧反応は関連が強く、特に挙動と背圧反応は強い相関が見られます。**図**のように離乳後3日目より挙動の変化が見られ、同じ日に離乳した同居豚がいれば、離乳4日目よりお互いに乗駕をするようになります。肢蹄の弱い同居豚は乗駕されてつぶされてしまい、再起不能になるのでは…と心配になるほどの行動です。

乗駕をしている母豚は精液を注入すれば受け入れますが、まだ適期とはいえず、自然交配（NS）もAIも時期尚早です。ここはぐっと我慢して翌日の挙動に注目しましょう。ただし、離乳後4日目で落ち着きが見られるようであれば、AIを行うのも一手です。

ちなみに、ストールなどでの単独飼養の場合、一般的には離乳後4日目は落ち着きのなさが見られます。

離乳5日目となれば、前日よりも落ち着く母豚が増えてきます。個体差は平均で1.5日くらいはみられるので、すべてを同一視せずにマジックやスプレーで個体状況をチェックするとよいでしょう。大半の母豚の適期は離乳後5日目に集中しますが、離乳前の給餌量や系統により、差も1日程度は発生します。

⑥背圧反応

母豚の背中を押したり、またがったりして静止するときが背圧反応陽性であり、NSの場合の母豚が雄豚を許容する行動です。許容開始から12～24時間目に第1回のAI、そしてさらに24時間後に第2回目のAIを行います。

そして、いつ許容が終了したのかをチェックする必要があります。2回目のAIからさらに12～24時間許容時間があるとすれば、第1回目のAIは排卵時期より早過ぎた可能性も考えられ、第3回目のAIが必要となります。

⑦直腸検査

直腸検査により子宮頸管の硬結程度から、交配適期を知ることができます。また、熟練すれば卵巣の触診も可能となります。AIの現場には直腸検査を実施することはほとんどないと考えられますが、子宮の硬結が最大値に達した後で、やや軟化したころに許容を伴います。

⑧科学的裏付け

離乳後、経時的に採血を行いホルモン値（エストロジェン（E）とプロジェステロン（P））を測定すると、排卵直前にE値とP値の逆転が見られます（**図**）。ホルモン値の変化から適期を逆算すると、許容開始後12〜24時間目に1回目のAI、さらに24時間後に2回目のAIが適期となります。

おわりに

日本でのAIの第一のブームは昭和39〜42年で、そのときの普及率は25％となりましたが、その後限りなくゼロに近い時代が続きました。それは、授精適期の把握の難しさと、交配をAIのみで行おうという意識が低いこと、そして精液希釈保存剤の改良の遅れなどによるものでした。現在では、その普及率は70％近くに達しています。

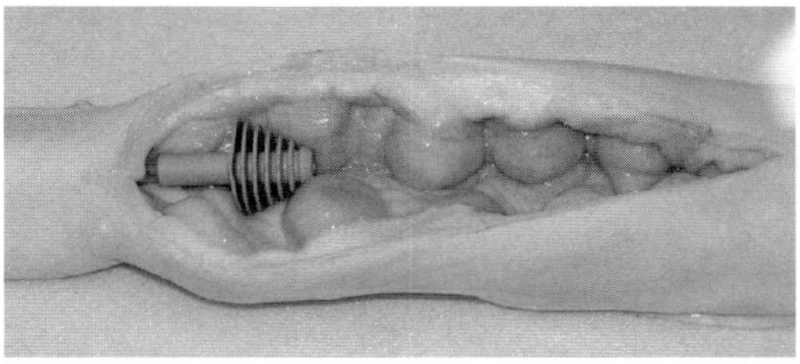

写真　カテーテル挿入

NSにせよ、AIにせよ、許容している2〜3日間のいつ・どのタイミングで種付をすればよいのでしょう…。許容している間がすべて適期ではなく、許容開始後38時間前後で起こる排卵のタイミングにいかに精子を送り込むかがカギとなります。参考までに紹介すると、30年前にオランダに訪問した際、NSなしの100％AIで、主流は1回注入で交配を行っている生産者の方に出会いました。繁殖成績はAI 2回の場合と変わらず良好であり、「許容が終わる直前の1回注入で十分である」と実践されていました。これには相当な熟練と目利きが必要なため、決してお勧めはしませんが、彼の農場はこの方法をとっていました。

AI手技は、良くて当たり前の精子を**写真**のように子宮頸管に注入してあげれば、それで事は足りるのです。AIの前に、離乳母豚の発情鑑定観察シート（**表2**）で再度チェックしてみてはいかがでしょうか。　　　　（桑原　康）

表2　離乳母豚の発情鑑定シートの例

母豚No.

1	日付												
2	離乳後日数		0	1	2	3	4	5	6	7	8	9	10
3	乳房の状態												
4	陰部	発赤											
		腫脹											
		退化											
5	粘液	量											
		色											
6	挙動	食欲											
		動作											
		背圧反応											

（桑原、2008）

3-3
母豚から見た人工授精

はじめに

人工授精（AI）は、家畜の育種改良に極めて大きな貢献をしてきました。特に牛では現在、90％以上が少量の凍結精液によるAIで交配されており、種雄牛の姿は特別な施設に行かないと見かけられない状況です。

一方豚では、個体の経済単価が牛より顕著に安く、独房で飼養する必要性はあるものの比較的容易に管理できること、さらには雄の姿や牡臭および雌との直接接触が雌の繁殖機能に有効な刺激を与える上、試情や自然交配（NS）にも利用できることから、AIがより普及したとしても雄豚が養豚場から消え去ることはないと思われます。

ただ、現在は液状精液主体ですが、将来的には牛と同じく凍結精液が主体の時代に移行することも想定されます。凍結精液であれば半永久的に精子保存も可能となり、液体窒素保存容器の中から必要なときに取り出して利用することができます。ここでは、雄豚がいるなかでAIをされる母豚の視点からその技術を考えます。

良好な発情回帰が最も重要

AIというと、まずは使える精液やカテーテルという話になりがちですが「然に非ず」と言わなければなりません。まずは適切な母豚管理のもと、正常かつ良好な発情が発現することが最も重要です。

ときどき「繁殖成績がいまいちだから、今話題のAIに取り組みたい」とおっしゃる方がおられますが、それは大きな間違いです。NSの段階で正常な交配成績ではない場合、AIに変えて良くなることはありません。良好な発情がきちんと発現する種豚群に改善することが最も重要であり、まずは、母豚群の適切な飼養管理体系を再構築することが先決です。その次に、発情確認と授精時期の判定技術レベルがAIで成功するポイントになると言えます。

周排卵期の徴候と背景

卵胞が発育・成熟して排卵することにより、卵子は初めて精子と出会う可能性が出てきます。この場合の背景を臨床内分泌学的に考えると、良い発情発現の重要性がよく理解できます。そのためには、発情周期と卵巣の関連性を理解する必要があります（**図1**）。

正常な飼養環境であれば、通常の母豚は離乳が引き金となって性腺軸の中心である間脳・視床下部が活性化され、性腺刺激ホルモンの血中への分泌が高まります。この際、母豚に何らかのストレッサー（温熱、疾病、栄養異常など）が持続的に負荷されていると、発情が明瞭に発現しない場合もあります。

卵巣が性腺刺激ホルモンを正常に受け取ると、卵胞が急速に発育し始めます。すると、卵胞液の中に分泌される発情ホルモン濃度が急激に増加し、血中濃度も高まります。これにより外陰部の発赤・腫脹・粘液漏出、子宮頸管の腫脹と硬化、子宮運動の活発化などが発現します。これが発情徴候であり、最高潮に達すると雄を許容します。許容発現で初めて「発情がきた」といえ、その前後の状態は単に発情徴候が出現しているだけで発情ではありません。

この発情は、雄のにおいをかいだり姿を見たり、さらには顔が接触して雄の唾液が雌の口腔内に移行することは発情を促進したり明確にし

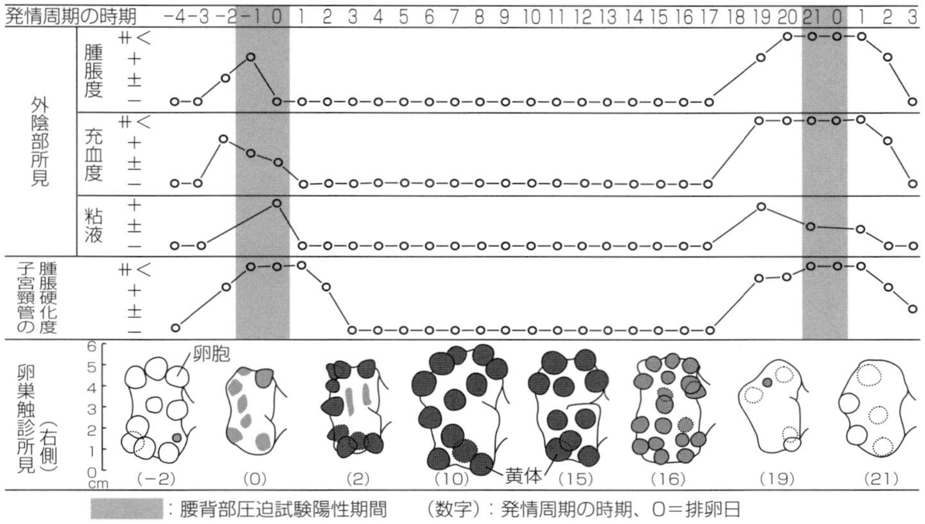

図1　正常な発情周期を営む豚の外陰部、子宮頸管、および卵巣の変化　（伊東原図）

ます。また、さらに重要なことは、その状態が排卵に強く関わる「黄体形成ホルモン（LH）」の一過性分泌（LH サージ）発現に大きく影響していることです。この時期に持続的なストレスが負荷されていると、発情ホルモンが正常なパターンで分泌されません。その結果、LH サージの分泌が抑制され、排卵時期が遅くなったり排卵数が少なくなったり、場合によってはすべての発育卵胞が排卵障害に至る（多胞性卵巣嚢腫の発生原因となる）こともあります（**図2**）。このことからも、周排卵期の飼養管理には十分な注意を払い、最良の環境条件で母豚群を飼養することが重要です。

発情期間と排卵時期および授精適期

授精適期を決定する要因として伊藤ら（1944）は、

①排卵の時期
②卵子の授精能力保有時間
③雌生殖器内における精子の上走速度
④雌生殖器内における精子の授精能獲得に要する時間とその保有時間

の4点を指摘しています。この中で、AI を実施する技術者が判断すべき点はただ1つ、「排卵時期」です。

豚は多胎動物であり、発情期間が平均2日間と少し長い上、個体差や体調、季節などでも1～3日間の変動があり、この変動幅の大きさが授精適期の判定の最大の壁とも言えます。「いつ発情が開始するか？　今回の発情持続時間はどのくらいか？　LH サージのピークはいつか？」などが推定できれば排卵時期を絞り込むことができ、確実な適期授精が可能です。しかし、現状では極めて難しいです。その点をカバーするため、養豚場では発情期間中に複数回交配して対応しています。

臨床所見から見た場合、例数は少ないですが岩村ら（1986）は、発情期間が2日間（平均44.5時間）の場合、排卵は発情開始後25～40時間で開始する傾向があり、3日間（平均76.5時間）では発情開始後48～51時間での排卵開始を認めています。

また伊東（1995）は、LH サージのピークは発情開始の直前（平均6.0時間前）であり、このときから排卵開始までの時間は平均34.7時

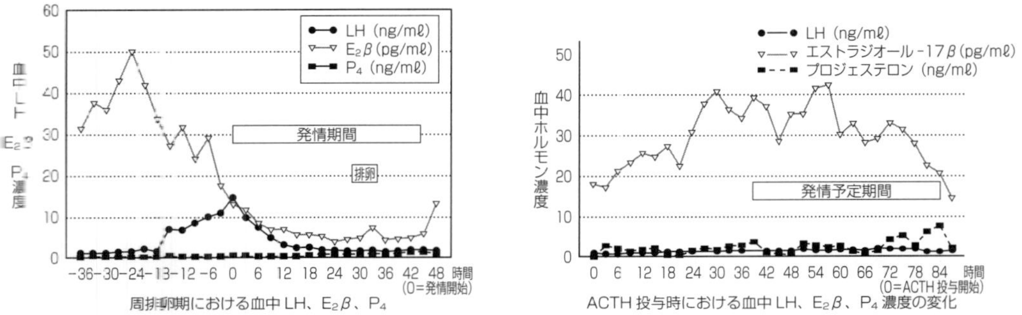

図2-1　周排卵期における血中ホルモン濃度の動態　（伊東原図）

左図は正常な状態におけるホルモン動態で、発情開始時期にLHサージが認められるが、右図は持続的ストレス負荷状態の場合で、LHサージが欠落し、排卵障害・卵巣嚢腫となる

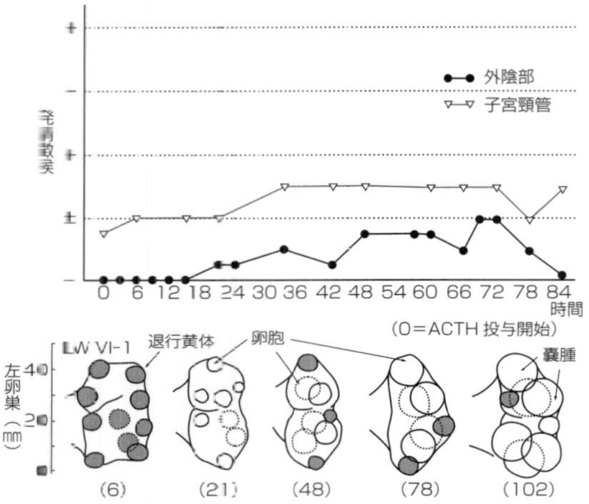

図2-2　持続的ストレス負荷時の発情徴候と卵巣所見の変化　（伊東原図）

図2-1におけるストレス負荷による排卵障害の中の一例。排卵障害の卵胞が卵巣嚢腫に変化していることが明瞭に分かる

間であったことを報告しています。これらの情報は極めて有意義ですが、現実的にはLH濃度を指標として授精作業を進めることはできませんので、生産現場ではそれ以外の指標が必要となります。

経験豊かな技術者は、授精適期をある程度精度高く判断できますが、技術者のレベルはそれぞれ異なるため、場合によっては深部腟内電気抵抗性（VER）測定技術などの補助手段を活用することは有用と思われます（88、134ページ参照）。

生殖器内の厳しい生存競争

発情期は、雌にとって外部（雄）から自分の体内に異物（精液・精子や病原体など）を受け取ることになる時期であり、生物個体としては緊張感のある時期といえます。

発情期の子宮内では、外部からの侵入物質である精液に対峙すべく、生体防御反応、すなわち好中球を主体とする白血球の貪食機能が発動しています。**図3**のように、卵胞が発達する発情期の子宮内には食作用のある白血球が集結し、排卵後は急速に消退します。これこそ、生命現象の神秘とも言える現象の1つです。ちなみに、当然のことですが、AI実施者は生体内にこのような防御機能が高まっていても、授精時の衛生的な注入操作の励行を心掛けなければなりません。

交配時に子宮内に入った精子は、白血球との生死をかけた戦いと、さらには卵子突入をかけた精子間での激しい競り合いを経た後にようやく卵子に突入し、その結果として初めて生命が誕生します。

発情徴候不明瞭豚の授精適期判定法

鈍性発情豚など発情徴候の発現が不明瞭な個

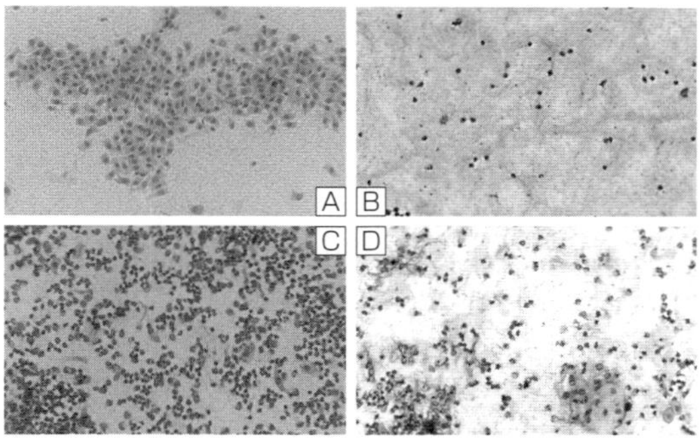

図3　**発情周期の各ステージにおける子宮頸管粘液の出現細胞の変化（×400）**

（伊東原図）

A：黄体期（多数の有核上皮細胞のみが認められる）、B：発情開始３日前（有核上皮細胞は消失し、少数の好中球のみを認める）、C：発情前日（多数の好中球で占められる）、D：排卵翌日（好中球数が激減し、有核上皮細胞が急増し始める）

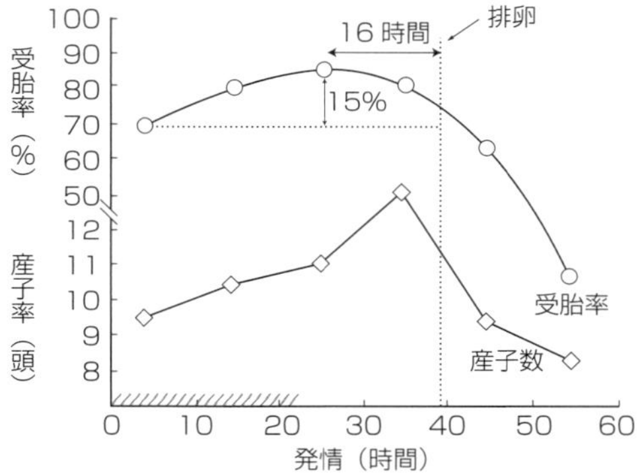

図4　**豚の発情開始後の経過時間と受胎率および産子数の変化**　（ポルジー、1974）

体は、管理者泣かせの存在です。結果として授精せずに過ぎ去ることが多いですが、VERを測定していると授精時期を比較的容易に判断できます。従って、農場では作業性や繁殖管理技術レベルなどを考慮し、有効な方法を選択して活用することは経営にとって有益であると言えます。

授精時期と繁殖成績

精子は雌の生殖器の中に入り、長い子宮内を移動する過程で受精能を獲得し、最後は受精部位である卵管膨大部に到達して卵子との出会いを果たさなければなりません。このタイミングに合致した授精（精液注入）がまさに適期授精であり、適期に授精できれば受胎性と産子数が高いレベルで得られます（**図4**）。言うまでもなく、多胎動物である豚は受胎するだけでは価値がありませんので、このことを強く意識して交配作業に当たってください。

前述の通り、豚は排卵時期の変動幅が大きいですが、現場ではそのような事情に関係なく作業を進めざるを得ず、かつ最大の成果を得なければなりません。従って農場では、1発情期に複数回の授精を基本とし、変動ある排卵時期に対応しています。

リード（1982）は、液状精液によるAIで最も良い受胎率が得られるのは発情開始後22～36時間であると想定し、1回目の授精は発情開始後12～28時間の間に行い、2回目は28～44時間において実施することを奨励しています。またポルジー（1974）は、受胎率と産子数を総合的にとらえた場合、発情開始後約23～35時間の間に授精すると受胎率が比較的良好であり、さらに高い産子数が期待できることを示唆しています（**図4**）。

理論的には「授精適期は、排卵前の数時間から十数時間であり、それは発情最盛期の終わりごろが授精適期である」といえますが、コマーシャル農場で排卵時期を確定した上で授精を行うことは、頻回の卵巣触診を行わない限り至難の技です。

なお、農場には多様な技術情報が届いていますが、理論的に検証すると若干問題があると思

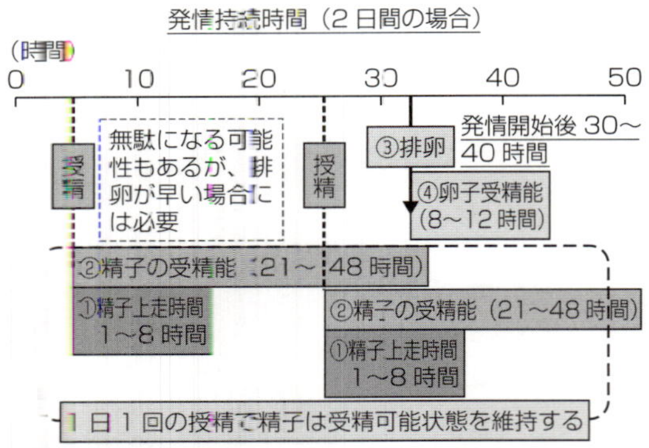

図5　交配適期を決定する要因と授精適期との関係（瑞穂 1977 を伊東改変）

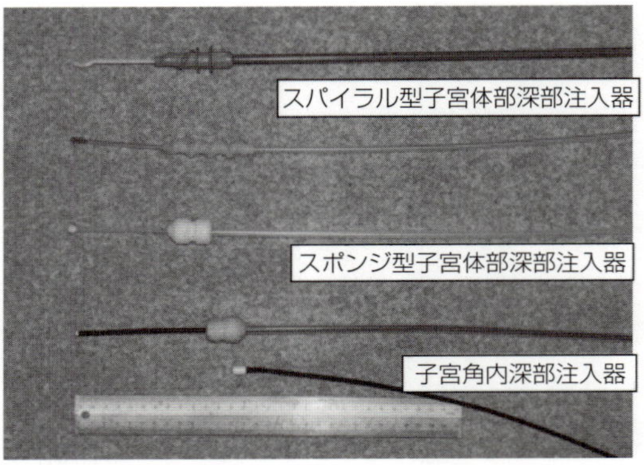

図6　注入器の先端がスパイラル式とスポンジ式の比較（伊東原図）

われる事項もあります。例題として、以下の2点をご確認ください。

①発情期間の確認

農場の交配部門では、作業管理上交配マニュアルが示されている場合が多いと思いますが、発情開始は試情や発情徴候で判定するのに、発情期間は通常2日間であることを大前提としているため、発情の終了は確認しないで交配終了とするケースもみられます。繰り返しになりますが、発情期間が長くなれば排卵時期は遅くなりますので、当然3日目での授精は必要になります。生身の母豚には種々の要因で発情期間が変動する場合がありますので、発情開始時期と終了時期の確認は必ずチェックしてください。

②1日に2回の授精

精子の受精能力保有時間からみると、発情期間中の基本授精回数は1日1回で良い（**図5**）のですが、一般農場に向けた授精マニュアルの中には「良好な授精成績を得るためには、授精期間中は朝と夕の2回授精が最適な授精法」など、まことしやかな論調も見かけます。1日複数回授精理論は合理的ではないと思われますし、それ以上に業務量を増大させ、その結果、授精関連作業の粗雑化（衛生的手技などへの悪影響）につながりかねないと危惧されます。

精液の保存・注入方法

豚の精液注入には、通常カテーテルを用いますが、そのカテーテルは先端の形状から便宜的にスパイラル式とスポンジ式に大別され、さらに、通常の子宮頸管入口付近から精液を注入する通常型と、カテーテル先端が子宮頸管部を通過して、子宮体部または子宮角内で注入する深部注入型に区分されます（**図6、7**）。なお、深部注入器はスポンジ式もスパイラル式も両方ありますが、器具の構成としては外側（通常）カテーテルと、その中に装着された内側カテーテルに分かれています（**図6、8**）。

注入器にはそれぞれ特徴があり、基本的には使用者の好みなどで選択すれば良いですが、通常型の多くでは注入精液の逆流が認められます。一方、深部注入型は無菌状態の子宮内に挿入するため衛生面により注意することが重要ですが、逆流は少ないです。逆流が少ないことは貴重な精液を有効に利用できるという意味であり、子宮頸管より奥で注入するため精子の移動距離が短くなり有効精子数も多くなるため、精液の少量化が可能になります。なお、注入方法により受胎性や産子数が影響を受けることは少

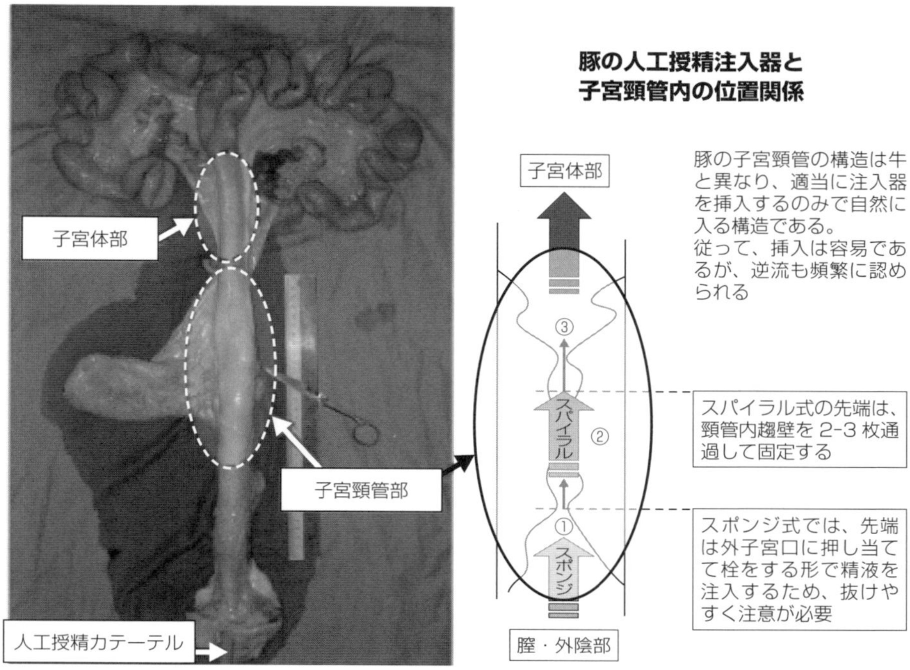

図7　**雌豚の生殖器と子宮頸管の模式図**（伊東原図）

ないと考えられ、前述の通り授精のタイミングの方が大きく影響すると思われます。

液状精液で授精をしている場合に心がけるべきことは、精液の保存方法（保存期間、温度、精液容器、希釈液の種類など）です。これは精子生存性と運動性に大きく影響しますので、常に温度管理をチェックし、精子に好適な保存環境を確保することが極めて重要です。

精液の深部注入法

豚の AI で、深部注入の「深部」とはどこを指すのかご存じない方も多いと思いますので、**図7**に雌豚の生殖器の概要と子宮頸管の内部の模式図を示しました。

現在多くの農場で使用しているスポンジ式注入器は基本的に、外子宮口の部位で子宮頸管にふたをする状態で精液の注入をしています。一方、スパイラル式注入器では先端を②の頸管内の部分までねじ込み、一旦軽く引いてみて抜けない状態（固定された状態）であることを確認した後に精液を注入します。

図8で示すように、スパイラル式深部注入器では、外側スパイラル部分を子宮頸管部内で固定（**図7②**）し、内側カテーテルの先端を子宮体付近まで挿入してから精液を注入します。一方、スポンジ式深部注入器では、外側スポンジ部分は子宮頸管の入り口部分を抑えて栓をする形（**図7①**）に挿入した上で内側カテーテルを子宮体部付近まで挿入し、それから精液を注入します。

スポンジ式深部注入器の使用上の注意点としては、頸管部で固定されていないため、内側カテーテルを挿入する際に外側カテーテルが抜ける可能性がありますので、カテーテル全体をしっかり押しながら内側カテーテルの挿入操作を行うことが必要です。

伊東ら（2002）は、一般農場において液状精液を用いた深部注入器による授精試験を行い、精液量（精子数）と分娩成績の関係を報告して

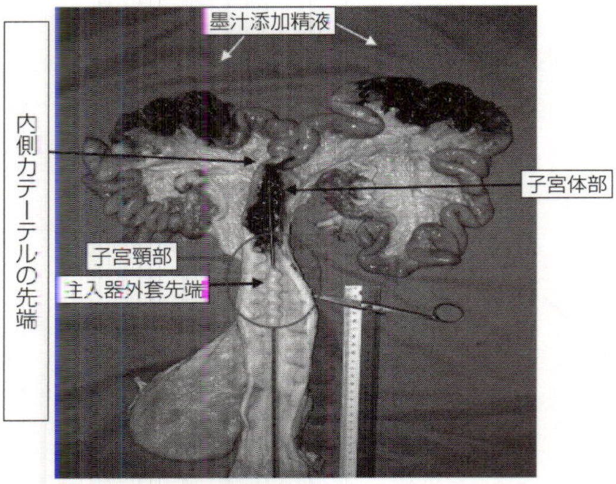

図8 生殖器と深部（子宮体内）注入器および精液分布 （伊東原図）

精液 30 mℓ に墨汁をごく少量を添加して注入

います（**表**）。それによると、分娩率は精液量を 50 mℓ から 30 mℓ に減少しても大差なかったのですが、総精子数が 12 億から 6 億に減少した場合には、有意差はないものの分娩率が低下する傾向を認めています。

なお、産子数についてはすべての試験区でおおむね平均 12 頭程度が認められ、各々に有意差はありませんでした。従って、従来型注入器と深部注入器の比較をすると、深部注入器では注入精液の逆流と繁殖成績の低下は認められなかった点から深部注入器の有用性を確認しています。

近い将来、豚でも牛と同様、凍結精液が主体になる時代が来ると想定・期待されますが、凍結精液は一旦大きな温度変化を経過していることから融解後の精子生存性が液状精液の場合より劣ることも考えられます。また、基本的に AI での使用総精子数自体が少なくなると想定されますので、より生殖器の深部に注入することが必要になると思われます。従って、将来養豚においての AI は、深部注入器が不可欠な器材になると思われます。 （伊東 正吾）

表 深部注入カテーテルによる野外授精試験成績

区分	例数（頭）	平均産次	妊娠期間（日）	分娩率（%）	産子数（頭）	死産子数（頭）	備考精液濃度、注入量（mℓ）
対照区	10	5.6	115.2±1.1	100	12.9±2.6	0.7±0.9	8,000 万、50
試験 I	10	5.5	115.1±0.9	100	11.7±2.2	0.2±0.4	8,000 万、50
試験 II	10	5.6	114.7±1.3	100	12.4±2.9	0.6±1.1	8,000 万、30
試験 III	10	5.5	115.3±1.1	90	11.2±1.2	0.3±0.7	8,000 万、15
試験 IV	10	5.6	115.1±0.9	90	11.9±2.1	0.7±1.3	4,000 万、30
試験 V	10	5.5	114.3±1.2	30	16.3±3.5	0.3±0.6	4,000 万、15

対照区と試験 I：通常型スパイラルカテーテル、試験 II～V：深部注入型スナイパー （伊東ら、2002）
平均±標準偏差、すべての項目で有意差を認めず

3-4 交配後の管理のポイントを考えよう

交配後のリスクとは

交配後の管理において、経営に大きな損失を与えるリスクを分析すると、以下の内容が考えられます。

①交配したのに受胎せず、その発見と対応が遅れ、稼げない（チャンスを失った）社員（＝扶養“家畜”）を多数抱えてしまうリスク

②受胎はしたものの、その後の胚死滅による産子の減少や流産などによって、期待していた商品（子豚＝豚肉のもと）の量が得られないリスク

③ボディコンディションスコア（BCS）、P2 調整のミスなどが、分娩前後の「移行期シンドローム」（難産・食滞から子豚の発育停滞・下痢、繁殖障害まで続く連鎖疾病群）を生じ、次産の生産性や生涯生産性を低下させるリスク

つまり養豚生産システムを、リスク管理と生産性アップを目的としたシステムであるHACCP（危害分析重要管理ポイント）的概念で考えれば、**図1**の３つの管理ポイントが考えられます。

第１ポイント：NPD を最小にする

非生産日数（NPD）とは、繁殖雌豚（母豚）が授乳も妊娠もしていない期間のことで、言ってみれば「母豚の有給休暇日数」を意味します。しかし、人と違い、母豚にとってはこの間も強制的に雄豚とのお見合いや交配をさせられ、妊娠診断の結果によっては、治療やリストラ（廃用）までも体験させられる苦難の期間です。離乳後の生理的な発情待機期間３～７日を除けば、決して長くすべき期間ではありません。

さらに、この期間には、離乳から淘汰までの期間や、未経産豚では繁殖供用開始から受胎までの期間も含まれることになり、これらの影響も無視できません。

実は、世界標準の養豚管理ソフトであるピッグチャンプのデータベースを使った生産感度分析から、NPD を短縮することが、繁殖生産性の指標である母豚１頭当たりの年間離乳頭数に最も貢献することが、ミネソタ大学の研究で判明しています。

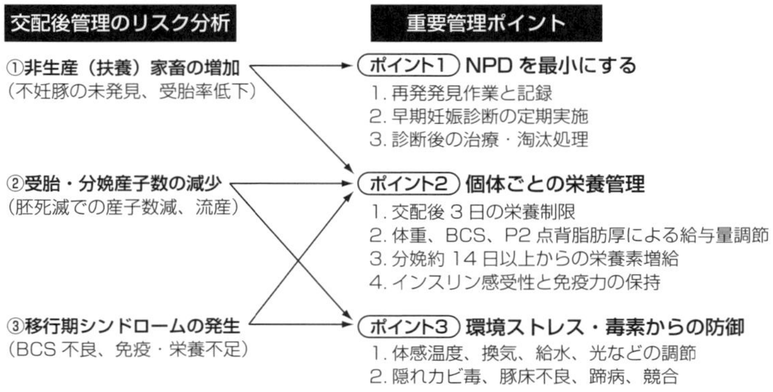

図１　交配後のリスク分析とその管理ポイント　（山口原図）

表1　産歴のNPDを10日短縮した際の経済効果の試算

NPD／産	5	10	15	20	5（平均格差）	
母豚回転率	2.47	2.39	2.31	2.24	0.08	＝365／(115＋28＋NPD)
離乳頭数／年	27.17	26.29	25.41	24.64		＝回転率×11頭離乳／腹
子豚損失数／年	0	0.88	1.76	2.53		＝27.17－離乳頭数／年
子豚損失額／年	¥0	¥−6,600	¥−13,200	¥−18,975	¥6,325	＝子豚損失数／母×7,500円
NPD／年	12	24	35	45	11	＝NPD／産×回転率
損失額／NPD	¥0	¥−274	¥−377	¥−422		＝子豚損失額÷年NPD

交配後のリスク分析とその管理ポイント
1）産歴NPD＝5（分娩サイクル148日＝妊娠115日＋哺乳28日＋離乳後5日）を0
2）離乳子豚価格7,500円、平均離乳頭数11頭／腹とする。廃用豚、未経産豚は計算外

（前川：2005、山口加筆）

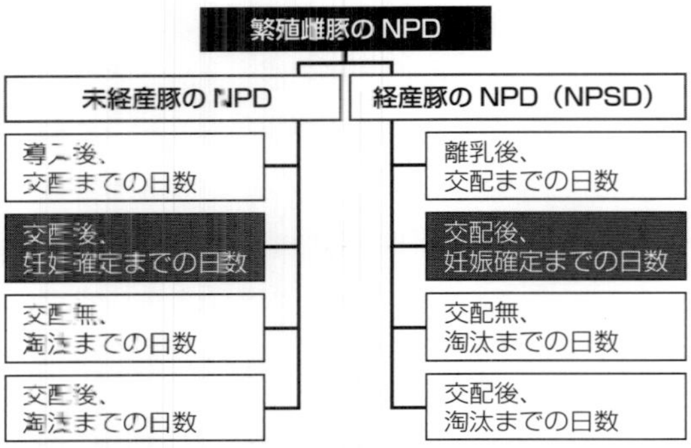

図2　NPDの構成要素

その経済効果について、クラーク氏の計算式を応用すると、NPD 1日の延長は、0.071頭（＝26頭／年÷365日）の離乳子豚の損失に相当するとしています。筆者も前川ら（2005）の方法に基づいて試算しましたが、産歴ごとのNPD20日（母豚回転率2.24）から10日（同2.39）への10日の短縮（年間NPDで45－24＝21日短縮）は、離乳頭数で年間2.53－0.88＝1.65頭の増加となり、母豚1頭当たり年間1万8,975－6,600＝1万2,375円の収益増をもたらす結果になりました（**表1**）。つまり、母豚規模300頭の場合、産歴ごとのNPD10日の短縮に、年間約371万円もの増収をもたらすと考えられます。

また、NPD研究の第一人者であるダイアル氏は、母豚のNPDの構成要素について**図2**のように分解しました。なかでも多くの母豚に関係し、人為的に改善できる「種付け後、妊娠確定までの日数」が最も重要だと強調しています。

また、高橋ら（2007）の生産感度分析によると、母豚回転数に影響を与える要因の優先順位は、①初回交配から受胎交配までの日数②初回交配後、廃用までの日数③授乳日数とされています。

実は未経産豚の場合、NPDの構成要素である「導入から交配までの日数」は、農場のやり方によって異なるため、単純な農場間比較は困難です。しかし、農場の時間推移比較や、種付け開始＝導入日として農場間で比較することは可能です。また、NPDの中でも、経産豚のみのNPDをNPSDとして区別し、農場間比較に供することもあります。

なお、纐纈氏によると、欧州ピッグチャンプに参加する養豚場の初回種付けからの平均NPDは53日、奨励は35日（2018、未発表）としています。また、纐纈氏ら（2010）は、繁殖の生産性指標となる「種付け母豚1頭当たりの年離乳頭数」に対するNPDの位置づけを**図3**のように表しています。

妊娠診断サービスによる経済効果の実例

筆者らは以前、「定期検診式の養豚妊娠診断

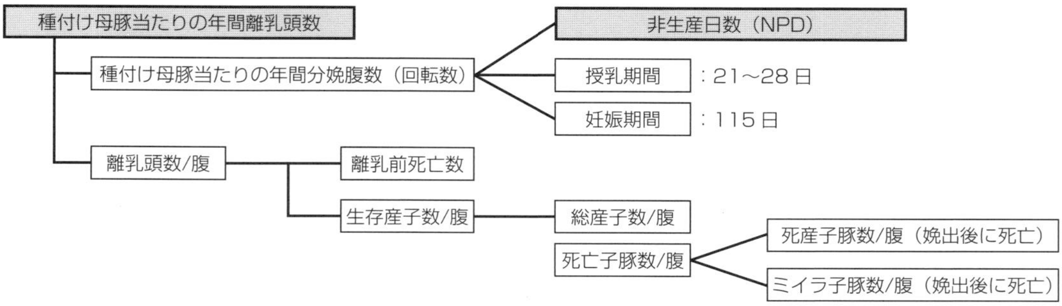

図3　繁殖パフォーマンスのための生産性ツリー　（纐纈ら、2010）

表2　4農場の実例からの改善効果

		A農場	B農場	C農場	D農場	平均値	標準偏差値
母豚回転率	サービス利用前	2.34	2.23	2.17	2.30	2.26	0.08
	後	2.39	2.41	2.29	2.37	2.37	0.05
授乳日数	前	29.4	24.9	23.9	25.0	25.8	2.45
	後	28.3	24.4	22.3	26.8	25.5	2.64
NPSD／年	前	30	56	67	45	49.5	15.8
	後	24	31	52	31	32.0	14.0
	格差	−6	−25	−15	−14	−15.0	7.79
離乳頭数／年／母豚	前	23.4	22.3	21.7	23	22.6	0.75
	後	23.9	24.1	22.9	23.7	23.7	0.53
子豚収益差額（円）	7,500／頭	3,750	13,500	9,000	5,250	7,875	4,352
経済価値（円）／NPSD		625	540	600	375	535	112

月1～2回の診断で、胎齢23日から画像診断。離乳子豚価格を7,500円と仮定。　（山口原図）
全項目でサービス前後に有意差（$p<0.05$）

サービス」を通じて、妊娠診断の経済効果をおおよそ確認することができました（**表2**）。農場は4農場のみでしたが、いずれの農場も経産豚のNPD（NPSD）が有意に低下しており、その年間NPSDの平均改善日数は15日、年離乳子豚での収益差は離乳子豚価格を1頭当たり7,500円と仮定すると、平均で約7,875円となりました。

つまり同程度の成績の農場では、定期の妊娠診断によって期待される経済効果は、母豚1頭当たり年間約3,500～1万2,000円と予測されます。

画像式超音波診断器での診断手技とポイント

現在普及が進んでいる画像式の超音波診断器を使った診断法は、プローブを豚の後肢付け根の皮膚上から背骨方向に探査するだけで、1頭当たり2～60秒程度で妊娠診断が可能です（**写真1、2**）。

診断ポイントは、壁が白く厚めで、内部がクリアな黒穴（エコーフリー）像を2個以上確認するだけです。ただし、比較的大きなエコーフリー像1個の場合は膀胱の可能性もあります。子宮は厚いギザギザ所見のある白壁で、その内側に明確なエコーフリーを探すことがコツです。

妊娠診断の時期は再発前の交配後20日頃でも可能ですが誤診の場合も多いため、22日以降の方が的中率も高まります。

鑑別が必要なのは、大型の卵巣嚢腫や子宮蓄

写真1
妊娠母豚への「畏敬の念」を持って、合図をしつつ、そっと静かにアプローチする。着床完了の35日齢までは刺激を最少に

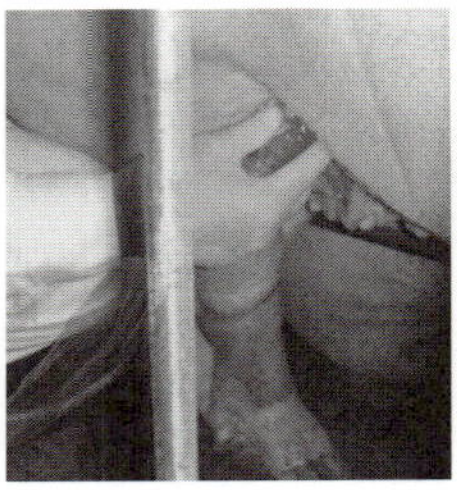

写真2
後肢付け根の皮膚に当て、背骨に向けて扇状に探査する

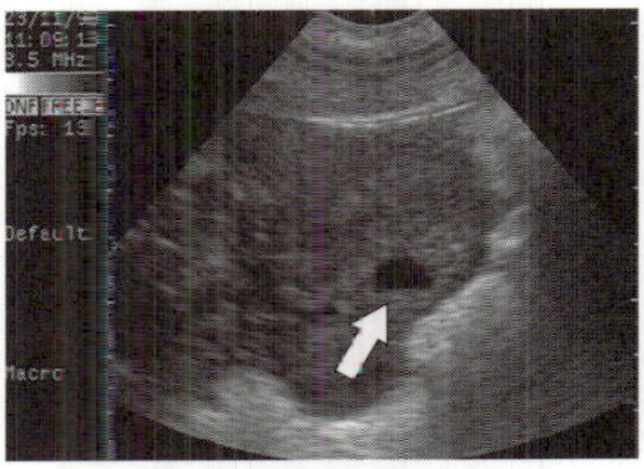

誤診リスクのある20日目。穴1つ

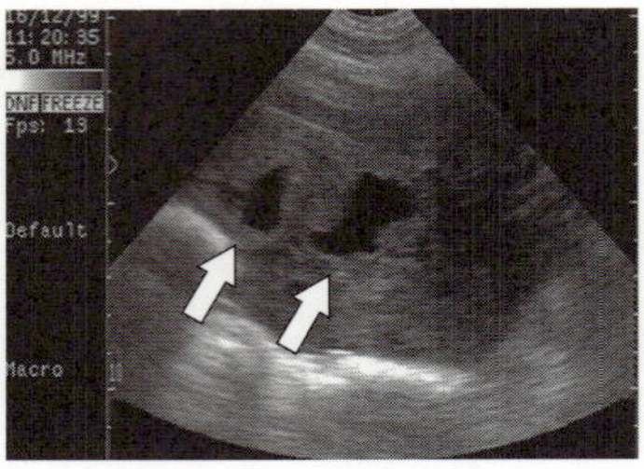

誤診リスクの少ない22日目

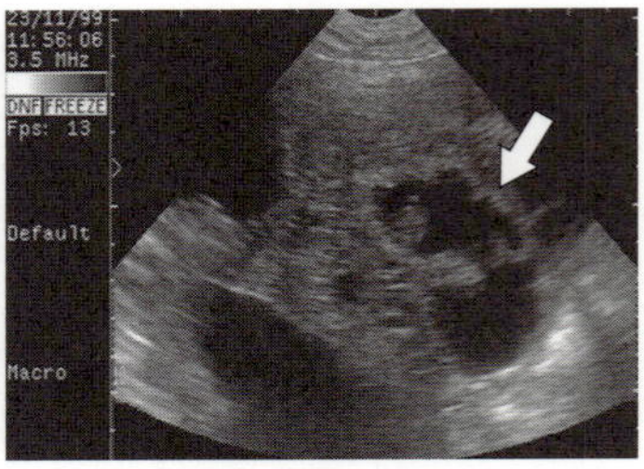

胎子が明瞭な28日目

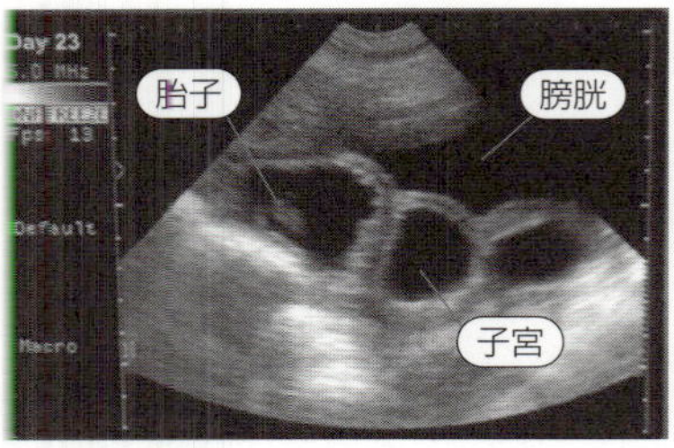

正常な状態

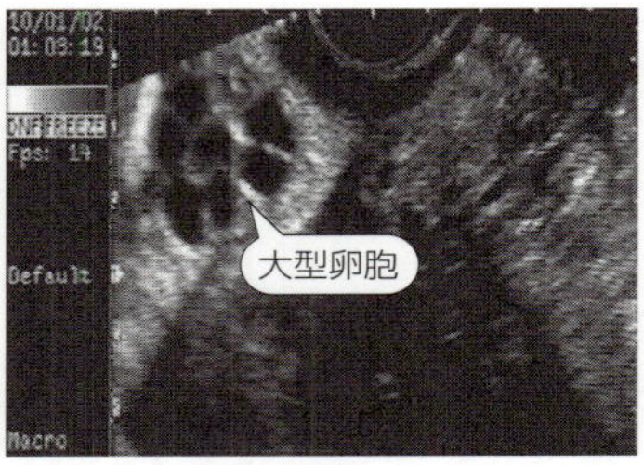

大型の卵巣嚢腫（壁が薄く、小穴が密集している）

写真3　画像での妊娠診断

膿症などですが、壁厚や形、嚢胞内の色や大きさから、比較的簡単に区別できます（**写真3**）。つまり、わずかな練習で誰でも診断が可能です。

妊娠診断の目的は、豚群に3～10%ほどいるかもしれない「不妊豚」の早期摘発であり、その診断精度も可能な限り高いことが望まれます。

しかし、どんな診断器であれ、熟練者であれ、その方法は①不明瞭豚への1～3日おきの再診断②妊娠＋（プラス）としても、農場によって流産跡が確実に発見できる時期（例：着床または胚生存安定化の35～44日齢）以降での再診断が必要と思われます。

妊娠診断の効果を得るために

筆者らは「妊娠診断サービス」を行っていたある農場の繁殖データ解析を通じて、このサービスの価値を十分生かしきれていない実態に気づきました（**表3**）。それは「妊娠していなかった」と診断した例のうち、その診断が正しかったにもかかわらず、その後30日以上も放置され、淘汰もされなかったものが15頭（5.5%）も存在していたことです。

NPSD 1日で仮に535円（**表2**）の損失が出るとすれば、15頭×30日×535円≒24万円も

表3　画像式超音波診断機による妊娠診断精度の調査（平成 17 年／F 農場）

		妊娠豚の構成（%）	交配豚（%）
妊娠＋の正しい診断	96.7%	245（89.1%）	
妊娠－の正しい診断		21（7.6%）	
（うち診断から 30 日以降に交配）		15（5.5%）→早期診断が役立っていない	
妊娠－の誤診（分娩あり）	3.3%	1（0.4%）	
妊娠＋の診断後、再発情		8（2.9%）→隠れ流産も含む	
（うち診断から 60 日以後に交配）		5（1.8%）→再交配遅れ	
（うち分娩予定日での空胎）		3（1.1%）→高い経済損失（約６万円／腹）	
調査不能豚（再発・分娩前淘汰）		1	0.33%
診断前の再発情発見数		26	8.61%
[顕性の流産発生数]		4	1.32%

（山口原図）

表4　妊娠診断のタイミングと頻度による経済価値

交配日	診断日	診断頻度	診断日齢	不妊時の平均 NPD	NPD 差（金額／頭）	診断適任者
毎週の月～水曜日（火曜日が中心）	３週後以降の木曜日	28 日ごと	23±１～44±１	38.5	基準０日（０円）	獣医師または飼養者
		14 日ごと	23±１～30±１	31.5	－７日（3,745 円）	獣医師または飼養者
		毎週	23±１	28	－10.5 日（5,618 円）	飼養者
3-7 方式で、３週ごとの月～水曜日	３週後以降の木曜日	21 日ごと	23±１	28	－10.5 日（5,618 円）	獣医師または飼養者

※ NPD1 日当たり 535 円の損失として試算　（離乳後５日で種付け）

（山口原図）

の損益となります。この背景には、①妊娠診断に対する信頼度がまだ低い②再交配や繁殖障害豚治療をすぐに実施するプログラムが欠けていると推察されました。

そこでまず、妊娠診断のタイミングや頻度による経済価値の差と、その場合の診断適任者について考察しました（**表４**）。

毎週月曜日から水曜日に交配し、その 22 日目以降の木曜日に診断を行うとすると、４週に１回、２週に１回、週に１回の頻度でそれぞれ診断した場合の不妊豚の産歴ごとの平均 NPSD には７～10.5 日の差が生じ、その１分娩当たりの経済格差は、約 3,745～5,618 円と試算されました。

３週に１回の一括交配方式である３-７方式では、３週ごとの診断でも毎週と同様な経済価値が得られる結果となりましたが、予定外時期の発情回帰や再診断豚の判定のためにも、やはり毎週診断が奨励されます。そして、毎週診断での診断適任者は、基本的には繁殖管理を担当している飼養者となります。筆者らの診断サービスはその農場普及にこそ目的があり、現在では全農場で自家診断の普及が進みました。

次に、毎週木曜日の妊娠診断結果を得た後の処理方法について試案を作成し、改良普及中です（**表５**）。まず、診断がつかなかった未確定豚は翌日か３日後に再診断を行い、不妊豚は直腸内画像診断法か、直腸検査で可能な限り卵巣の検査を行い、診断不能時を含めて、診断パターン別の治療を実行します。

なお、治療法はまだ試案であり、処方は獣医師による要指示薬です。さらに、妊娠確定豚でも状況（季節、農場実績）によって、種付け後 35 日以降での再診断を行うと良いでしょう。

表5　NPD短縮のための効果的な妊娠診断法とその後の処理プログラム（案）

交配法	診断日	診断頻度	パターン別診断後処置（陰部皮下注へ）				薬剤コスト（休薬期間）全要指示薬
			未確定豚	他方法も併用	1～3日後に再診断	診断別治療法例	
3-7方式での3週ごとの月～水曜日	3週後の月～木曜日 画像式超音波機	毎週 農場の繁殖担当者	不妊豚［目標3％/回以下］（2回以上確認）	直腸内超音波診断か、直腸検査で診断。（移動と雄刺激15分）	診断不能	レジプロンS 2mℓ*朝・夕、3日後スイゴナン1～2A or eCG1A 1,000単位	¥1,520～2,246/回（レジプS：7日）
					卵巣静止 or 黄体のう腫［陰部収縮］		
毎週の月～水曜日					卵胞のう腫［陰部緩む］	エストマール2mℓ、14日後プロスタベットS 2mℓ*朝・夕	¥1,400/回（プロスタS：3日）
					流産 or 隠れ子宮内膜炎［発情有不受胎］	オバホルモン1mℓ、翌日プロスタベットS 2mℓ*朝・夕、エクセネル0.2g＋蒸留水40mℓ子宮注入	¥1,340/回（オバホルモン：7日）
			妊娠豚	群成績とリスク判断で、35～44日齢に再診			

（山口原図）

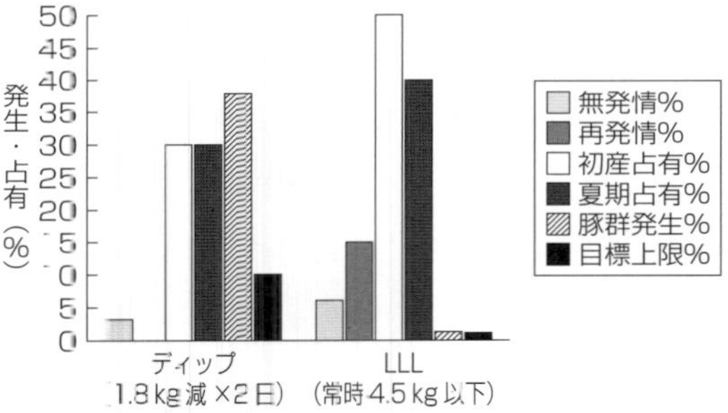

図4　分娩豚舎母豚の飼料摂取パターンと繁殖障害の発生と構成占有率

（纐纈、2002）

卵巣の検査の際には、妊娠診断時のような外部からの超音波プローブ操作では卵巣嚢腫以外の診断はやや困難なため、長い棒状で直腸挿入が可能なリニア型プローブの着脱オプション製品などが望まれます。

第2ポイント：酪農栄養学の応用による個体ごとの栄養とストレス管理

「群管理」を基本マネージメントとしてきた近代養豚にとって、今「個体管理」が求められる理由は何でしょうか。それは近年、多産系母豚の普及が進む養豚業と、これまで繁殖雌畜における個体ごとの「移行期」栄養管理を重要視して深く研究・解明されてきた酪農業との比較から、容易に推測することができます。

「移行期」とは、栄養要求・免疫力・体内ホルモン環境が劇的に変化する分娩前後の4週間ずつのことであり、酪農では、この時期の栄養管理、環境ストレス管理（栄養要求を最大130％化する）が、その後の免疫・乳量乳質・繁殖に決定的な影響を与えることが広く理解されるようになりました。豚では分娩前後約2週間ずつがこれに当たると思われます。

（1）授乳期の飼料摂取の影響

授乳期母豚の飼料摂取量について纐纈（1997）は、摂取パターンを4つ（「急激増加」「緩やかに増加」「ディップ」「LLL」）に分類し、それらが次の繁殖に及ぼす影響を、膨大なピッグチャンプデータから解析しました。

特にLLL（変動しつつも4.5kg/日以下の摂

取量）は1.2％、ディップ（－1.8kg/日以上×2日間以上の摂取量低下）は約38％の発生があり、この摂取量の低下が、発情回帰日数を0.8～10日（年間NPDで1.9～23日）以上も延ばしていました。また、摂取量低下が発生する割合は、初産と夏場が30～50％を占めるとしています。

さらに、ディップの発生時期別の実験から、分娩後早期（第1週目）のディップ発生は、母豚により深刻な影響を及ぼすことが分かっています。

（2）分娩前後の酪農栄養管理理論の応用

一方、酪農栄養学では、分娩後早期の飼料摂取量は、分娩前の1週間の摂取量に左右されることが分かっており、実は産後の産褥熱、低カルシウム症、乳房炎、消化器疾病といった「移行期シンドローム」は、分娩前の「移行期」から準備され、連鎖発症していることが明らかになっています。

さらに牛の場合、受精卵の生存率は、排卵の約80日前後から成長する卵母細胞にとって、より早期の栄養ストレスに左右されることも判明しつつあり、この説を裏付けています。

過肥がもたらすインスリン抵抗性と移行期シンドローム

乳牛の、BCSと産後食欲低下の問題については、人のメタボリック（代謝性）シンドロームである糖尿病と同様なメカニズムとして理解されており、上述の「移行期シンドローム」として説明されています。

長期の栄養過量摂取によって肥大化した脂肪細胞は、それ以上の肥大（代謝性）炎症を避けるために、肥大化ホルモンであるインスリンへの全身の組織反応性を別のホルモンを介して減少させます。また、ストレスや炎症にともなって分泌される副腎皮質ホルモンやTNF-αなどのサイトカインも、この作用を強く助長します。

さらにこれが、分娩前後の生理的なエネルギー不足をスイッチとして、脂肪細胞から遊離脂肪酸（NEFA）の血流への大量放出を加速させ、食欲不振、ケトーシス（血中ケトン体の増加による食欲不振と免疫低下）、脂肪肝、解毒作用の低下へとつながり、悪循環へと連鎖していきます。

また、急増するNEFAは、乳脂肪率を著しくアップさせ、哺乳子畜の下痢の原因にもなります。一方インスリンは、免疫細胞や繁殖関連細胞に糖を取り込む作用も担っており、インスリンへの反応性低下は、これらの細胞機能を阻害し、繁殖障害と免疫力低下に直結します。しかし、乳腺細胞だけはインスリンに依存しない糖の取り込みが可能であり、インスリンへの反応性低下は、それだけ乳腺への糖の供給を増やして、乳量増加につながるため、これまでの高泌乳母豚への遺伝改良は、ますますリスクを増加させることが分かってきました（乳牛の遺伝改良で判明）。

交配から分娩までの飼養マネージメント案

それでは、交配後から分娩までの栄養管理で、生産性に大きな影響を与えている飼養マネージメントのポイントは何でしょうか。

図5に、グローバルピッグファーム㈱農場生産サポートチームの案（2017）を基本とし、一部加筆した試案を示します。ポイントは、①AI後35日までの安静および増量飼養設計（4～35日）です。これにより、着床時期の不均一による産子体重のバラツキと、胚死滅の抑制、生存産子体重増の効果が期待されます（ガッド）。そのほか②両後肢の付け根であるフランク間距離（**図6**）による推定体重と、妊娠診断時のP2点背脂肪厚を基に、分娩前P2値達成に向けた飼料量の調節③妊娠末期（AI後

第3章

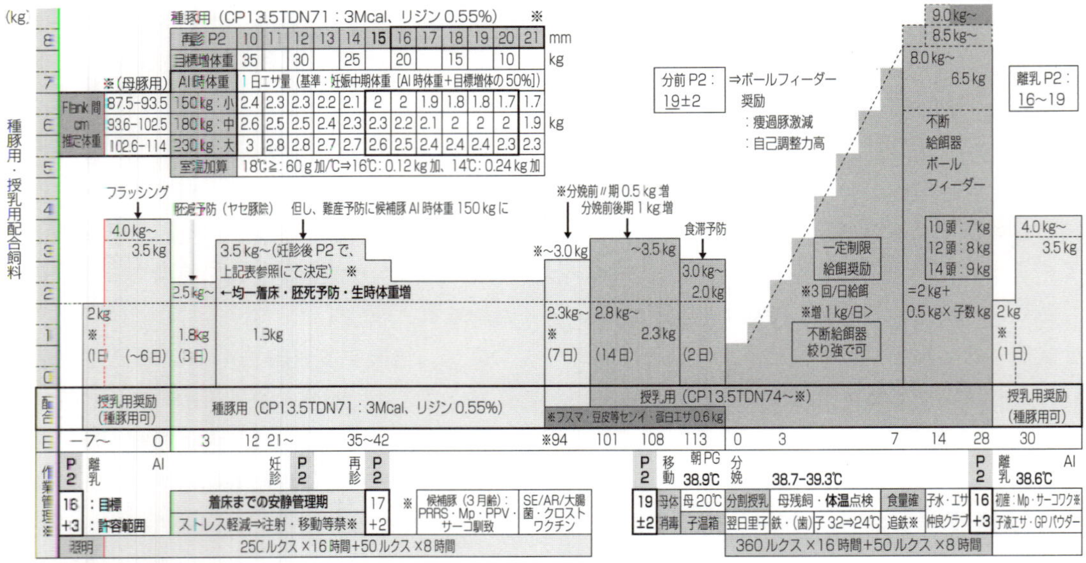

図5　**交配前～離乳までの多産系母豚の飼養管理プログラム（案）**

グローバルピッグファーム㈱　農場生産サポートチームの「養豚繁殖管理ノウハウ」2017年を参照。なお、※は筆者加筆

94または101日目～）の代謝タンパクと繊維、ビタミン、ミネラル供給を中心とした免疫性保持の栄養管理とインスリン抵抗性（過肥障害）予防④分娩豚房内での７日間の制限給餌（事故予防）後、ボールフィーダーなどの不断給餌器を活用した分娩前P2と離乳後P2の落差３mm以下を目指す「食わせる飼養管理」です。

なお、全エネルギー要求量の実に50％以上をアミノ酸で要求する胎子と胎盤のためには、腸吸収アミノ酸と消化性線維供給を中心とした分娩前増飼量や、デンプン量抑制によるインスリン抵抗性を防ぐ方法が、酪農栄養学で確立されつつあります。

なお、インスリンの感受性を復活させる方法としては、日常的運動と酢酸（線維発酵由来）のカロリーであると判明していますが、養豚栄養学でのこの分野の定説はまだありません。

また、難産予防については、候補豚の種付け時体重を150kg以上とすることや、生時子豚のバラツキ低下効果、胎盤形成と思われる分娩

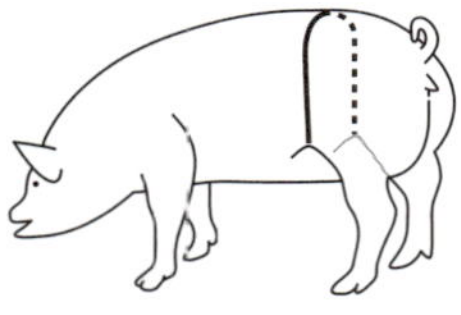

線の部分の長さを測定する

フランク間距離と体重の関係

フランク間距離（cm）	体重（kg）
83～90	115～150
91～97	150～180
98～104	180～215
105～112	215～250
113～127	250～300

Young and Aherne（2005）から抜粋

体重kg=445.08*LN(フランク間距離cm)－1854.4[R2=0.9974]

LN：自然対数　　北海道養豚研究会（2006）

図6　**フランク間距離測定での母豚の推定体重**

５週前からの栄養不足による代償性胎盤肥大を避ける（酪農栄養学で判明）などが考えられます。

一方、経験的に便秘予防で定評ある分娩前のふすま増給については、酪農で問題視されるリン過剰による潜在性低カルシウム症（子宮回復不全、食欲低下）のリスクもあり、マグネシウム添加や大豆皮も含め、今後検討が必要です。

【繁殖成績評価前提の適正な産歴構成（案）】

A案	産歴	0	1	2	3	4	5	6	7≦	3-5産	左維持更新率
	構成比%	20	18	16	14	12	10	8	2	36%	43.2%
											18%*2.4=43%
B案※	産歴	0	1	2	3	4	5	6	7≦	3-5産	左維持更新率
	構成比%	20	17	15	14	13	12	6	3	39%	40.8%
		積極淘汰			安定確保			スーパー母豚除半減			17%*2.4=41%

【母豚淘汰基準（案）】

候補AI日齢：270≦ 離乳後初AI日数：60≦ 再発回数：再々AI後再発：0～3産 ：再AI後再発：4～5産 ：AI後再発：6産≦	産次：原則7産≦淘汰（スーパー母豚除く※） 繁殖疾病：分娩近い空胎、流産、内膜炎 分娩疾患：難産性の子宮炎で回復困難 一般疾病：肢蹄病・食滞で回復困難 繁殖成績：2分娩連続で離乳数5頭≧

図7　母豚の産歴構成と淘汰基準

グローバルピッグファーム㈱　農場生産サポートチームの「養豚繁殖管理ノウハウ」2017年を参照。なお、※は筆者加筆

表6　母豚と乳牛の乳量・代謝比較

	ランドレース母豚	ホルスタイン乳牛
成熟体重kg：4産目体重	230	720
最高乳量kg/日：4産目乳量	15	55
常乳脂肪率%：9kcaL/kg	5.5%	3.6%
常乳タンパク質率%：5kcaL/kg	4.5%	3.2%
常乳糖率%：4kcaL/kg	5.5%	4.4%
総カロリーkcaL/kg：乳量当たり	0.94	0.66
総カロリーkcaL/体重：日・体重kg	0.062	0.050
乳牛乳量換算kg/体重	67	55
移行期シンドローム（食欲不振・繁殖障害等）の発生状況	繁殖障害等多発？更新率増？	農場差あるも多発で5～40%か？
遺伝的改良の方向性	生存産子数と育成率増。一部抗病性も。	乳量増改良から抗病性・連産性改良へ。

※なお、豚の最高乳量時の乳成分値は未確認でランドレース下限値使用　（山口原図）

さらに、母豚群の免疫力と成績安定に最も影響するとされる理想的な産歴構成については、①最も成績の安定する3～5産次比率を最大にする②初産成績で生涯生産性の高いスーパー母豚を選別し、その後の産歴淘汰を可能な限り抑える③3～5産目の稼げる産歴構成が持続できる更新率の追究と更新豚経費の抑制、多産系母豚資源の最大効果を追求する視点が求められます（目安40～45%）（**図7**）。

近年、母豚の最高乳量が15kg/日を超えるという事実は、体重と乳成分で換算した場合、すでに乳量67kg/日の高泌乳牛に相当する栄養ストレスと代謝性炎症が生じていると予想されます（**表6**）。

一方酪農では、それらの栄養・環境ストレスによる「移行期症シンドローム」と、それに続く蹄病や繁殖障害、母牛淘汰が大きな問題となっており、その予防のための分娩前の栄養、環境、管理学が高度化してきた歴史があります。多産系母豚能力の急激な変化を迎えた養豚業に対し、示唆するものがあると考えます。

第3ポイント：環境ストレス・毒素からの防御

ところで、動物の持っている免疫力の中心的な武器とは何でしょうか？　もちろん、抗菌剤（カビ類の武器）などではなく、複雑なリンパ系ネットワークを利用した白血球群や、サイトカイン、抗体などの抗菌タンパク質による連動した波状攻撃です。この白血球群のエネルギー源は、アミノ酸とブドウ糖であることが分っています。そして緊急時の供給源は、筋肉と肝臓であるとされています。従ってP2測定は、もともと間接的な栄養・免疫力測定と言えます。

図8には、排卵後の胚が出生、出荷の過程で減る数がいかに多いかを示しています。これは母豚の排卵能力が、その妊娠維持・哺乳能力に比べ、いかに際立っているかを示すとともに、栄養と管理の方法によっては活かせる余地があることを示していると思われます。

一方、アニマルウェルフェアに絡んで、ヨーロッパを中心に研究が進んでいる母豚ストールを使わない群管理方式では、群の社会ストレスと肢蹄病の影響が意外に大きいことが示唆され

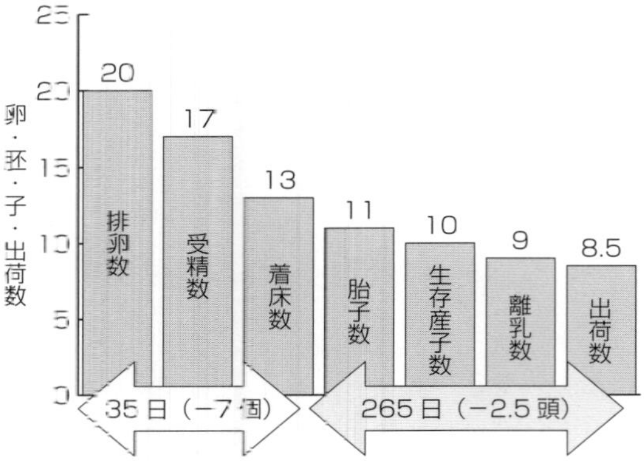

図8　母豚交配後の卵・胚・子・出荷数の推移　（ガッド、2005、筆者加筆）

ており、競合を緩和するための水・飼料・寝床など施設の充足、社会階層を認識しづらい群の頭数規模（50頭以上）、逃げやすい飼養エリア構造、肢蹄病予防のための床材研究、栄養サポート、遺伝学などが重要と考えられています。

なお、種付け後35日までは、群飼を避け徹底した社会・環境ストレスの回避が必要です。

着床前の栄養とストレス管理の大切さは、哺乳類の進化の試練として、この時期の子宮内の栄養不足や酸欠状態から、多くの胚がどう生き残り、母豚に十分な要求サイン（サイトカイン）を送られるかどうかに起因してるとされています。

隠れたカビ毒被害への対策

また、近年のカビ毒の検査法の進展に伴い、カビ毒の隠れた経済被害の大きさが強調され、対策の必要性が指摘されています。

特にトウモロコシや湿性の副産物飼料では、その生育（ほ場の干ばつや虫害）、収穫（土壌汚染）、貯蔵（過湿と密閉不良）の各ステージにおいてカビ毒汚染のリスクが高く、十分な対策が必要であるとされています。

また、多種類毒素による多様症状の複合疾病（食欲不振、嘔吐、陰部腫大、下痢、便秘、血便、腎炎、肝炎、流産、繁殖障害、免疫低下）として表れ、ほかの病気の誘引要因としても重要と考えられています。

さらにそのモニタリングは、局所分布性と多種類性、微量毒素の相乗作用、高額検査費用の面から困難なため、多くの種類と理論を唱えた吸着剤が多数市販されており、その優劣とコストパフォーマンスが判定しづらい状況にあります（日本マイコトキシン学会）。

そして、その吸着剤を規定通り添加したからといっても、カビ毒の偏在性と摂取量格差が大きいため、必ずしも発症を防御できない例も散見されます。

現在の実施できる対応としては、①主な被害毒素であるデオキシニバレノール、ゼアラレノン、オクラトキシン、フモニシンなどの吸着率が、pH3（胃）、pH6.5（腸）となる資材の活用②母豚では「移行期」、「交配後35日」、子豚では「離乳時」「移動時」など、免疫力が低下する時期にそれらを集中投与する③穀物産地の干ばつ情報と、（独）農林水産省消費安全技術センターなどの輸入飼料の検査結果を参照（輸入品はギリギリに希釈されている場合があり、潜在被害は残る）する④湿性の副産物飼料などの製造・貯蔵過程の確認と、定期簡易検査（ELISA）、有機酸の飼料添加（新たな発生抑制のみ）などが考えられます。

古くから存在しながら対応が手薄な状況であるカビ毒被害について、今後十分な対策を立てることが重要です。　（山口　明）

3-5

繁殖障害の原因と対策

はじめに

最近のわが国の年間１母豚当たり肉豚出荷頭数は約18頭となっています（**図１**）。以前と比較すると、少しは増加していますが、外国、特に北欧に比較すると、その差はいまだ著しいものです。さらに、養豚産業をとりまく環境は①穀物価格および原油価格の高騰② WTO 農業交渉（差額関税制度）③環太平洋経済連携協定（TPP）や自由貿易協定（FTA）、経済連携協定（EPA）④疾病のグローバル化（口蹄疫、豚流行性下痢、アフリカ豚コレラ）と生産者にとって厳しい状態が予測されます。

生産性低下の要因として、①技術者不足による管理の失宜②豚の生理、習性などを無視した誤った技術の導入（早期離乳やオートソーティング）③疾病の拡大（オーエスキー病、豚繁殖・呼吸障害症候群、豚呼吸器複合疾病、離乳後多臓器性発育不良症候群、豚サーコウイルス関連疾病など）④劣悪な飼養管理、種豚の遺伝的能力、繁殖障害による繁殖性の低下などが考えられます。繁殖成績の向上には、多産系種豚の育種、飼養管理の適正化、繁殖障害の防止などが必要です。

筆者が平成18年に南九州の大型企業養豚（19農場、母豚総数５万頭）を対象に行った調査では、年間母豚更新率は37.0％（26.0～45.0％）で、廃用理由としては老齢（主に８産以上）が18.0％で、残りが繁殖障害でした。

老齢廃用を除く種雌豚廃用原因別割合（**図２**）では、無発情が最も多く22.1％、次いで不受胎17.7％、脚弱13.5％、空胎8.6％となっており、発情および受胎に関わる障害が多くみられました。この理由として、生前の繁殖障害の診断法が確立されていないことから、適切な治療を受けることなく廃用・淘汰されていることが挙げられます。母豚の更新率が高いと、生産コストが高くなるのみでなく、若齢母豚の構成比率が高まり、疾病が増加する原因ともなりま

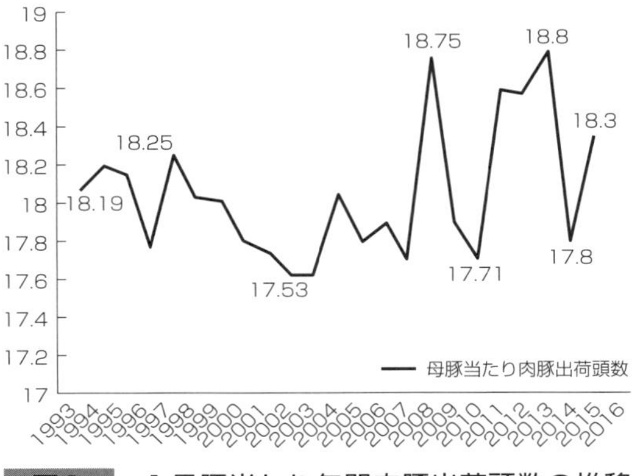

図１　１母豚当たり年間肉豚出荷頭数の推移
（日高、2018）

１母豚当たり年間肉豚出荷頭数＝と畜頭数÷前年度子取り用雌豚頭数
2005、2010、2015年は畜産統計がなし

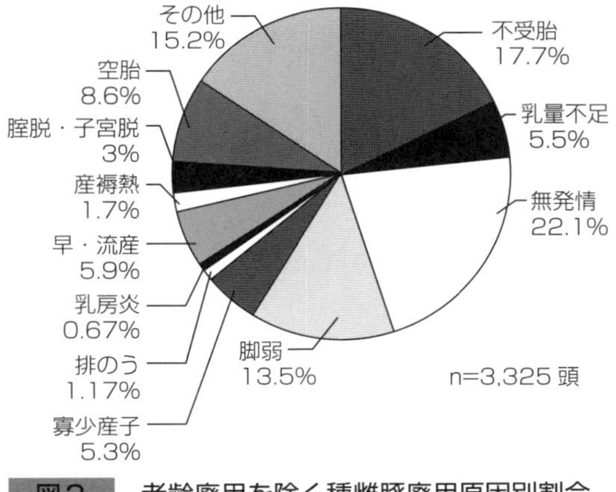

図２　老齢廃用を除く種雌豚廃用原因別割合
（日高：2007）

表1　無発情豚の卵巣所見（初診時）

卵巣所見（頭数）	未経産無発情群（7）	離乳後無発情群（88）	不受胎無発情群（57）	合計（152）
卵巣静止（%）	0	45（51.1）	3（5.3）	48（31.6）
寡胞性卵巣嚢腫（%）	0	4（4.5）	9（15.8）	13（8.6）
多胞性卵巣嚢腫（%）	0	1（1.1）	4（7.0）	5（3.3）
卵胞期（%）	2（28.6）	14（16.0）	5（8.8）	21（13.8）
黄体形成期（%）	1（14.3）	3（3.4）	8（14.0）	12（7.9）
黄体開花期（%）	3（42.8）	9（10.2）	13（22.8）	25（16.4）
黄体退行期（%）	1（14.3）	12（13.7）	11（19.3）	24（15.8）
妊娠	0	0	4（7.0）	4（2.6）

数値は頭数、（　　）内は各群に占める割合を示す

2006年8月～2007年7月
（日高、2007）

す。

繁殖障害とは「雌雄を通して、一時的または持続的に繁殖が停止し、あるいは障害されている状態」と定義されています。つまり生殖器官の異常および疾患に基づく不妊症以外にも、胎子の死流産、難産、産後起立不能、乳房炎などの不育症も含まれるのですが、今回は不妊症を中心に述べていきます。

繁殖障害の予防については、繁殖能力の高い品種系統の育種、飼料・管理の改善、全身病、各種ホルモン分泌の異常および交配技術など、多元的にとらえていく必要があります。

卵巣疾患

雌豚の卵巣は生後4～5ヵ月齢、体重70～80 kgになると活動し始め、外陰部が赤く腫大してきます。初発情では排卵もなく、雄豚も許容しないことが多いですが、2～3回と繰り返すうちに、正常な発情周期を呈するようになります。

発情周期は、間脳視床下部からの性腺刺激ホルモン放出ホルモン（GnRH）が下垂体門脈を通して下垂体前葉に働き、性腺刺激ホルモン（GTH）である卵胞刺激ホルモン（FSH）および黄体形成ホルモン（LH）を分泌させ、これらのホルモンが卵巣に働いて、卵巣からの性ホルモンとインヒビンとのフィードバック作用により卵胞の発育—排卵—黄体の形成を、約21日周期で繰り返すことで成立します。

この間脳—下垂体—卵巣軸に機能障害があると、各種ホルモンの分泌に異常をきたし、卵巣疾患が発生します。卵巣疾患には卵胞発育障害（卵巣発育不全、卵巣萎縮、卵巣静止）、黄体遺残、卵巣嚢腫などがあり、臨床的には「異常発情」となります。異常発情には、無発情、鈍性発情、持続性発情などが見られます。

（A）無発情

表1は臨床的に無発情と診断された種雌豚の卵巣を、経直腸超音波検査法で観察した結果です。卵巣に異常（卵巣静止、卵巣嚢腫）が認められたものは全体の43.5%で、残りは正常な卵巣所見でした。

無発情は発生の時期により、未経産無発情、離乳後無発情および不受胎無発情の3群に分類されます。

①未経産無発情

未経産豚は生後7～8ヵ月齢、体重120～130 kgになって交配するのが一般的ですが、この性成熟になるべき時期になっても発情が見られないか、あるいは微弱で交配できないものを未経産無発情といいます。今回実施した調査

（**表1**）では、卵巣は正常でいわゆる鈍性発情が多いので、種雄豚との接触・P2点（最後肋骨部位の正中線から5～6cmの地点。17～18mmが適正）を参考に飼料給与の増減などの飼養管理の改善に努めるようにします。また卵巣発育不全、卵巣嚢腫がみられることもあります。

候補豚は、育成段階は普通の肥育豚と同じ飼料で良いのですが、1回目の発情徴候がすでに現れた体重90kgくらいから肥育豚とは別飼いにし、群飼で種豚用の飼料を不断給餌にします。交配供用予定の7～8ヵ月齢になったら、種雄豚との接触を図るようにします。交配時にP2点を測定し、18～20mmであれば理想的なボディコンディションといえます。

②離乳後無発情

離乳後の発情は、母豚の栄養状態、生殖器の回復状態により異なるため、妊娠期と授乳期の母豚の飼養管理を良好にする必要があります。離乳時の母豚の体重は分娩前体重の80%程度を目標として、授乳中の体重の減耗率を20%以下に抑えます。

授乳期の母豚の飼料の給与量は、母豚の産次、哺乳子豚の数、授乳期間により異なってきますが、分娩後1週間くらいかけて増加させ、その後はできるだけ飽食とします。離乳予定日5日前から減量し、離乳当日は絶食。離乳後交配日までは、3.0～3.5kgにします。発情鑑定を兼ねて、毎日15分以上雄豚との接触を図るようにします。これにより性的刺激が与えられて、急速に卵胞が発育し、3日目になると外陰部、特に腟前庭に発赤がみられ、1週間以内に発情が回帰します。

梅雨期から夏場には少し後にずれる傾向がありますが、遅くとも離乳後1週間以内にはほとんど発情が回帰します。そのうえで、離乳後10～14日を経ても発情のみられないものを離乳後無発情とします。離乳後無発情の原因には卵巣疾患が多く、その中でも卵巣静止は高率に認められ、卵巣嚢腫も見られます（**表1**）。まれに離乳時にすでに黄体期にある母豚もみられ、これらは授乳中に排卵していたと思われます。

③不受胎無発情

交配後、不受胎なのに発情の回帰を見ないものを不受胎無発情といいます。これは一般的に分娩予定日近くに空胎として発見されることが多いです。卵巣疾患としては、寡胞性卵巣嚢腫が多く、多胞性卵巣嚢腫および卵巣静止もみられますが、不受胎と気付いた時点では卵巣に異常がない場合もあります（**表1**）。

ノンリターン法による妊娠鑑定では、空胎の可能性があります。画像診断器の普及により妊娠診断の精度が高まってきましたが、結果として誤診も（筆者の調査では7%）あり（**表1**）、また多胞性卵巣嚢腫を妊娠と診断することもあり、早発性流産が発生することも考えられますので、できれば交配後40～50日後に再度妊娠診断をしたいものです。

現在ほとんどの臨床現場では、無発情豚の治療は卵巣疾患を診断することなく、ホルモン剤｛ウマ絨毛性性腺刺激ホルモン（eCG：旧PMSG)｝、とヒト絨毛性性腺刺激ホルモン（hCG）の複合ホルモン剤およびプロスタグランジン（PG）$F_{2\alpha}$が使用されていますが、前述のごとく無発情豚の卵巣所見はさまざまであり、思ったほどの効果がないばかりか、場合によっては卵巣嚢腫が発生し病勢を悪化させることにもなり注意が必要です。

こうした場合、直腸検査あるいは超音波検査により、卵巣状態を正確に診断して、適切な治療を行うべきです。

図3に種雌豚の生殖器の位置を示しました。卵巣は、矢印のように卵巣間膜によって腹腔内

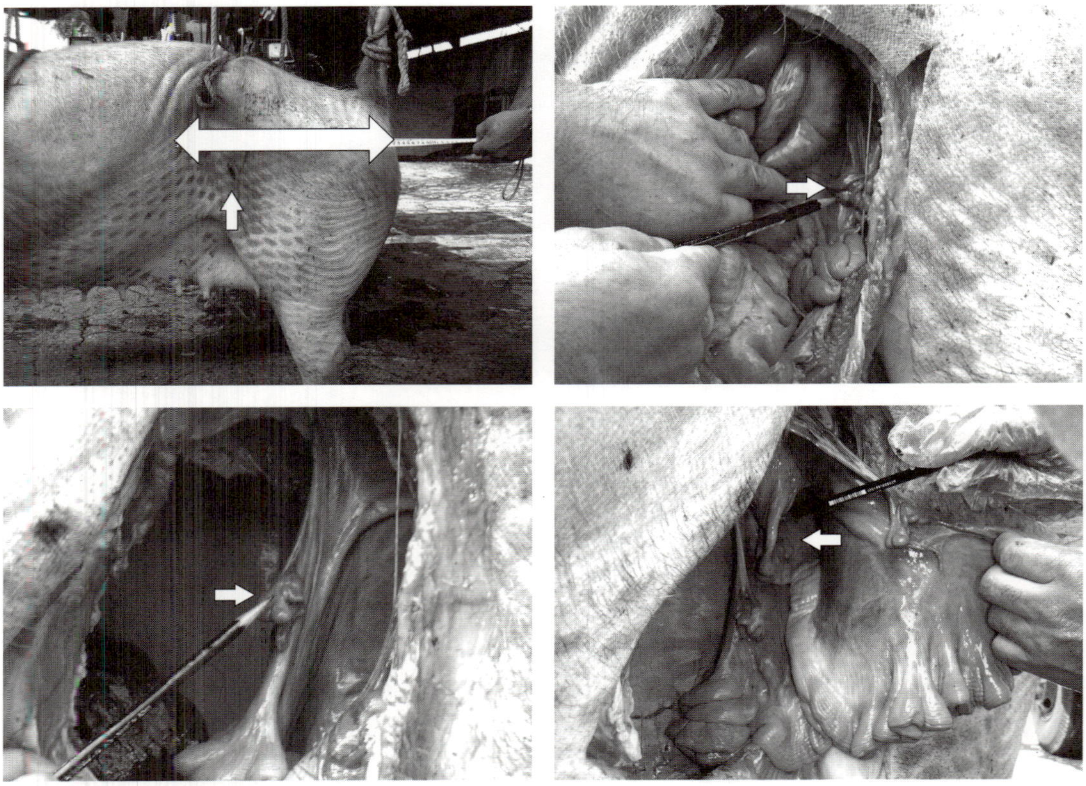

図３　種雌豚の生殖器の位置　（日高原図）

に吊り下がっています。直腸を介して触診すると、あたかもカーテンのような膜（子宮広間膜）があり、それを引き寄せたどることにより、容易に卵巣を触知することができます。直腸検査法については、伊東（2003）の方法などを参照してください。

筆者の農場では、毎週10ヵ月齢以上の未経産無発情豚、離乳後10日目の離乳後無発情豚、および不受胎無発情豚を1ヵ所に集め、経直腸超音波検査法で卵巣を診断し、無発情の治療を行っており、無発情が原因の母豚の廃用はほとんどありません。

卵巣静止に対しては、eCG製剤、またはeCGとhCGの複合ホルモン剤を筋注します。この処置によって、ほとんどの場合は発情が回帰しますが、回帰しない場合には再度1週間後に卵巣を観察し、処置法を検討します。

（B）鈍性発情

無発情を呈した豚でも、卵巣は正常に卵胞発育、排卵、黄体形成がなされるものの、発情が見られない、または微弱で雄豚を許容しない、いわゆる鈍性発情があります。

原因については不明な点が多いのですが、雄豚との接触不足、栄養不良、密飼いなどの飼養管理の失宜、あるいは、性ホルモンの分泌異常や量的不均衡などが考えられます。また、発情の見逃しもあると思われます。

鈍性発情に関しては雄豚との接触、給与飼料内容の改善（ビタミンA・E、セレン、クロムなどの添加）および給与量の調整をすることにより、ほとんど正常な発情を回帰することがあります。発情が微弱の場合には、次回の発情予定日の外陰部の腫脹が強く発現した日に発情ホルモンを筋注すると、正常な発情が見られる場

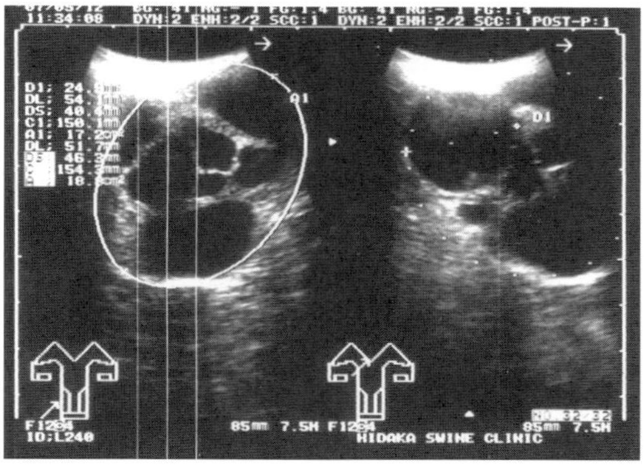

写真1　多胞性卵巣嚢腫のエコー図

合もあります。しかし、この場合の受胎率はあまり高くありません。

(C) 持続性発情

これは、下垂体からの性腺刺激ホルモン(LH)の分泌異常により排卵することなく、許容期間が長くなり、交配適期がつかめないために不妊症となるものです。許容が4日以上続いた場合には、持続性発情とみなし、再度交配して、同時にhCG剤を筋注します。

(D) 卵巣嚢腫

卵胞が排卵するにはLHの一過性放出が大切であり、この量が少ないと排卵されずに卵胞内に卵胞液がだんだん貯留し、卵胞は直径15 mm以上の大きさになります。この状態が卵巣嚢腫であり、母豚には無発情から持続性発情まで種々の症状が表れます。

豚では嚢胞内の黄体化がさまざまな形で進行しているため、一括して卵巣嚢腫といいます。卵巣嚢腫は、経直腸超音波検査法でみると、多胞性卵巣嚢腫ではエコーフリーの直径15 mm以上の嚢胞が左右にそれぞれ3個以上存在しています。寡胞性卵巣嚢腫では、エコーフリーの直径15 mm以上の嚢胞が両側または片側に1～2個存在し、多くの場合は黄体共存型であり、発情周期に異常は認められず、存在する嚢胞も次の周期までに閉鎖退行あるいは黄体化して不妊の原因とはなりません。

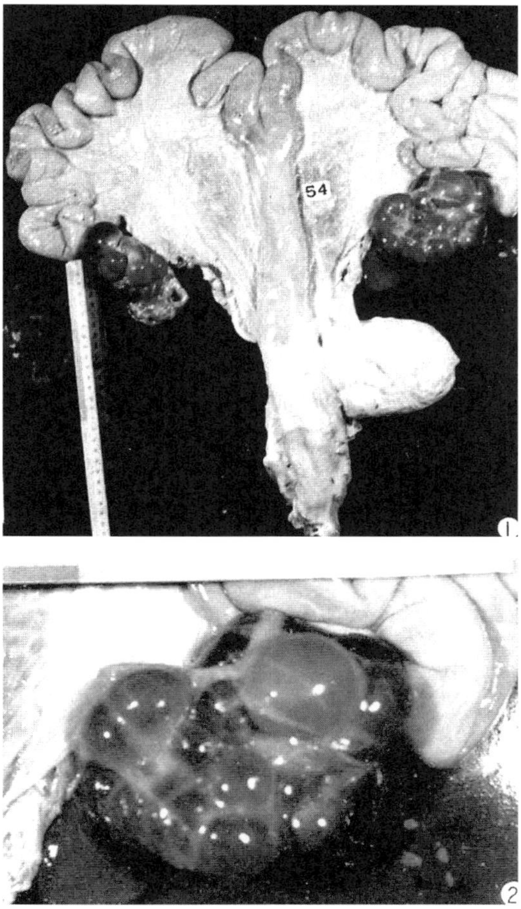

写真2、3　多胞性卵巣嚢腫

卵巣嚢腫の原因としては、極端な早期離乳、拘束、各種のストレスなどが指摘されています。また卵胞発育障害豚への不適切なGnRH-AまたはhCG剤の投与によっても発生することがあります。

多胞性卵巣嚢腫の治療では、基本的に黄体化を促すためGnRH-Aを筋注します。1～2週間程度で黄体退行に伴って新しい卵胞が発育して発情が見られることがあります。効果の見られない場合では1～3回、7～10日間隔で筋注します。

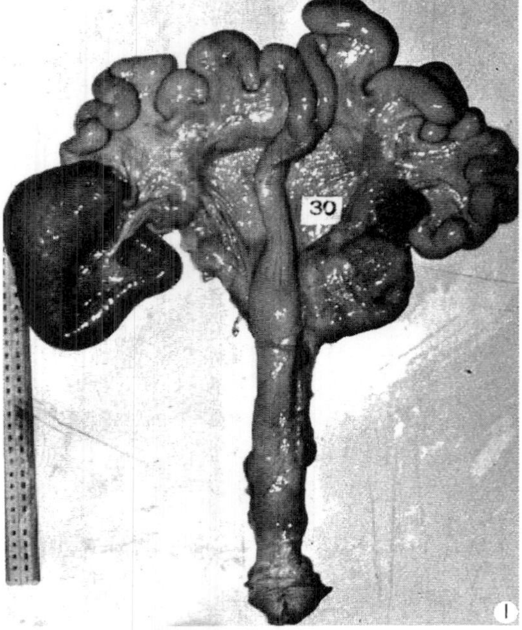

写真４　卵管水腫

(E) 黄体遺残

子宮内部に異物（膿、死亡胎子など）があると黄体退行因子の産生が阻害され、黄体が退行せず残り、無発情となります。しかし、豚ではほとんど存在せず、問題になりません。

治療法としては、$PGF_{2\alpha}$やその類縁物を注射すると急速に黄体は退行し、異物が排せつされます。内容物の種類によっては予後不良なので淘汰すべきです。

卵管の障害

卵管の炎症などによる閉塞、癒着および卵管水腫により疎通障害が起こり、精子と卵子の会合ができないので不妊症となります。

(A) 卵管水腫

写真４は未経産豚において炎症による卵巣と卵管采の癒着が起こったもので、左右卵管は1.0〜1.5 cmに拡張し卵管内に透明液が貯留していました。ほとんどの場合、両側性で未経産豚での発生が多いこと、また国により発生率の差があることから、遺伝的素因が考えられますが、はっきりしません。未経産豚のリピートブリーダーの原因となります。

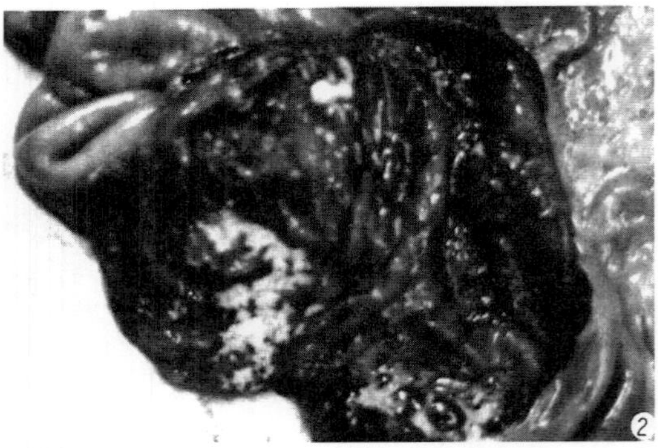

写真５　化膿性子宮内膜炎

子宮内膜の障害

子宮内膜の奇形・腫瘍・ポリープ・そのほかの炎症、子宮角の発育不全、内膜機能不全により、精子と卵子の会合障害、受精卵の着床障害、妊娠の持続障害により不妊となります。

(A) 子宮内膜炎

本症は、主に分娩時あるいは交配時に自然感染、または人為的に経膣からの大腸菌、アルカノバクテリウム・ピオゲネス、レンサ球菌、ブドウ球菌などの非伝染性細菌の感染により起こります。

本症の発生機転については、自発性感染が重視されています。難産の介助にあたっては、清潔な状態で行い、また交配にあたっては雄豚の包皮憩室内の尿溜りを排せつさせ、水道水などで洗浄後に交配に供することも大切です。

本症は、発病の経過、分泌物の有無および種

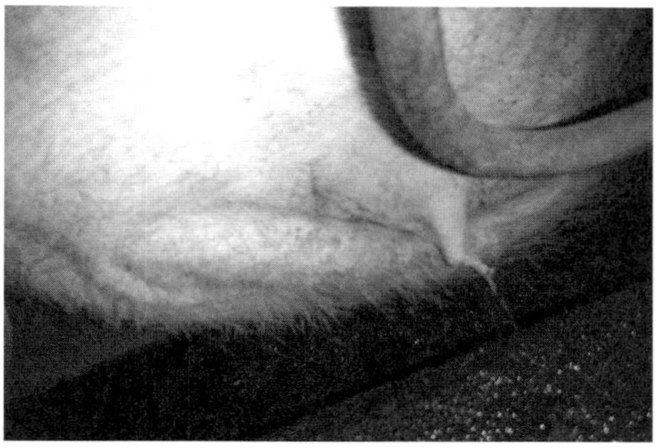

写真6　カタール性子宮内膜炎。外陰部より絮状物を混じた粘液を漏出

類により以下のように大別されます。

①分泌性内膜炎

本症は異常分泌を伴い、臨床的に分泌物によりカタール性と化膿性に分類されます。

(a) カタール性子宮内膜炎

外子宮口より多量のガラス様粘液、またはこれに灰白色絮状物を混じた粘液を漏出するもので、豚の場合、本症および後に述べる潜在性子宮内膜炎が多く見られます。これは豚が牛・馬と異なり、多胎性で分娩に長時間を要し、自発性感染型の内膜炎が多いことによります。

(b) 化膿性子宮内膜炎

種付け、胎子の死亡、流産、難産などにより化膿性細菌の感染を受け、膿汁を排出し尾根部や外陰部に膿様物の付着が観察されます。子宮の構造上、豚では子宮洗浄が困難で、薬剤注射・注入でしか対応できないため本症の治療は難しく、早めに淘汰したほうが良いでしょう。

②潜在性子宮内膜炎

臨床的には分泌を伴わないので診断しにくいですが、カタール性子宮内膜炎とともに不妊症の原因となります。難産などの助産では、分娩後に本症と産後発熱の予防とを兼ねてポピドンヨード液を子宮に注入します。また本症の疑われる場合は、交配前日にポピドンヨード液または子宮内膜炎の治療薬を注入後、交配するようにします。

(B) 子宮蓄膿症

化膿性子宮内膜炎で、子宮腔に膿汁がたまり、頸管が開かないため排出しないものや、死亡した胎子が流産することなく浸漬胎子となり、化膿を起こして発症することによりみられます。

これらの異物は内膜から吸収され、自家中毒を起こし死亡するもの、あるいは食欲不振に陥り、皮膚の光沢がなくなり、子宮内に貯留した膿汁によって腹部が下垂して膨大します。直腸検査により永久黄体および付近の子宮間膜リンパ節の腫大をみるので、本症の診断は比較的容易です。治療法もなくはないのですが、予後不良なので淘汰した方が良いでしょう。

頸管の障害

頸管の奇形・狭窄・閉鎖・頸管炎などにより精子と卵子の会合障害が起こりますが、実際には豚においてはほとんど問題になりません。むしろ、この頸管の障害に挙げられるのは頸管粘液の不適合の問題です。同じ許容期に供用する雄豚を1回目と2回目で取り替えることによりこの問題には対応できますが、確定診断の実施は容易ではありません。

リピート・ブリーダー

正常な発情を繰り返しているのに、3回以上交配しても受胎しない繁殖障害の個体をリピートブリーダーといいます。

筆者が経直腸超音波検査法で卵巣を観察した

ところ、卵巣所見に異常は認められない（黄体共存型嚢胞性卵巣嚢腫は見られた）ものの、剖検した結果18頭中８頭に子宮内膜炎が見られ、未経産豚に子宮角閉鎖３頭、卵管間膜嚢胞２頭、卵管采癒着１頭が見られました。原因として、次のようなことが考えられます。

(A) 早期胚芽の死滅

受精卵は交配後、14日ごろに子宮角に着床します。このときに着床できずに胚芽が死滅するか、その後早期に流産を起こすと発情周期の遅延がみられます。

①子宮内膜の軽い細菌感染

軽度の子宮内膜炎では、精子は上向し卵子と受精します。受精卵となり下降し、子宮角内で子宮乳を栄養としてある程度発育し、14日目ごろに着床しようとしますが、そこに炎症があるので胚芽が死滅します。

②発情ホルモンの過剰、黄体ホルモンの不足

胎子が着床するためには、子宮内膜に少量の発情ホルモンと多量の黄体ホルモンが働き、子宮内膜・筋層の増殖と子宮腺の発育がなければなりません（これを着床性増殖といいます）。黄体ホルモンが不足すると、着床性増殖がみられず、また妊娠を持続させることも不可能となります。

(B) 発情期の頸管粘液の精子受容性の不良

正常な頸管粘液の精子受容性は発情期の粘液により高まり、精子が粘液中によく侵入し、精子の生存、運動性を高めます。発情期の頸管粘液の精子受容性が不良であると子宮内への精子の侵入が悪く受胎率が低下します。

(C) その他

授精技術の拙劣、卵巣以外の生殖器の奇形などがあげられます。

このようにリピート・ブリーダーの原因は単純なものでなく、種々の原因が複雑にからみあっているので、総合的に考慮する必要があります。次のような処方で交配して、それでも受胎しないものは淘汰するようにします。

（1） 1回目の交配＝発情鑑定を確実に行い交配し、その母豚の許容持続日数をつかむ

（2） 2回目の交配（再発1回目）＝前回の許容日数を参考にして適期に1回目と異なった雄豚で交配する

（3） 3回目の交配（再発2回目）＝種付けの半日前に子宮内膜炎治療剤を50 mℓ人工授精用カテーテルで注入→交配→直後に持続性黄体ホルモン剤を筋注

異常産を伴う病気

豚の異常産には早期胚芽の死（吸収または流産）、ミイラ変性胎子、死産（白子、黒子）、流産および早産があります。早期胚芽の死は大部分が妊娠25日以内（14〜40日）に起こります。死亡した胎芽は子宮で吸収あるいは流産します。妊娠40〜90日に子宮内で死亡した胎子はその組織液を失い萎縮、乾燥し通常ミイラ化し、分娩時に正常な胎子とともに娩出され、これをミイラ変性胎子といいます。正規の分娩期に達せず妊娠が中断された場合、胎子が死亡あるいは生活能力を具備せずに娩出されるものを流産といい、生活能力を有するものを早産と呼びます。豚では通常、分娩予定日の７日前が早産の限界です。

分娩時に胎子が生活能力を有する最短妊娠期間（豚では分娩前20〜30日以内）に達して死んで娩出されるもの、あるいは分娩の直前にまたは分娩の経過中に胎子が死んで生まれるものを含めて死産（白子、黒子）と言います。

表2 豚における死流産の原因

		原因
感染性原因	ウイルス	日本脳炎、パルボウイルス、マウスパラインフルエンザ1型ウイルス、オーエスキー病ウイルス、豚コレラウイルス、口蹄疫ウイルス、豚インフルエンザウイルス、アフリカ豚コレラウイルス、PRRS ウイルス、豚エンテロウイルス
	細菌	レプトスピラ、ブルセラ病、ブドウ球菌、レンサ球菌、大腸菌、サルモネラ菌、リステリア、コリネバクテリウム、豚丹毒菌
	真菌またはカビ	アスペルギルス
	原虫	トキソプラズマ、エベリスロゾーン
非感染性原因	化学薬品、薬剤および植物	ジグマリン、アフラトキシンB、ベントクロロフェノールおよびクレオソート、麦角、けし、エゼリン、ソラニン
	ホルモン	エストロゲン、グルココルチコイド、プロスタグランジン
	栄養	ビタミンA、E、カルシウム、鉄、ヨード、タンパク質の不足
	物理的	輸送時におけるストレスおよび疲労、闘争および外傷、寒冷刺激
	遺伝または染色体	奇形、早期体芽死
	その他	変敗した飼料、劣悪な管理、一腹子豚の多い場合、少ない場合、老齢母豚、子宮角先端に着床した胎子

(日高、2007)

(A) 感染性原因による異常産

豚では多くの病原体の感染により異常産の発生をみます（**表2**）。主な病気に日本脳炎、豚パルボウイルス感染症、オーエスキー病（AD）、豚繁殖・呼吸障害症候群（PRRS）などがあります。

①日本脳炎

母豚が感染しても元気、食欲に何ら異常を認めることなく（不顕性感染）、分娩予定日前後に異常産子を娩出します。まれに流産することや長期在胎となるものもいます。

妊娠初期（30日齢以内）に感染すると胎子は吸収され、中期（30〜84日齢）に感染すると死流産が多発します。分娩産子はバラエティに富み、ミイラ変性、黒子、白子、脳水腫、外貌は正常でも元気がなくてんかん様の発作を起こし生後まもなく死亡するもの、全く健康で発育するものまでさまざまです。

異常産は8月ごろから見られ、9月と10月をピークに11月までみられます。特に初産豚で多発します。雄豚が感染すると造精機能障害を起こし、夏から秋口に受胎率が低下します。日本脳炎ウイルスの感染は蚊（コガタアカイエカ）が媒介するので蚊の撲滅を図ることも大切ですが、現実的な防除策は難しいのでワクチン接種で対応します。

②豚パルボウイルス感染症

母豚の臨床症状は日本脳炎に似ています。妊娠初期に死亡した胎子は吸収され、これ以降のものは死産あるいはミイラ変性胎子となります。異常産子の発生率は日本脳炎より低く、ミイラ変性、黒子、白子などですが、白子の一部死産が多く、生存子豚は神経症状を呈しません。日本脳炎と異なり媒介昆虫を必要としないので年中発生をみますが、7〜9月に流行が多いようです。

本病は接触感染によりたやすく伝播しますので、豚舎環境の整備、消毒、人、豚の移動に注意を払うとともにワクチン接種で対応します。

③ AD

豚の年齢により臨床症状は著しく異なります。哺乳子豚あるいは離乳直後の子豚は発熱、嘔吐、下痢、沈うつ、震え、運動失調、けいれんをし虚脱状態に陥って死亡、生後15日以内の子豚では明らかな神経症状を示すことなく衰弱し、昏睡に陥り100%近く死亡します。

育成豚や成豚では発病率は低く、ほとんどは不顕性感染し神経症状をみた豚では50%以上が死亡します。妊娠豚が感染すると一時的に発熱、食欲不振、便秘、嘔吐などの症状をみますが、ほとんどは3～7日で回復します。妊娠初期に感染すると、50%が流産を起こします。妊娠後期の感染では黒子となります。

感染は感染豚および汚染されたものからの直接接触感染が主ですが、まれに本ウイルスは2km周囲に飛散し、空気感染を起こすことがあります。ワクチン接種で対応します。

④ PRRS

妊娠豚が感染すると、一過性の発熱や食欲不振を呈します。妊娠後期の感染では死流産を見ることもありますが、早産が多いようです。生きて生まれた子豚は虚弱、股開きのものが多く見られます。また、その後の交配で不受胎の原因ともなります。

離乳子豚では呼吸促迫、鼻炎、腹式呼吸などの症状を見ます。PRRSウイルス単独感染では重篤な症状になりませんが、マイコプラズマ、豚サーコウイルス2型（PCV2）と混合感染すると重篤になります。ワクチンも市販されていますが本ウイルスは変異しやすく多くのタイプがあり、またタイプが異なると交叉免疫ができにくいので、ワクチンのみの対応では限界があると思います。

最近、本ウイルスに関する多くの知見が得られています。本ウイルスに感染すると約3ヵ月間ウイルスを排せつし続け、5ヵ月を過ぎるころから体内からウイルスが消失すること。また、一度感染した同じタイプのウイルスには2度と感染しない永久免疫ができることなどです。

これらのことを考慮して、候補豚は自家生産することを勧めます。この場合、できれば生後3ヵ月齢ぐらいで隔離豚舎に移動し（やむを得ない場合はできるだけ農場の隅で）PRRSに感染しているであろう自農場の発育不良の子豚と接触感染させるなどしたうえで、定期的にELISA法で抗体価を測定し、いつ感染したかを確認します。

感染確認後5ヵ月を経過してPRRSの排せつ期間が過ぎたら、繁殖エリアに移動させ種豚として供用し、F_1生産を行います。このF_1を母豚として供用し、PRRS陰性の精液を使用すれば、早期にPRRS陰性農場になるでしょう。

(B) 非感染性原因による異常産

豚では病原菌の感染以外でも多くの原因により異常産の発生を見ます（**表2**）。殺鼠剤（ジクマリン）で死亡した鼠あるいはカビ毒（マイコトキシン）の発生している飼料などを食べたとき、また、飼養管理の失宜（栄養不足、寒冷刺激、闘争）などによっても発生こともあります。ここでは秋季性流産について説明します。

秋季性流産

9～11月に妊娠初期（20～40日齢）の妊娠豚に流産が多発することがあります（**写真7**）。感染性流産や明らかな原因がみられない場合、秋季性流産の可能性があります。母豚は若干の食欲低下を示すか、前触れがないケースもあります。流産胎子は小さく、スノコの下に落下したり、ふんなどに混入して見逃されることが多いようです。原因として日照時間の不足、内分泌機能の低下（黄体ホルモン不足）および急激な温度変化などが考えられます。

秋季性流産の見られる時期には、交配後21日ごろに妊娠を確認した後、持続性の黄体ホルモンを注射することも効果があります。

また、日照不足による内分泌機能の低下が本症の原因と考えられますので、著者は秋～春に

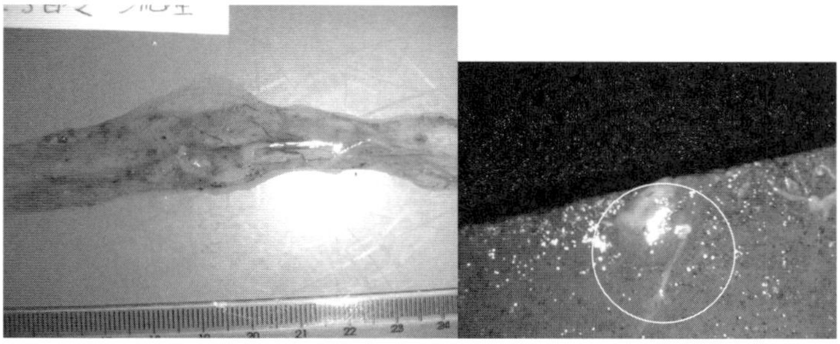

写真7　30日齢の流産胎子

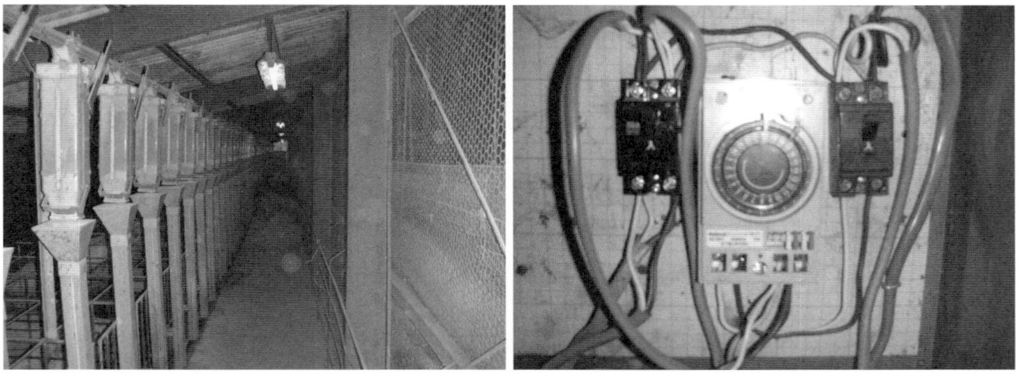

写真8　タイマー設備と夜間照明

かけて開放の妊娠豚舎では、夕方の４時点灯開始、９時消灯するようにタイマーを設定しています。通常、豚の繁殖には12～16時間の日照時間、照度300ルクス（新聞が読める程度）が必要と言われています（**写真８**）。

おわりに

以上、豚の繁殖障害について、若干の私見を含めて述べてきました。しかし、文中でも何回も述べてきたように、先天的・遺伝的な原因は別として、後天的な原因は毎日の飼養管理の失宜によって起こるということを改めて認識し、豚の生理にあった飼い方を心がけてほしいと思います。

病気は発病してから悩むより、病気を出さないような飼養管理が大切となるでしょう。

（日高 良一）

3-6 環境要因と繁殖成績への影響について

はじめに

家畜の生産性を左右する要因は多々ありますが、年間を通じて生産性を維持、向上させるためには温湿度、日射、風などの環境要因を整え、コントロールすることが大切です。

豚を家畜化する段階で、季節繁殖から通年生産に移行していったわけですが、そこには夏季の不妊や秋季性流産などの問題が待ち構えていました。そのカギとなる代表的な要因として指摘される原因は日照時間と気温です。豚舎はすべて人工環境です。そこで何が起きているかを順に考えていきたいと思います。

日照時間

日照時間と母豚の繁殖性の関係では秋季性流産が問題視されていましたが、舎内飼養が主である現在の養豚場では、豚舎の周囲環境（山林や崖、豚舎の位置、舎内清掃状況など）が関与する照度不足によって障害が発生すると指摘されています。

（1）光線管理の一般論と実践例

- 候補豚から母豚、雄豚を含めて1日14時間の照明を与えます
- 照明の明るさは220～250ルクスとします
- 分娩豚舎の母豚では360ルクス16時間と、光線をさらに強化することによって乳量も増し、離乳体重が増加します
- 壁を白く塗ると、光の反射で照度の助けになるはずです
- 蛍光灯の方が太陽光に近く、理想的です
- 日照時間が次第に短くなるという環境条件は豚に良くないため、午前4時くらいから午後8時くらいまでタイマーなどでコントロールし、1年を通して点灯（16時間）すると良いでしょう

写真１ 離乳後母豚の収容ストール頭上に蛍光灯を増設。前の通路で新聞が読める程度にした

- 妊娠ストールでの照明設置の例（**写真１**）

ストールが4列以上になる大きな妊娠豚舎の場合、中ほどの列は暗くなるので、離乳母豚を収容する場合には蛍光灯を多めにつけ、タイマー管理して光周期の影響を少なくします。この農場は、タイマーで16時間の昼と8時間の夜をつくり出しています

（2）候補豚の発情誘起

豚繁殖・呼吸障害症候群（PRRS）の問題解決のために、隔離施設の整備が進んできましたので、今では肥育豚舎に候補豚を収容する農場の比率は減少していることと思いますが、これは肥育豚舎で起こった現象です。

コンクリートブロックで仕切られた肥育豚房に若雄豚、候補豚を隣同士に目隠し状態で収容していましたが、発情がなかなか来ません。訪問して現場を確認したところ、照明はほのかに

光る裸電球で、昼間でも暗い場所に候補豚が収容されていました。異性の存在を認識できないでいたので、電球を交換し、若雄豚を毎日通路に出して、候補豚とお互いの鼻を接触させるようにすることで良い発情が来るようになりました。

候補豚には視覚的にも刺激が必要ですが、ここでは視覚的な照度と、雄豚との直接接触が合わせて大切であることを強調しておきます。

（3）離乳母豚の発情回帰

発情回帰日数が日照時間により影響を受けたと思われる例です。

東西に建った種豚舎の南側に、複列の雄豚房を南北に連ねて建築したところ、離乳母豚の収容ストールが薄暗くなってしまい、翌週まで種付け残りが発生することがありました。この農場では母豚の前方位置に照明を点灯することで発情回帰日数のバラツキが少なくなりました。

発情回帰が遅れると、受胎率、産子数に影響が出ることは多くの報告がありますのでここでは省きますが、日照のほか、授乳中の飼料摂取量も発情回帰に大きな影響を及ぼすことに変わりはありません。実際の原因は1つとは限らないことを認識しましょう。

環境温度

豚は、発育段階でそれぞれ活動するのに最適な温度の範囲が異なります。生時から離乳期では体脂肪の蓄積が十分でなく、相対的には高めの環境温度が最適です。成長するにつれて発熱量も増し、脂肪も付着するため適温が下がり、成豚では18℃が最適温度とされます（**表1**）。

（1）最適温度と有効環境温度

表1の18℃という温度は、農場内の温度とイコールの数字ではありません。誤解の元になるので補足説明をします。

たとえば、シャワーを浴びてぬれた体のままで扇風機の風を浴びると涼しく感じますし、アルプスの少女ハイジのように、干草にくるまって寝ていると暖かく感じることを経験された方がいるかもしれません。温度計だけを見ると勘違いしてしまうのです。

最適温度は、適正範囲の風速、湿度との関係で決まる指標で、有効環境温度（EET）と言われるものです。たとえば、室温が温度計表示で30℃であっても、床構造がコンクリートスノコで、常時0.5m／秒程度のゆるい風が当たる環境にいる豚には、30－5－7＝18℃（EET）の体感温度にいることになります（**表2**）。この状態であれば、暑がることはありません。し

表1　豚の至適温度

豚のサイズ	体重（kg）	至適温度（℃）		+/− 許容範囲
		導入	導出	
哺乳子豚	1～7	30	30	0
離乳期	7～15	30	24	1
育成期	15～25	24	21	1.5
子豚期	25～50	21	20	2
肥育期	50～110	20	18	2.5
授乳母豚		18	18	1
種豚（個体）		18	18	2.5
種豚（群飼）		16	18	2.5

（ThePigSite）

表2　コンディション別有効環境温度（EET）

コンディション	EET 変化量
風速（m／秒）	
0.2	−4
0.5	−7
1.5	−10
床構造	
わら	＋4
コンクリートスノコ	−5
ぬれたたたき床	−5～−10
空気と壁の温度差	
13	−7
3	−1.5
1	−0.5

L. E. Mount（1975）

表3　母豚の繁殖成績への温度の影響

項目	26～27℃	30℃	33℃
母豚数	74	80	80
発情数	74	78	73
非発情数	0	2	7
再発数	2	8	8
受胎数	67	67	62
受胎率（%）	90	85	78

From Serres（1992）

温度の上昇に伴い無発情、不受胎が増加し、その結果受胎率が低下する

表4　分娩豚舎の成績への温度の影響

項目	18℃	25℃	30℃
1腹当たり離乳体重（kg）	63[a]	61[a]	53[b]
1腹当たり離乳頭数（頭）	8.1	8.9	8.3
平均離乳体重（kg）	7.8[a]	6.9[b]	6.4[b]
哺乳中事故率（%）	20[a]	12[b]	19[a]
母豚の1日食下量（kg／日）	6.5[a]	6.1[a]	4.2[b]
母豚の体重変化（kg／分娩～離乳）	−3.1[a]	−7.9[a]	−24.2[b]

※ a、b：有意差あり（$P<0.05$）　Stansbury ら（1987）
※ 29～30 腹を各温度条件でテストしたもので、数値はその平均値

母豚の飼料摂取量の減少に伴い、泌乳量の低下、離乳体重の低下が見られる。母豚体重の減少は次回種付けに影響を与える

表5　ダクトファンの径と吹き出し穴の数

ダクトファン径	φ=40	φ=50	φ=60
30 cm	28	18	12
40 cm	50	32	22
50 cm	78	50	34

φ40 →給餌ライン管、φ50 →コーヒー缶、φ60 →太いジュース缶

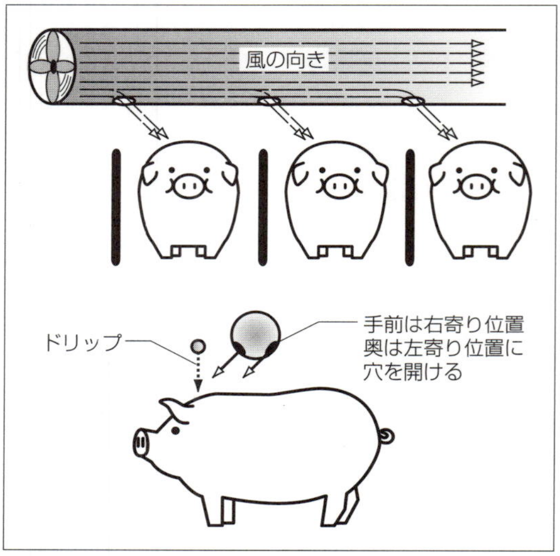

図1　ドリップの落下地点とダクトの位置関係
（篠塚、2004）

かし、風が止むとEETは25℃に上昇するので、個体によっては暑がり出します。

低温についても同様に考えます。室温18℃の妊娠豚舎で周囲がカーテンだけであったりすると、カーテンに断熱性がない場合は、母豚が発熱したりして寒がり、体調を崩す原因になりますので注意が必要です。

（2）夏季の生産性の低下

最適温度から下がった場合は、給餌量を増やしていくと、飼料効率は落ちますが生産性を大きく低下させずに済みます。

ところで、高温の条件化ではどのような現象がみられるのでしょうか。受胎率の低下は、生産量の減少も伴うためフローが崩れてしまい、販売計画からキャッシュフローまで影響してしまいます。

以下に項目を列挙しましたので、参考にしてください。数値化された種付けへの影響、分娩成績への影響は別表に示しました（**表3、4**）。

- 離乳後無発情母豚の増加
- 離乳後交配までの日数（NPSD）の延長
- 発情の微弱化（特に候補豚）
- 再発種付けの増加
- 流産の増加（流産が確認できない場合もある）
- 受胎率と分娩率の低下
- 死産・ミイラ子の増加と産子数の低下
- 哺乳事故率の増加（圧死）
- 候補豚の初回発情遅延

表6 高温度条件下の分娩豚舎におけるドリップクーリングシステムの効果

熱量係数	無処理区	ドリップクーリング
1日母豚食下量（kg）	5.0[a]	6.6[b]
母豚体重変化(kg／分娩～離乳)	−27.1[a]	−9.2[b]
呼吸数／分	79[a]	42[b]
生存産子数（頭）	10.2	10.6
離乳頭数（頭）	8.5	8.8
平均離乳体重（kg）	6.6	7.0
1腹離乳体重（kg）	55.0[a]	60.3[b]
哺乳中事故率（%）	18	14

※ a、b：有意差あり（P<0.05） McGlone et al.(1998)
※ 22～32 腹で実験した。平均温度は 30℃、平均相対湿度は 45%
※ドリップ操作は3分作動、7分休止のパターン

写真2 スポットクーリングの蛇腹ホース。個体ごとに細かい設定運転が可能となる

・種雄豚の性欲低下
・精子数の減少
・暑さのストレスで攻撃的行動

短期的対策としては、候補豚を新しく導入したり、繰り上げ頭数を増やし、経産豚の廃用を押さえて種付け頭数を確保したりします。

しかし、根本的に環境要因を改善しなければ、生産の波がそのままになり、肥育成績まで悪影響を与えたままになりますので、数合わせだけでなく総合的な対策が必要になります。

（3）暑熱対策の実際

①ダクトファンによる送風（**表5**）

昔から行われている方法ですが、使わないときにはホースがほこりをかぶって、管理者から嫌われることがあります。設置場所を選びませんが、計算した風量が思うように得られないことがあるので、注意が必要です。

羽根の回転は進行方向に対して時計周りですから、吹き出す風も進行方向に対して時計周りに発生します。このため穴を開ける位置とねじれには十分注意してください。手前ファン寄りの場所では母豚の手前しかも頸寄りに、ファンから奥に行くに従ってやや前方に向けて穴を開けていかないと、同じ方向への送風が困難になります。

ダクトホースの装着時に、ホースについている折り目をそれぞれ上と下にして、下の折り目を基準に穴の位置を段々にずらすことで、容易に設置できるでしょう（**図1**）。

②順送ファンによる送風

設置台数と風量からすると、ダクトホースよりも順送ファンのほうが、設置したその日に運転が開始でき、即時性が優れています。電気量はモーターアンペア数が多い分だけかかりますが、必要な風量を送るためのものです。

風を遮る障害物は、できるだけ取り除いて設置しましょう。空気のよどみは大敵です。取り付け位置によっては安全カバーを装着します。

③ドリップクーリング

よく計算されたウインドウレス豚舎の場合は不要ですが、開放豚舎の場合は工業扇や蛇腹のホースを併用して、個体に確実に風が当たるようにすることがより効果的です（**表6、写真2**）。**写真3、4**の妊娠豚舎はトンネル換気にドリップを組み合わせて対策しています。障害物がなくすっきりした構造であることが分かると思います。

写真３　ドリップノズルを設置。落とし所は頸部から肩にかけての位置で、耳に入らない程度の範囲を狙って滴下

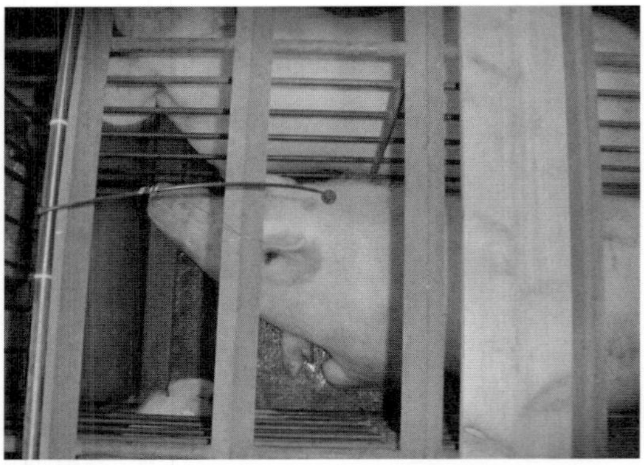

写真４　写真３のドリップの滴下位置を上から見たところ

ドリップの滴下位置は、母豚の頸から肩にかけての位置を狙っています。**写真２**の農場では、スポット送風を始めてから暑熱ストレスが緩和され、暑熱時種付けの分娩率の低下がわずかになりました。個体管理が徹底できる点では優れています。いずれにしても、現状の豚舎に合ったシステム的な導入を検討することが必要でしょう。

④冷凍ペットボトル

ペットボトルによる冷却効果は、雑誌などで紹介されてより一般的になりました。これこそ個体管理の最たるもので、必要な本数を用意し、個体別に対応していくものです。分娩前後に使用したときの効果は抜群です。ボトルホルダーを柵に設置した農場（**写真５**）や、ビニール袋に水を入れて凍らせる農場（こちらが元祖）もありました。個体の状態観察が設置の判断基準になります。

写真５　柵に付けたペットボトルホルダー。水をペットボトルに入れて凍らせ、使用時は逆さまにして設置し、ボトルは随時更新する

⑤対策開始のタイミング（湿度を意識する）

さまざまな方法を紹介しましたが、その運転開始のタイミングを間違えると、せっかくの対策も効果が半減してしまいます。断熱材が入った建屋できちんと直射日光の熱を遮ることが前提ですが、環境温度の項で説明した通り、空気と湿度と断熱（熱伝導率）を理解していないと、対策順が間違って熱中症になってしまうことがあります。

温度と湿度の関係を説明するのには熱量係数（＝摂氏温度（℃）×相対湿度（％））を計算すると理解しやすいでしょう。同じ温度でありながら、湿度の高低で空気の質はがらりと変わってしまうからです。

図２はある農場で８月６日から１週間分娩豚

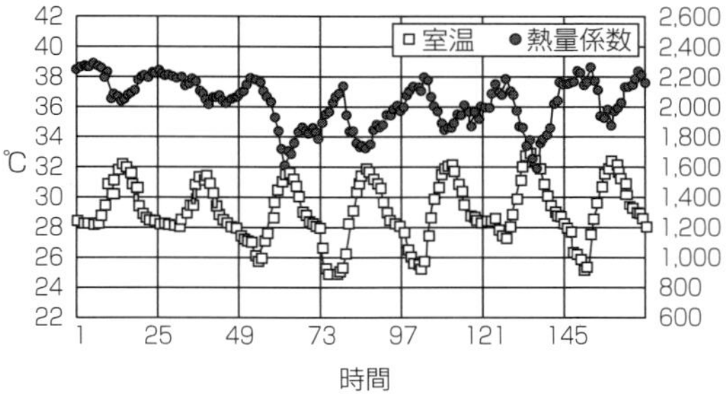

図2 分娩豚舎の環境（平成16年8月6日～8月12日）（篠塚、2004）

表7 成豚に与える熱量係数の影響

熱量係数	熱代謝に与える影響
2,500以上	非常に危険（熱射病死の可能性大）
2,000～2,500	暑さ対策が必要（開口呼吸が起こる）
1,500～2,000	暑く感じる
1,000～1,500	適当な温度と感じ、快適
700～1,000	少し寒いと感じ、食下量が増える
500～700	保温対策が必要（病気にかかりやすい）
250以下	非常に危険（体温保持不可能）

（岩谷　信）

舎の温度と湿度をモニターして、温度グラフに熱量係数を重ね合わせたものです。ここから分かるように、温度に大きな差がなくても、湿度の存在で母豚の体感温度（熱量係数）が高くなることが理解できると思います。熱量係数は母豚の不快指数のようなもので、1,000～1,500が快適な範囲と考えられ、1,500～2,000が暑く感じる、2,000～2,500では暑熱対策が必要なレベルと判断されます（**表7**）。

写真5の農場では最初の48時間（2日間）は送風を中心に除湿をすることで対策し、48時間以降は気化熱の利用も可能なエバポクーリングや、散水による対策も効果が期待できるような空気の質になっていました。湿度計がなくとも、管理者が慣れていれば、散水後の通路の乾き具合を基準にしても良いでしょう。経験的に夜間には水まきをしません。データでは、加湿のタイミングは昼間のみで、夜間は負担がかかる裏づけとなりました。

環境温度の項でも述べましたが、数字が一人歩きしないように注意してください。暑熱対策をするときに、送風までで済ませるか、散水が可能かは、そのときの空気の質により決定されます。暑そうに呼吸していたからと、換気をしないで散水だけを行うと、適応温度が高い子豚でも、熱中症になって死んでしまいます。これは室内の空気では熱交換ができない危険な状態になってしまうからです。

⑥月別にみた対策

〈5～6月〉

ゴールデンウィークごろの気温の急上昇が、暑さの第一陣です。ダクトホースはまだ張られていない農場がほとんどですから、ファンによる送風で対応します。その後の雄豚の精液チェックも忘れずにしましょう。

室温24℃が基準温度です。これを超えると母豚は暑がると考えます。ただし風を起こしますから、哺乳子豚の下痢の発生には注意してください。子豚の観察をしながら、心配であれば25℃設定にスライドさせます。

〈6～7月〉

梅雨時ですが、梅雨の晴れ間にも気温は上昇します。この時期もやはり送風を優先して対策します。ファンのサーモ設定は送風基準の25℃で運転します。

〈7～8月〉

梅雨明けに伴い、管理を変更します。28℃くらいまでは送風で対応します。28℃を越したら、通路の乾き具合か湿度計を確認してドリップを併用しますが、運転時間は短めに設定します（例：5分運転、30分休止）。30℃以上で本格的にドリップクーリングを使用します（例：5分運転、15分休止）。

暑さが本格的になれば、分娩前後の母豚を対象に、水を凍らせたペットボトルを吊るしたり、冷水浣腸を行ったりと、オプションは増え

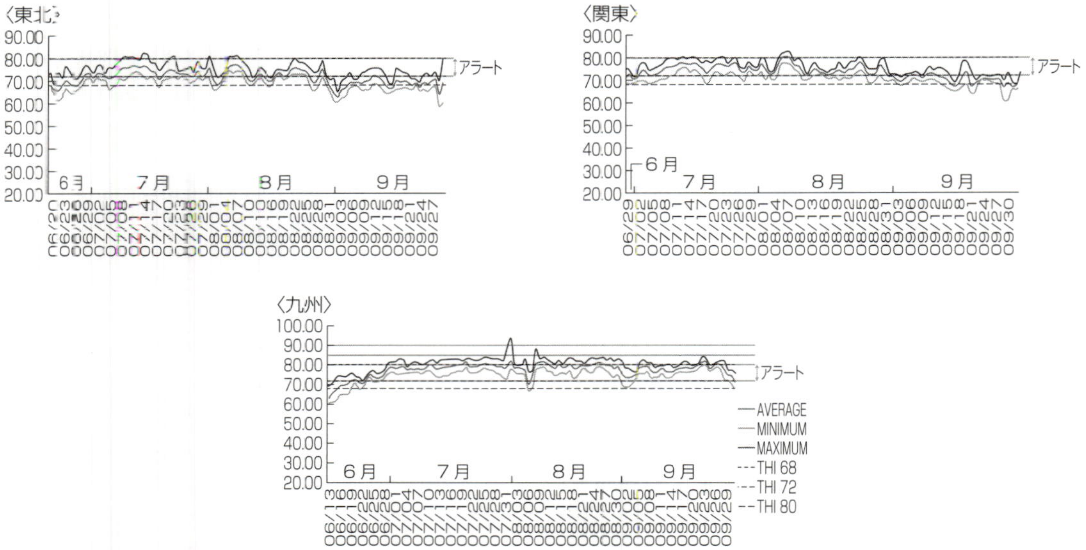

図3　2017年の東北、関東、九州のある地点における温湿度指数

（ラレマンドバイオテック㈱データより、2017）

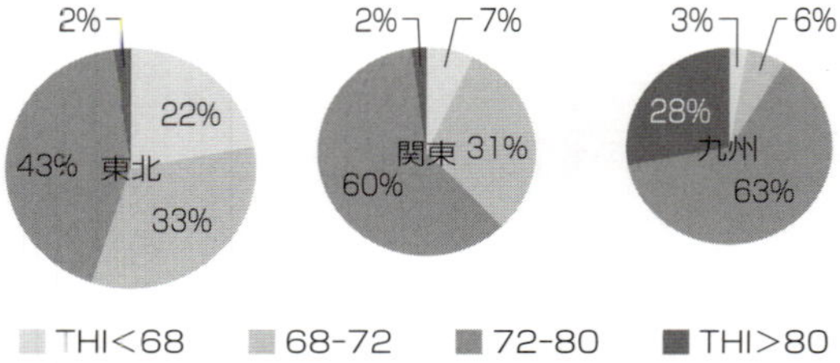

図4　地方別温湿度指数の割合

（ラレマンドバイオテック㈱データより、2017）

ます。

相対湿度が下がらないと、気化熱の利用率は制限されてしまいます。常時舎内の空気の質はモニターしておきましょう。

最近は、温暖化で例年にない暑さが記録されています。2017年の酷暑のデータを記録したものが**図3**です。熱量係数とは違いますが、湿度の影響が大きいことを再認識したデータです。これは、温湿度指数（Thermo-Humidity-Index：THI）という概念で、人で使われている不快指数に相当するものです（**表8**）。**図4**は、温度と湿度の関係を図示したもので、酷暑であった2017年夏の東北、関東、九州の3ヵ所で実測したデータです。指数で75～78のゾーンが注意域、79～83を危険域とみると、その地域差は歴然です。

7、8月には80≦がみられた東北では、9月に入ると基準値以下（74≦）が増えてきますが、九州では9月末でも80≦の危険域に達する日が続きます。関東も侮れません。九州と同様に、注意域と危険域は1日の時間帯の実に90%を占めているからです。このように、暑熱ストレスは地域を越えて繁殖成績に影響を与えているのです。

インターネットの発達で、多くの情報を入手することが可能になりましたが、農場が必要とする情報はなかなか見つかりません。自らデータを集めて解析して現場に役立てることが、より重要となります。ICT（情報通信技術）、AI（人工知能）、IoT（モノのインターネット）と用語が先行していますが、現場視点での情報収集の姿勢を崩さず、日々の管理をしていきましょう。

表8 温湿度指数（THI）

THI＝(0.8×気温＋(相対湿度／100)×（気温－14.4))＋46.4

	相対湿度（%）																			
気温（℃）		5	10	15	20	25	30	35	40	45	50	55	60	65	70	75	80	85	90	95	100
	21	64	64	64	65	65	65	66	66	66	67	67	67	68	68	68	69	69	69	70	70
	22	65	65	65	66	66	67	67	67	68	68	69	69	69	70	70	70	71	71	72	72
	23	66	66	67	67	67	68	68	69	69	70	70	70	71	71	72	72	73	73	74	74
	24	67	67	68	68	69	69	70	70	71	71	72	72	73	73	74	74	75	75	76	76
	26	68	68	69	69	70	70	71	71	72	73	73	74	74	75	75	76	76	77	77	78
	27	69	69	70	70	71	72	72	73	73	74	75	75	76	76	77	78	78	79	79	80
	28	69	70	71	71	72	73	73	74	75	75	76	77	77	78	79	79	80	81	81	82
	29	70	71	72	73	73	74	75	75	76	77	78	78	79	80	80	81	82	83	83	84
	30	71	72	73	74	74	75	76	77	78	78	79	80	81	81	82	83	84	84	85	86
	31	72	73	74	75	76	76	77	78	79	80	81	81	82	83	84	85	86	86	87	88
	32	73	74	75	76	77	78	79	79	80	81	82	83	84	85	86	86	87	88	89	90
	33	74	75	76	77	78	79	80	81	82	83	84	85	85	86	87	88	89	90	91	92
	34	75	76	77	78	79	80	81	82	83	84	85	86	87	88	89	90	91	92	93	94
	36	76	77	78	79	80	81	82	83	85	86	87	88	89	90	91	92	93	94	95	96
	37	77	78	79	80	82	83	84	85	86	87	88	89	90	91	93	94	95	96	97	98
	38	78	79	80	82	83	84	85	86	87	88	90	91	92	93	94	95	97	98	99	100
	39	79	80	81	83	84	85	86	87	89	90	91	92	94	95	96	97	98	100	101	102
	40	80	81	82	84	85	86	88	89	90	91	93	94	95	96	98	99	100	101	103	104
	41	81	82	84	85	86	88	89	90	91	93	94	95	97	98	99	101	102	103	105	106
	42	82	83	85	86	87	89	90	92	93	94	96	97	98	100	101	103	104	105	107	108
	43	83	84	86	87	89	90	91	93	94	96	97	99	100	101	103	104	106	107	109	110

通常：≦74　警戒：75～78　危険：79～83　緊急事態：≧84

（Thom、1959、LCI、1970）

まとめ

環境要因を中心に書き進めましたが、飼料、水（飲水）、管理も含めて総合的な対策が大事です。本文で触れなかった事項もあるので、自己評価しながら毎年の対策にぜひ生かしてください。

・種豚の各ステージの暑熱ストレスを最小限にしましょう
・暑熱対策は送風（25℃）、散水（28℃）、気化熱利用（適宜）の順に行います
・最適温度18℃はEETで考えます
・授乳期の母豚の栄養摂取量を最適にします
・良質な水を制限することなく与えます
・品質の良い精液を確保しましょう
・的確な種付け管理をしましょう
・人員の配置・管理に気をつけましょう（夏季休暇による管理不足に注意）
・種付け数を多くして不足分を補います
・実践事項を記録し、評価することで、対策の精度はより高まります
・IoTを利用して環境条件の推移を記録・評価しながら対策の精度を高めましょう

（篠塚 俊一）

コラム 3-1

VER 測定による卵巣機能推定と早期妊娠診断技術

豚での卵巣機能の簡易推定技術

深部腟内電気抵抗性（VER）または電気伝導性は、血中性ホルモン（発情ホルモン、黄体ホルモン）濃度の変動に連動して子宮内で変化することが知られています。これは、子宮頸管粘液のムコ多糖体などが性ホルモンの変動で変化し、特にナトリウム（Na）と塩素（Cl）濃度が発情期に高くなり、非発情期には低くなることに起因しています。このことから、牛や豚では子宮頸管粘液中の VER 測定法による卵巣機能や妊娠の診断に応用できることが知られており、一部では実用化されています。

豚では、排卵後に形成される黄体は５～７日ほどを要して発育し、以後はその機能を維持していますが、妊娠していなければ発情最終日（排卵日）から 15～17 日経過すると急速に退行を開始し始めるとともに、新たな卵胞が発育してきます（**図１**）。この発情周期における VER 値は、発情開始日の１～２日前に最低値を示し、黄体期には高い値で推移することが知られています（**図２**）。このことは、卵巣機能は正常であっても外陰部徴候の変化が乏しい個体においては発情確認が難しいのですが、VER を測定することで卵巣状態を間接的かつ容易に推定できる可能性が高くなります。結論として、最低値を確認した翌日か、２日後には発情が開始され、一般的な種雌豚の発情期間は約２日間で発情開始の翌日に排卵が発現することから、VER を測定することで授精適期を推定することができるのです。

また、交配により受胎が成立した場合には黄体が退行せず、分娩期まで胎子の維持・発育のために黄体ホルモンの分泌が継続されるので VER 値は低下することなく推移します（**図３**）。

牛や馬では、直腸検査による卵巣診断が普及していますが、豚ではその体型などの理由からなかなか実施されていませんので、卵巣を触知することなく容易にその状態を推察できることは有用と思われます。

ただ、前述のように、VER 測定で発情開始の直前の最低値を確認して授精時期を決定するためには最低でも３回の測定が必要なため、通常作業では利用が難しいと思います。現在は、あくまでも鈍性発情などの理由で発情状態が判

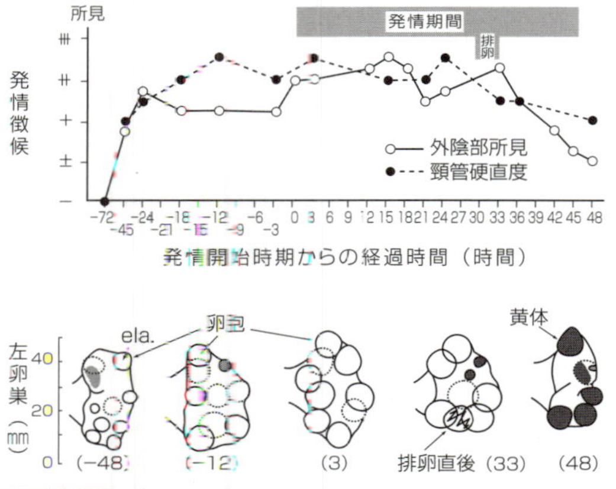

図１　周排卵期での発情徴候と卵巣触診所見の変化（伊東原図）

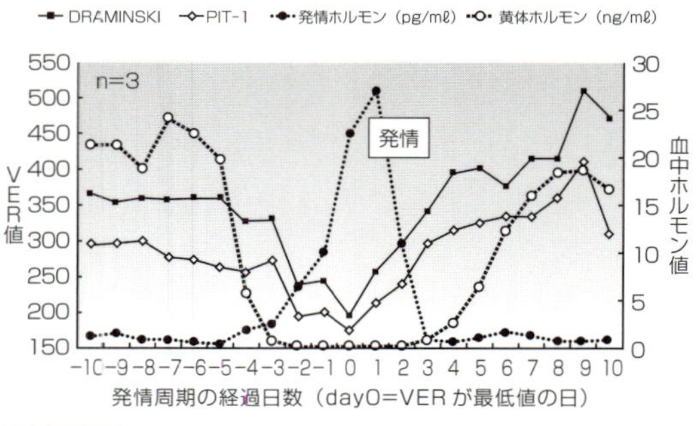

図２　正常な発情周期を営む豚の発情ホルモン、黄体ホルモンおよび VER 値の動態（浅野ら、2007）

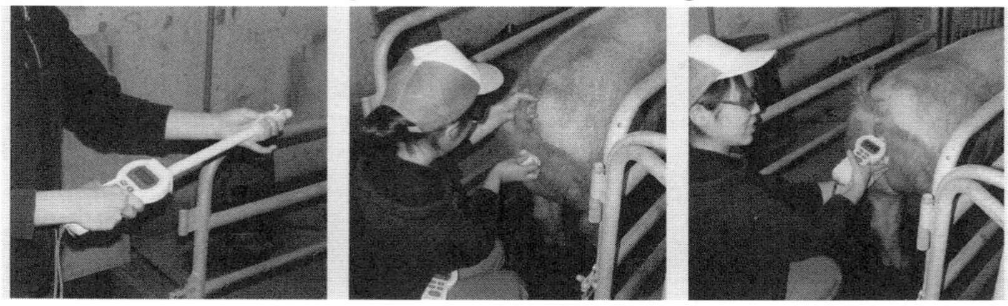

1：プローブ消毒、2：外陰部消毒、3：プローブ挿入と測定

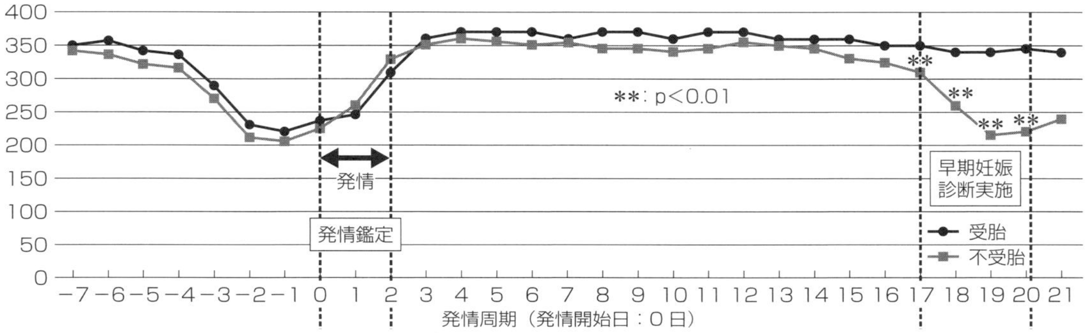

図3　受胎の有無と VER 値の動態および早期妊娠診断可能時期（浅野、伊東ら、2007）

断できない個体について応用することが有効だと思われます。

VER 測定による早期妊娠診断の実施

妊娠鑑定において、最近主流となってきた超音波画像診断法は、胎子の発育に伴う子宮内の状況を可視的に判定できることから極めて有益な技術として取り入れられていますが、胎子と羊水の状況が明確に確認できるためには、その発生学的状況からも受精後 21〜24 日程度必要です。つまり、画像診断の場合は発生学的かつ臨床的に交配後の診断が一定以上の精度で実施できるには 1 発情周期以上経過する必要があるため、最終的な確定診断には有効ですが、早期妊娠診断を実施するには理論的に無理があります。

一方、VER 測定の場合、妊娠が成立していると交配後 15〜17 日でも黄体は存続するため、血中黄体ホルモン濃度は高く発情ホルモン濃度は低いことから、その測定値は低下しないことが知られており、16〜18 日齢で有意差が認められています（**図3**）。

多くの農場における基本的妊娠鑑定作業では、交配後 21〜24 日で初回妊娠鑑定を行い、その後約 20 日時点で確定診断として2回目の画像診断を行います。しかし、初回診断がやむなく 21 日齢以降となれば、不受胎の場合は 20 日ほどが経過した上で再度交配することになりますので、確実に非生産日数（NPD）が増加し、生産効率が低下します。初回の妊娠鑑定が交配後 21 日より2〜3日早く実施できれば、不受胎の場合でも最低限のダメージで抑えられます。

以上より、交配後 21 日以内での「早期」妊娠診断は有効であり、的中率高く遂行できる技術として VER 測定法が挙げられます。なお、交配後 18 日で判定すると的中率は 96.4%です。VER 測定による妊娠診断は「再発情なし」と同じく妊娠半確徴ですので、確定診断は画像診断が有用です。　（伊東 正吾）

コラム 3-2

妊娠日齢のカウント方法における落とし穴

妊娠日齢を正確にカウントしよう

母豚の繁殖管理作業の中で、意外と無意識のうちに通り過ぎているのですが実は重要なことに「分娩予定日の確定」と「妊娠日齢のカウント」があります。一般農場では、手元に「分娩予定表」というカレンダー式早見表を利用するか、パソコンの管理ソフトであれば分娩予定日が自動的に表記されることが多く、おそらく、誰もがここに表示された数値を疑うことなく利用していると思います。しかし、ここにとんでもない落とし穴があることに注意いただきたいと思います。

どのようなことかというと、第一に、日齢計算の基準が間違っている場合が多いということです。

妊娠日齢のカウントのためには、妊娠の始まりが基準になるのは当然です。そして、生物学的には**卵子と精子が合体した時が妊娠の始まり（妊娠０日）**であることは誰でも理解していることです。この基本に基づけば、結論は１つしかありません。

豚の発情開始や交配時期および排卵・受精時期に関する基本情報を確認すると、豚の排卵時期は、２日間発情の個体では発情開始から30数時間経過した時点であり、３日間発情の場合は50時間を経過してから排卵が発現しています。簡単に言えば、発情期間の３分の２か４分の３の時間が経過した時点が排卵時期です。つまり、通常の排卵日は発情開始の翌日か翌々日であることから、簡潔に言えば、発情最終日が妊娠初日（０日）であると表現できます。

上記のことを頭に入れて「分娩予定表」をみると、１つ目の問題点が分かります。つまり、分娩予定日早見表でもパソコンでも、大抵は「種付け日を妊娠第１日目とする」と表示されているため、まだ排卵していない時期を妊娠第１日目としてカウントしていることの間違いに、すぐに気付くと思います。

この最初の間違いに気付けば、最終的な影響に考えが及ぶことになります。つまり、妊娠期間を算定するには、排卵日（つまり受精日）が妊娠初日であり、初日を起算日（０日）とするべきですが、前述のように早見表やパソコンでは起算日を「第１日目とする」と明示していることから、分娩予定日は少なくとも２日以上の差が発生してしまうのです。

図で一目瞭然だと思いますが、一般的な発情期間が２日間の個体では、本来ならば発情最終日（２日目）が妊娠日齢０日であり、妊娠期間が標準で115日ですから、妊娠期間最終日の115日目が分娩予定日になります。ところが「種付け日を妊娠第１日目」と認識している場合には、多くは発情開始日に交配・授精を実施しているため、発情開始の翌日である排卵日（発情最終日）が妊娠日齢の２日と判断していることなり、最初から２日のズレが出てしまいます。

同様に、発情期間の長い母豚で考えてみます。個体差や産歴、暑熱期など多様な理由があると思いますが、発情期間が３日間と若干長めの場合、排卵時期は発情最終日である３日目が本来の妊娠日齢起算日（０日）です。しかし、前述の予定表などでは発情最終日が妊娠日齢３日となり、３日のズレが発生してしまいます。

妊娠期間の算定にズレがあるということは、第一に分娩豚舎の準備と母豚の分娩房移動時期の判断に直接的な影響が出ることになります。また、農場によっては分娩誘起処置を実施して

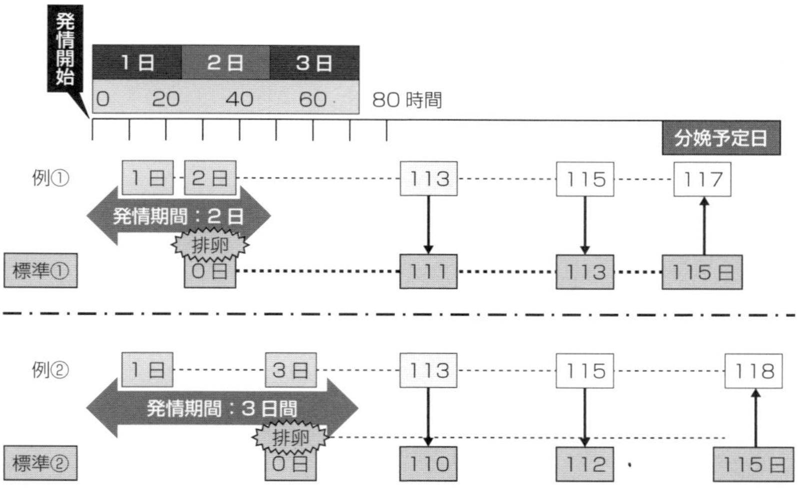

図 発情期間および排卵時期と妊娠期間のカウント法が分娩予定日算定に及ぼす影響（伊東原図）

いる場合がありますが、ここでも大きな問題が発生します。つまり、薬剤は学術的な基準に基づいて開発され使用法が決まるのは当然であり、分娩誘起薬剤は投与時期を妊娠日齢 113 日以降などと明記しています。獣医師もそれに従って処置をしていますので、誤った日齢（稟告）で妊娠日齢が2～3日の差異があれば、胎子の発育性・生時体重が想定よりも不十分となり、薬剤投与に経費をかけた上に小さめの子豚を生ませてしまうことになり、極めて問題です。

発情の判定法や交配開始時期の考え方など検討すべきこともありますが、いずれにしても、正しい理解のもと、妊娠日齢のカウントを確実に実施することが重要です。（伊東 正吾）

第4章

分娩後の管理のポイント

4-1
分娩介助と分娩後の母豚ケア

はじめに

豚は多胎動物なので、人や牛などの単胎動物に比べて、お産は軽く安産です。人や牛では胎子の大きさは母体の10％前後とかなり大きいですが、豚は体重150～200 kgの母豚から、1～1.5 kgほどの子豚が生まれ、母体のわずか1％程度の大きさしかありません。この母体と胎子の大きさの差が安産の理由であり、大半は分娩介助の必要はありません。

分娩のメカニズム

分娩がスムーズに進行するための陣痛や子宮の収縮は、オキシトシンの分泌により発現しますが、このオキシトシンは泌乳とも密接にかかわっています。豚では、前に生まれた子豚が後の子豚を生むとも言われます。つまり、始めに生まれた子豚が乳を吸う刺激でオキシトシンの分泌が高まり、子宮が収縮してさらに分娩を促し、同時に初乳もどんどん分泌されるというサイクルを生み出しています。従って、子豚が生まれたら、長時間哺育箱に閉じ込めずに、生まれた順にどんどん乳を飲ませるようにすると分娩がスムーズに進みます。

難産かな？　と思ったら

分娩徴候が発現して母豚がいきみはじめ、第一子が生まれてから順調に進めば、数分おきに次々と子豚が生まれ、最後に後産が排出されて分娩は終了します。しかし、いきんでいるのに子豚が出てこなかったり、分娩間隔が長かったりすると、どの時点で介助を始めるかというのは迷うところです。

ちょっと分娩間隔が長いと、すぐに産道に手を入れて分娩介助する人がいますが、用手法（産道に手を入れて胎子を引き出す）による分娩介助は、産道を傷めたり、子宮内膜炎の原因となるので、なるべく手を入れずに分娩させたいものです。「なかなか生まれないな？」と思っても、すぐに手を入れるのではなく、まず次のことを行ってください。

①母豚を立たせて体位を変える。可能ならば歩かせる（子宮内の胎子の位置を変える）
②乳房をさする（オキシトシンの分泌を促進する）
③オキシトシンを投与する（アンプル半分～1本）

これらの処置で陣痛微弱、軽い失位（胎子の位置が悪い）による難産の多くは解消されます。これらを行って、母豚がいきんでいるのに胎子が娩出されない場合は、産道狭窄や過大胎子の可能性が高いため、用手法による分娩介助を開始します。

難産の原因は、母豚側の要因として陣痛微弱、産道狭窄など、胎子側の要因としては過大胎子や失位などです。

用手法による難産の介助

産道に手を入れる前に、以下のことを準備しておきましょう。

（1）手袋の装着

必ず手袋を装着します。手袋を装着する目的は、①子宮内の汚染を防止する②素手より滑り

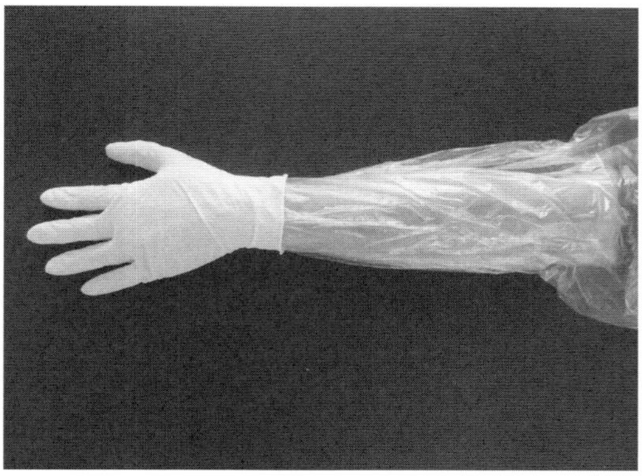

写真１　手袋を二重に装着

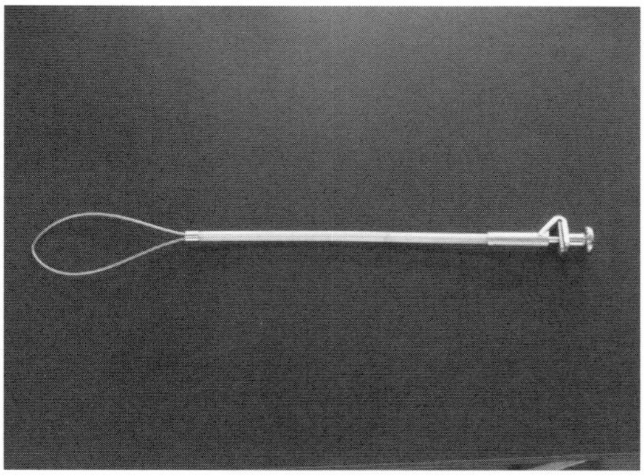

写真２　田辺式助産器具。難産で手が届かないとき、指から先 10 cm 以上奥までワイヤーが届く

がよい③豚から人への感染防止（豚丹毒、レプトスピラ、レンサ球菌、トキソプラズマなど）です。

手袋は直検手袋だけでは破れやすいので、直検手袋の上からゴム手袋をつけると破れにくくなります（**写真１**）。

（２）産道粘滑剤の使用

次に、産道粘滑剤を子宮内に注入しますが、注入するカテーテルは滅菌したものを使用します。産道粘滑剤を 200～300 mℓ 注入するだけで胎子が娩出されることもあるので、注入後すぐに手を入れず２～３分様子を見てから、母豚がいきんでいるのに出ないようであれば、手を入れて介助を行います。

（３）用手法による分娩介助

再度、産道に粘滑剤を注入しながら、産道を傷つけないようにゆっくり手を入れます。手が産道を通過するときに抵抗を感じ、スルスルと滑らかに入らないようならば、もう一度産道粘滑剤を塗り、手を入れ直します。

子宮口に胎子がひっかかっている場合は、１頭引き出すと、その後は順調に娩出されることがあります。

胎子が大きくて引っ張り出せない場合や、指先にしか触らず十分に握ることができない場合には、専用の助産器具を使用すると成功率は上がりますが、力任せに引っ張らないよう注意してください。手で介助するだけでは、どんなにがんばっても出ないものは出ないので、助産器具を常備しておくことをお勧めします（**写真２**）。

分娩介助後の母豚ケア

（１）子宮内膜炎の予防

難産で分娩介助を行った場合、衛生的に行っても子宮内汚染のリスクは正常分娩より高いので、子宮内膜炎の予防処置を行います。後産排出後、２日以内に２％ポピドンヨード液 50 mℓ の薬液注入を行います。注入には、人工授精用のカテーテルを使うと便利です。

分娩介助をせずに、正常分娩で後産まで順調に排出された場合は、これらの処置は必要ありません。

（２）子宮内膜炎の治療

分娩後３日以上経過しても、陰部から滲出液や膿汁が漏出する場合は、子宮内膜炎を起こしている可能性が高いので治療を行います。子宮内膜炎は産後の肥立ちを悪くし、熱発、食欲不振、泌乳障害の原因となるため、哺乳子豚の成長を妨げます。

さらに離乳後、無発情や不受胎などを引き起こすので、気が付いたらなるべく早く治療すべきです。治療方法は以下の3つの方法を組み合わせて行います。

① $PGF_{2\alpha}$の投与

$PGF_{2\alpha}$は子宮平滑筋の収縮作用があるので、子宮内膜炎で弛緩した子宮を修復し、子宮内に滞留した悪露を排出します。$PGF_{2\alpha}$は要指示薬ですから、使用に際しては獣医師の指示に従ってください。

② 2%ポピドンヨード液50 mℓの薬液注入

ポピドンヨード液は消毒薬で、子宮内の細菌を死滅させる働きがあります。また2%ポピドンヨード液には、傷んだ子宮の粘膜上皮を剥離する作用があるため、内膜炎を起こした粘膜を剥離することで、正常な粘膜上皮の再生を促すことができます。

③抗菌薬の子宮内注入

子宮内膜炎の治療薬として、市販の内膜炎治療薬が効果的ですが、牛用薬剤なので、豚で使用する場合は承認外使用となります。

抗菌薬の注入治療については、主にペニシリン系薬剤を使用しますが、使用量、使用方法、休薬期間などは薬剤によって異なるので、獣医師の指示に従ってください。

(3) 産褥熱の治療

産褥熱（産後の熱発）は分娩に伴う産道の損傷、子宮内の汚染や日和見感染症、乳腺炎、ストレスなど、さまざまな要因で発症し、個体によって原因が異なりますので、獣医師の診断、指示に従ってください。

産後の肥立ちを良くするために

分娩直後の母豚は、羊水や胎盤の娩出で大量の体液が失われているので、水分の補給を最優先します。分娩直後の飲水量確保は、その後の産褥熱の発症、泌乳量、母豚の食下量に大きく影響し、授乳期間中の多くのトラブルを回避するカギになるといっても過言ではありません。

分娩後には水を20～30 ℓは飲ませたいところです。ピッカーなどの給水器だけでは不十分なことが多いので、飼槽に新鮮できれいな水を必ず張ることが重要です。

分娩後速やかに子宮が修復され、たくさん水と飼料を摂取し、乳をたくさん出し、子豚を立派に育てた母豚は、次の発情も順調です。授乳期間は、子豚を育てるだけでなく、次の妊娠への準備期間であると認識してください。

（辻　厚史）

4-2 授乳期間の子豚管理と授乳中の給餌

より良い発育のために

豚の生産過程において、子豚と母親が接する唯一の環境が分娩豚舎です。衛生のレベルが異なる２つのステージの豚が一緒になれば、必ず病気という問題が浮上してきます。このとき子豚側は初乳を摂取して、病原体に対するバリアを張ります。このバリアがうまくいくかどうかがこのステージの重要なところであり、これはその後の肥育成績まで影響を与えます。子豚にとって、分娩豚舎は最も変化の激しいステージになります。

１頭でも多く出荷するためには、多く生ませて、多く離乳させ、病気にならないように早く出荷すること。すべての養豚生産者はそうしたいと望んでいるはずです。

（1）離乳体重を大きくする

離乳体重は、出荷までの発育速度と関係が深く、離乳時体重が 0.5 kg 増加することで離乳後 56 日目の体重が 1 kg 増加します。また、出荷時の体重として 1.8 kg 増加することが分かりました。このように、哺乳中の発育はその後の発育にまで影響を与えることになるため、重要であることが分かります（**表 1**）。

（2）初乳の重要性

子豚は、病気に対しほとんど無防備の状態で生まれます。同じ哺乳類でも、人間はすでにお腹の中で病気と闘うための武器（免疫グロブリン）を与えられていますが、残念ながら豚にはこの機能はありません。

その機能を補うため、子豚は母豚から乳汁（初乳と常乳）を摂取することにより、武器（主に免疫グロブリン）を受け取ります。初乳は分娩後 24 時間以内の免疫グロブリンがたくさん入っている乳汁です。24 時間以降の乳汁には免疫グロブリンも含まれていますが、免疫活性物質や成長促進因子、豊富な栄養が含まれています。乳汁にはまだ解明されていない多くの物質が含まれていますが、多くの初乳と常乳を摂取することが、生後の子豚の健康に大きな影響を与えたため、大切な飲み物なのです。

（3）２つの重要な要因

子豚が初乳を摂取する場合において重要なことがあります。

表 1　離乳体重がその後の発育成績に及ぼす影響

離乳体重（kg）	離乳後経過日数における体重（kg）			
	28 日目	56 日目	156 日目	出荷時
4.5～5.4	12.3	27.6		
5.5～6.3	13.9	30.2	107.2	181.3
6.4～7.2	15.1	31.8	109.1	179.2
7.3～8.1	16.2	33.9	112.9	174.1
8.2～9.1	17.2	35.3	113.7	171.8

※子豚の離乳日齢は平均で 21 日（17～25 日）　カンザス州立大学　グッドバンド氏講演資料より
※離乳後 28 日と 56 日目の体重のデータは 350 頭の子豚から得られたもの
※離乳後 156 日目（出荷体重）のデータは 566 頭の子豚から得られたもの

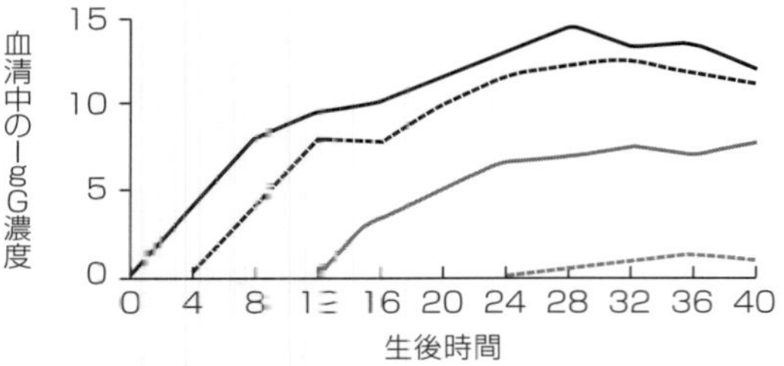

図1　初乳の投与時間とIgG濃度
（伊藤原図）

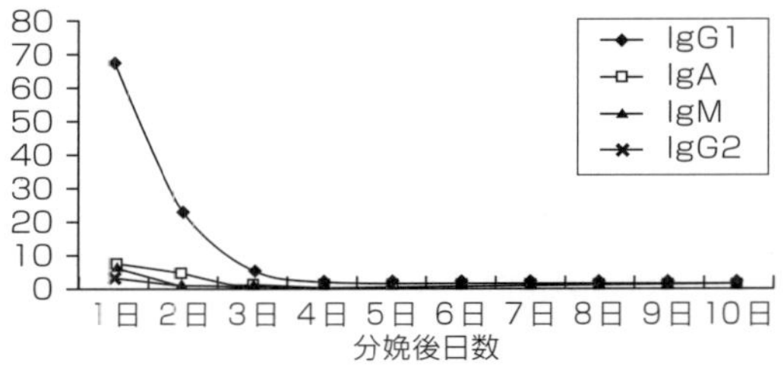

図2　乳汁中の免疫グロブリンの分娩後の推移
（伊藤原図）

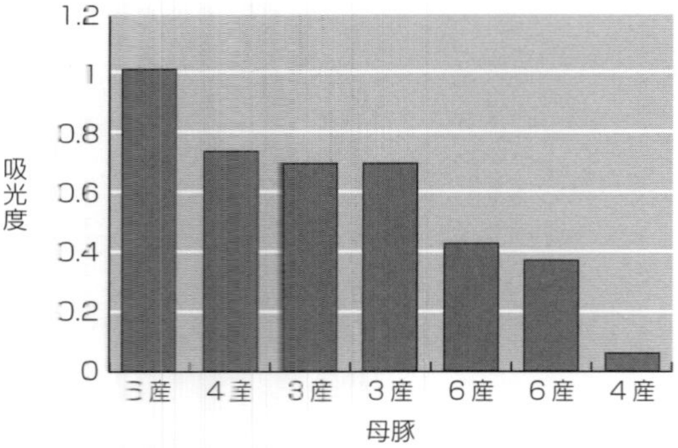

図3　各母豚におけるマイコプラズマの抗体価
（伊藤原図）

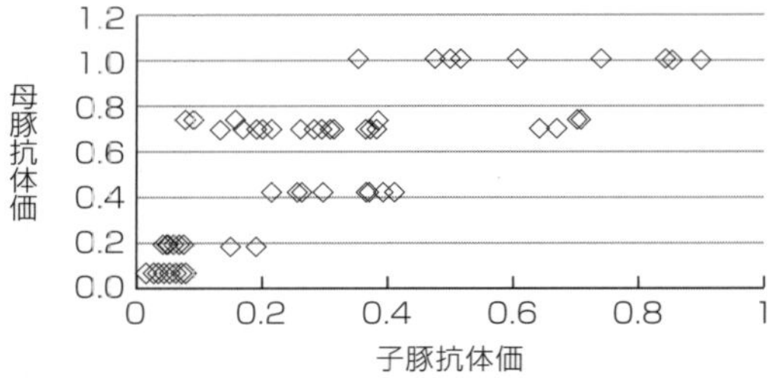

図4　母豚の抗体価と出生後7日目の子豚の抗体価の関係
（伊藤原図）

1つは、初乳を十分に吸収できる時間が分娩後24時間以内に限られていることです。この期間だけ腸管に大きな穴が空いていて、そこから免疫グロブリンが取り込まれていきます。この穴は腸管全体にありますが、時間とともに上部から塞がっていきます。そのため、24時間といっても、時間とともに吸収面積が少なくなっていくため、吸収率は減っていきます。**図1**は、初乳を摂取する時間によって、免疫グロブリン（IgG）の吸収が悪くなり、血液中の濃度が低くなることを示したものです。

もう1つ重要なことは、初乳自身も時間とともに免疫グロブリンの量が減少していくということです。**図2**は、初乳中の免疫グロブリンの濃度を日ごとに追ったものです。急激に減少していることが分かると思います。

子豚が得られる免疫グロブリンの量は、初乳中の免疫グロブリンの量×吸収率になります。いずれも時間とともに低下するため、時間との勝負です。

しかし、24時間しか母親から子豚への免疫の賦与はできないのかというと、そうではありません。免疫グロブリンは全身性免疫機能の主たるものですが、初乳中にはこのほかにも免疫細胞、局所性の免疫グロブリン、活性物質などが含まれています。これらは局所性免疫機能といわれ、腸管の免疫に関与するため、24時間を過ぎても十分に初乳がとれるように気を配ってください。

（4）もう1つの重要な要因

図3は、ある農場のマイコプラズマの母豚における抗体価を示したものです。この時点では母豚へのワクチン接種は実施されていません。分娩直前に採血を実施し、産歴ごとに抗体価を比較したものですが、個体による差が大きく、産歴に関係ないことが分かると思います。

図4は、母豚の抗体価と出生後7日目の子豚

の抗体価の相関を見たものです。相関係数は0.922と非常に高い相関を示し、子豚の免疫を高めるためには、母親側の抗体価が高いことが重要であることは明らかです。

以上、初乳の重要性について説明をしましたが、初乳が重要であることが理解できたでしょうか。それでは、大切な初乳をいかにして子豚に飲ませるかについて、いくつかの方法をご紹介します。

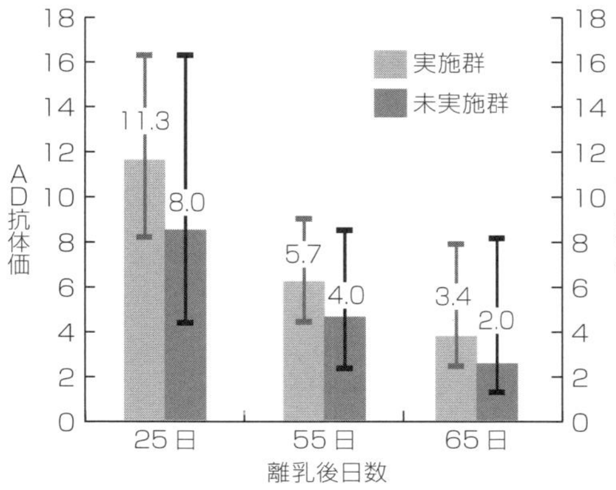

図5 分割授乳実施群と未実施群における子豚の移行抗体（AD）の推移

分娩豚舎での技術

（1）分割授乳

一般的には、産子数が多かった場合に実施しているところが多いようですが、筆者としては全腹に実施することをお勧めします。その理由は、どの場合に実施して、どの場合には実施しないかの判断が時間とともに薄れてしまうからです。また、断続的に実施するため、長続きしないことが多いことからも、全腹実施が理想的です。

分割授乳を行う判断基準は、哺乳開始頭数が9頭以上の場合と母豚が泌乳不足の場合です。9頭以上にしている理由は、血液中の免疫グロブリン量を測定した時に、哺乳頭数が8頭以下の子豚群では10 mg／dℓ以下は0でしたが、9～10頭の群では平均1.3頭、12～14頭の群では平均2.3頭であるため、哺乳頭数が増えることにより子豚の血中の免疫グロブリン量が低くなる傾向がありました。この結果をもとに9頭という基準を設定しています。

〈方法〉

最終の分娩を確認した後、大きさにより大小2つのグループに分けます。次に、大きいグループの豚を保温箱や箱などに閉じこめます。実行する時間は約1時間です。それを朝夕2回、もしくは12時間ごとに2回実施します。1時間を2回、別に飲ませるだけです。特別な技術は何もいりません。重要なのは継続です。

〈結果〉

図5は、分割授乳の実施の有無によるオーエスキー病（AD）の抗体価の推移を示したものです。母豚はそれぞれ32倍の抗体価を保有しています。分割授乳を実施した子豚は、未実施群に比べ抗体価が高く、離乳後65日を経過しても未実施群に比べ高い抗体価を示しました。また、群内でのバラツキも小さいことが分かります。

これらのことから、分割授乳は同腹内での抗体価のバラツキが小さく、離乳後においてもバラツキが小さくなるため、事故率の低減につながると思われます。

〈注意点〉

子豚がいる分娩豚房の中にはできるだけ入らず、必要な場合でも、専用のスリッパを用意して、分娩柵内にはできるだけ入らないように心掛けてください。ほかの分娩豚房からの病気の伝播を避けることに注意をすれば、大きな問題には至りません。人が衛生的に取り扱うことを前提に作業をしてください。

（2）里子

子豚の免疫、発育のバラツキを少なくするた

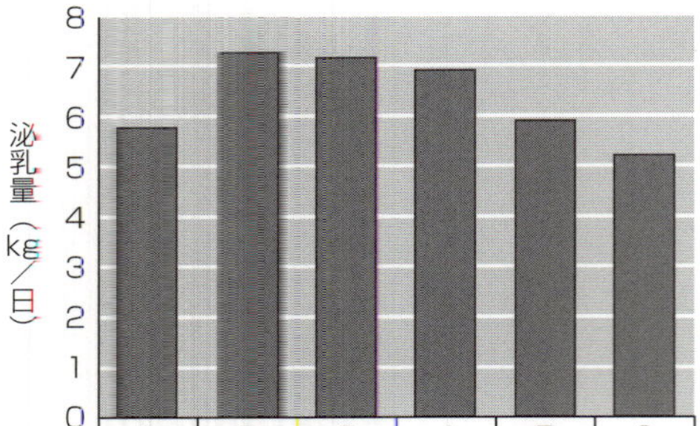

	1	2	3	4	5	6
乳量	5.8	7.308	7.25	6.96	5.974	5.22

図6　産歴別の乳量

めの技術として分割授乳、里子、ナース母豚などの技術があります。先に述べた分割授乳は母親が同じですが、里子、ナース母豚は母親が異なります。このため病気が事故率に直結している状況では賛否両論ありますので、プラス面とマイナス面を十分に理解して、自農場の現状に照らし合わせて選択をすることが重要です。

〈里子を始める前に〉

　里子は、管理者も豚も神経を使う行動です。管理者は、常に里子に預けた子豚が母乳を十分摂取できているか、確認しなければなりません。また、別腹の子豚が里子に入ったことにより群の順位が乱され、入った子豚も今までいた子豚もお互いにしばらくは落ち着かないときが続きます。里子はこのような状況がしばらく続くことをよく理解すれば、子豚が順調に育ちます。

〈守るべきこと〉

①初乳を十分摂取してから里子を実施する

②里子を実施できるのは分娩後３日以内

　これにはいくつかの理由がありますが、この時期では乳付き順位がはっきり決まっていないこと、群間での社会的順位が決まっていないことなどから、別の親の子豚をつけることが可能と考えます。

③里子に入る豚は大きいものを選ぶ

　前述しましたが、新しく入っていく側も受け入れる側もお互いにストレスが大きいため、弱い豚では負けてしまい、里子が成功しません。人も豚も後から仲間に入っていく側は強くないと負けてしまいます。

④下痢などの病気を呈する腹は里子禁止

　病気の拡散を防止するため、１頭でも異常を来している豚がいる場合は、里子は中止してください。

⑤里親はできるだけ経産豚にする

　図6は産歴別の泌乳量を示したものです。初産豚は、経産豚に比べ泌乳量が少ないのが一般的です。

　また、初産豚は自身がまだ発育途中であるため、エネルギーが余分に必要になります。泌乳中のエネルギーバランスは、発情回帰日数、次の産次の産子数に影響を与えます。さらに、初産は初めての分娩であるため、神経質になっていることも多くあります。このようなことを理解したうえで行ってください。

〈ちょっとした気遣いが里子を成功させる〉

①母豚を満腹状態にしてから実施するとよい

　里子は親豚にも子豚にもストレスになるため、お互いに神経質になっています。そのため、少しでもストレスを感じさせないように、母豚の満腹時に子豚を混ぜると比較的スムーズに母乳を飲ませます。

②悪いと思ったら次の対応をする

　里子を実施したら十分に観察するとともに、母豚を驚かせないように細心の注意を払ってください。なかには仲間に入れず、やせてしまう子豚も出てきます。その場合には、元に戻すのではなく、離乳して廃用を待っているような母豚につけて別飼いしてやります。同時に温かな液餌を与えるようにすることも効果的です。

〈メリット〉

　里子は、個体間での発育、免疫力のバラツキを少なくするうえで有効な方法です。里子により１腹当たりの離乳体重は伸びます。これは、出荷日齢の短縮、事故率の低減に加え、母豚に対する吸乳刺激の増加がホルモンの分泌を促進して子宮の回復につながり、繁殖成績の改善にも寄与します。

〈デメリット〉

生後3日間は、移行免疫によって子豚が病気からカバーされています。しかし、それは自身の親が持っている病気に対してであって、ほかの母豚が同様の免疫を持っているとは限りません。子豚は守られていますが、移動時には体には母親からの病原体が付着しています。里子先の母親もその病気に対する抗体を持っているという保証はありません。

里子の子豚が病気の媒介をすることは、十分に考えられる事態です。母豚の免疫量（免疫グロブリンなどの量）の違いのある子豚を一緒にすることは、病気発生の引き金となり、群全体に疾病を波及させる危険性を秘めています。

最近の病気は免疫系に作用するものが多く、病態が複雑化してきており、病原体の直接的な被害だけでなく、間接的にも豚に悪影響を及ぼしています。その病気だけの対策をしても期待したほどの結果が出ていないことが、昨今の病気の難しさを物語っていると思います。

離乳後多臓器性発育不良症候群（PMWS）対策としてマデック氏は里子の禁止を挙げていますが、このような免疫量の異なる豚を一緒にしないことと病原体の伝播につながることを危惧してのことです。

里子は、長年養豚技術の1つとして行われてきました。群内でのバラツキを少なくする方法としてはとても良い方法であると思います。しかし、昨今病気の対応が難しく複雑になってきたため、病気という面では里子の中止を考えなければいけない場面があることも事実です。

筆者は、現在里子を実施している農場で、事故率7％以下やここ数年大きな変化のないところにおいては、そのまま里子を継続しています。また、母豚規模が200頭以下の家族養豚の場合も、状況を見ながら里子は勧めています。

メリットとデメリットをよく理解したうえで、里子の実施を判断してください。

（3）ナース母豚

離乳を終えた母豚が再び新しい子豚を哺育する方法で、基本的な考え方は里子と同じです。一度離乳をしているため、哺乳期間が長くなり、母豚回転率、繁殖成績などを低下させるため、廃用にする母豚が使われることが多いです。授乳を始めてから時間が経っており、母乳が十分には出ないため、母乳とスターターミルクを併用すると良いでしょう。哺乳に入れる子豚も、同腹の兄弟は離乳したにも関わらず、小さいのでもう少し分娩豚舎に置いてから離乳豚舎に持っていくという子豚です。

病気については里子と同じですので、病気の伝播、拡散が心配されますが、ナース母豚に出される豚は、その時点で発育が遅れている豚であることが多いので、離乳後も別に飼養するようにします。

目的は、発育の遅れた豚を少しでも大きくして、商品化率を上げるためです。この方法では弱い子豚が集まるため、病気を起こす引き金になりやすいので、病気対策はきちんと取るように注意してください。

（4）グループ哺育

分娩豚房の仕切り板をある時期から取り除き、子豚を腹に関係なく自由に行き来できるようにする方法です（**写真**）。離乳してからの群編成ではないため、離乳後のけんかが少なく、発育がスムーズに行きます。

一緒にする時期は、7日齢くらいからの場合と離乳直前に実施する場合があります。前者の場合、里子やナース母豚に近い効果を期待しています。この場合、病気の問題が生じてくるため、それを理解したうえで検討してください。

写真　グループ哺育

分娩豚房の仕切り板を一部取り外して、子豚が自由に行き来できるようにする

後者は、離乳後の群編成のストレス軽減を目的に、離乳数日前に行います。

表2は初産母豚と経産母豚から生まれた子豚の離乳豚舎、肥育豚舎でのそれぞれの成績比較したものです。初産は免疫的に劣るため、経産に比べ事故率、発育ともに劣る結果でした。グループで子豚をまとめるにあたっても、できるだけ産歴をそろえることで、より高い成績が得られます。ここまで、分娩豚舎においてより多くの子豚を育てる技術について紹介しましたが、これらの技術はすべて、母豚が十分な母乳を出すという大前提のうえで成り立つ技術であることを再認識して行ってください。

母豚の管理

（1）飼料摂取量が重要

図7は、泌乳期の栄養摂取が3つの成績に関与していることを示したものです。

①泌乳量が離乳体重に大きく関係し、その後の発育速度も速めます

②分娩後の発情回帰日数と関与しています

③排卵数にも影響を与えます

表2　初産母豚と経産母豚から産まれた肉豚の離乳豚舎、肥育豚舎での成績比較

	初産母豚から生まれた肉豚	経産母豚から生まれた肉豚
離乳体重（kg）	5.3	5.7
離乳豚舎での事故率（%）	3.17	2.55
離乳豚舎での1日増体量（g／日）	412	435
離乳豚舎での医薬品コスト	¥181	¥71
肥育豚舎での事故率（%）	4.31	2.95
肥育豚舎での1日増体量（g／日）	735	765
肥育豚舎での医薬品コスト	¥153	¥85
マイコプラズマ肺炎出現率	31	11

Camille More（2001）

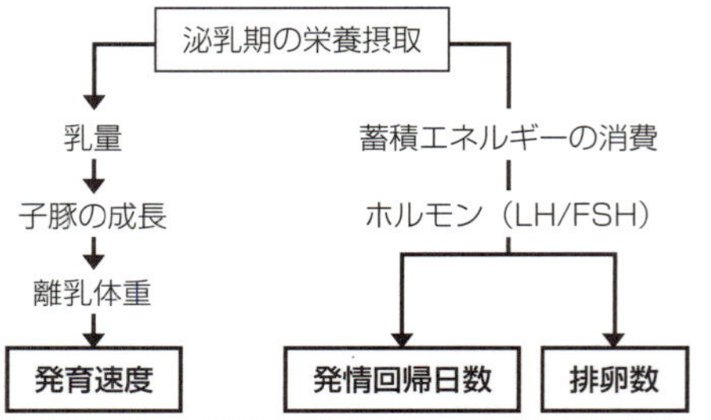

（Alltech pig program を一部改変）

図7　泌乳期の栄養摂取の影響

（2）母豚は慢性的なエネルギー不足

図8に示したように、妊娠後期では急激な胎子の発育によりエネルギー要求量が高まります。また、骨や筋肉、臓器をつくるために多くのタンパク質が必要になります。

タンパク質は、アミノ酸からつくられますが、20種類あるアミノ酸はそれぞれ要求量が異なるため、バランスが重要になってきます。なぜなら、充足率が一番足りていないアミノ酸に併せて、必要なタンパク質はつくられるからです。全体に過不足なくすることがポイントで

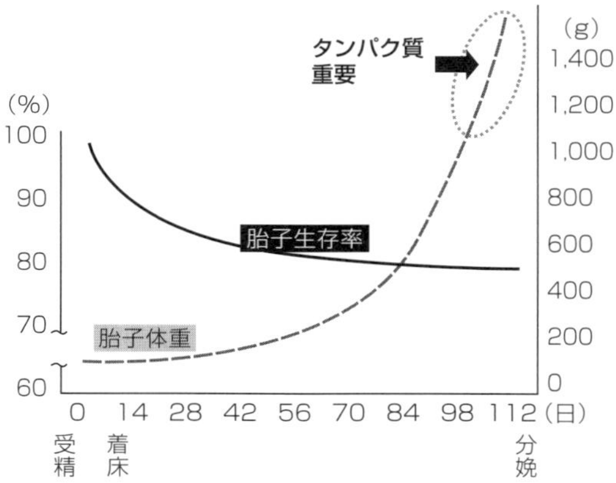

図8　胎子の生存率と体重推移

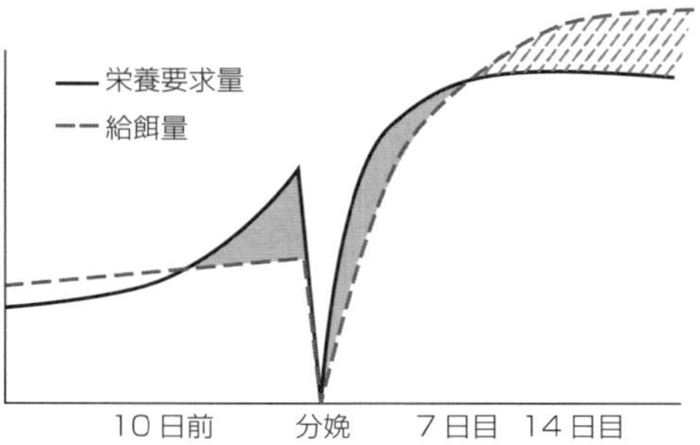

図9　母豚の栄養要求量と給餌量

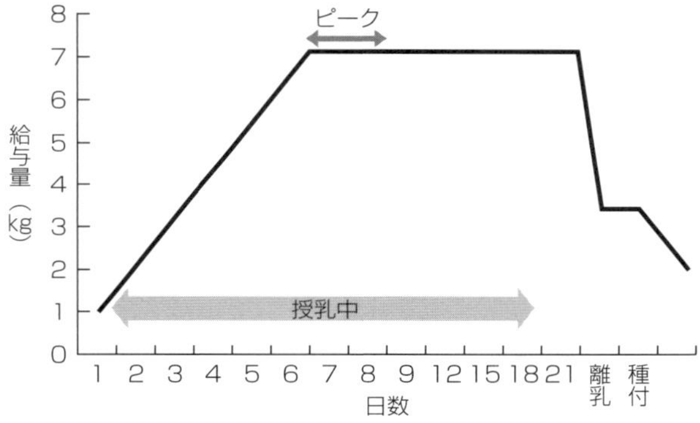

図10　授乳中の飼料摂取例（一例）　　（伊藤原図）

すが、授乳期には制限アミノ酸、特にリジン、スレオニンが不足している場合が多いです。

母豚はエネルギーがマイナスの状態で分娩に臨み（**図9**）、分娩後しばらくしないとエネルギーは充足されません。分娩前から分娩後のしばらくの間、エネルギーバランスはマイナスに傾いています。このことが、泌乳量、子宮の修復、ホルモン代謝などに影響を与え、前述した３つの項目に対して大きな影響を引き起こすと考えられます。

母豚の成績を引き出すため、理想的な給餌パターンはいくつかあります。それらは種豚の種類、季節、産次数によっても多少異なります。いくつのパターンはありますが、代表的なものを**図10**に紹介します。

すべての豚が理想パターンのように飼料摂取するとは限りません。そこには、いくつかの要因があり、複雑に関与している背景があります。要因としては、①分娩時の衰弱と痛み②産褥期無乳症症候群（MMA）③分娩・妊娠豚舎の環境の変化によるストレス④水分摂取不足⑤授乳ストレス⑥暑熱ストレスなどが考えられます。

纐纈らは、**図11**に示すような飼料摂取パターンがあることを報告しています。食べられないことには理由があります。これらの要因を理解して、それを取り除くことがより多くの飼料を摂取することにつながります。

子豚が離乳後順調に出荷まで育つかどうかは、分娩豚舎での飼養管理と病気管理の２つに

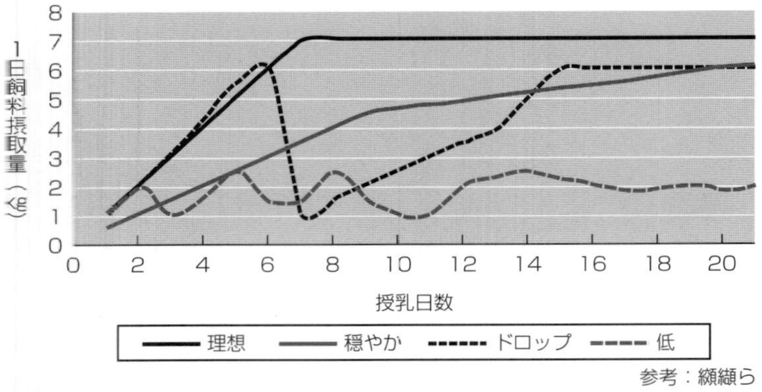

図11　授乳期母豚の飼料摂取パターン　（伊藤原図）

委ねられています。少しでも大きな子豚をつくるために、子豚は何を必要としているのか？母豚は何が不満かを考えると、おのずと結果が見いだされてきます。もし今、困っていることがあるとしたら観察が足りないと思います。答えは豚舎にあります。（伊藤　貢）

4-3
哺乳子豚の疾病

はじめに

感染症のなかには、母豚は大した症状も示さないのに、胎子あるいは生後すぐの子豚にはひどい病気を起こすものがあります。この項では、胎盤を介して感染する主な病気として、オーエスキー病（AD）、日本脳炎、豚繁殖・呼吸障害症候群（PRRS）を解説しました。また、生後間もなく感染する細菌病として *Clostridium perfringens* 感染による豚壊死性腸炎、原虫の１種である *Cystoisospora suis*（*C. suis*：*Isospora suis* と同義）によるコクシジウム病を説明しました。

また、原因ははっきりしていませんが、生後間もない子豚が震えなどの神経症状を示すダンス病についても解説を添えました。

AD

AD は豚ヘルペスウイルス１が原因の病気です。母豚の死流産や新生子豚の死亡を特徴とします。

哺乳子豚が感染した場合、嘔吐、下痢、発熱などを伴う元気消失、次いで全身の震えやけいれん、運動失調、旋回運動などの神経症状を示します。２週齢未満では、ほとんどの子豚が発症し死亡しますが、３週齢では半数ほどが死亡し、回復豚はヒネ豚となります。回復豚や感染しても症状を示さなかった感染豚は、三叉神経節などに潜伏したウイルスを持つキャリアとなるため、撲滅を難しくしています。

死亡した子豚には明瞭な肉眼的所見はありません。組織学的には、脳脊髄に特徴病変があります。AD ウイルスは主として神経細胞で増殖するために、神経細胞の核内に好塩基性および好酸性の封入体が見られます（**写真１**）。グリア細胞の増生や血管周囲へのリンパ球や好中球の浸潤が見られます。同様な細胞浸潤は髄膜にも見られます。

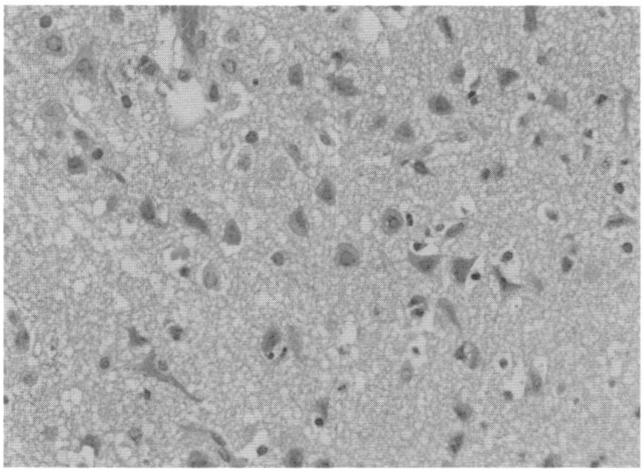

写真１　AD に罹患した哺乳子豚の大脳。神経細胞の核に封入体が見られる。HE 染色

AD の病変は脳のほぼ全域に見られるのが特徴です。脳以外の臓器では、扁桃、肺、肝臓などに封入体を伴った壊死巣を形成します。

日齢が進んでから AD に感染すると、ウイルスが増殖する神経細胞は減少しますが、囲管性細胞浸潤などの生体反応は強くなります。

ウイルス学的には、発病豚の扁桃、脳などからウイルスを分離します。抗体検査をして、ワクチン抗体でない自然抗体を持っている豚は、AD ウイルスに感染していることを意味します。

対策としては、自然抗体を保有している母豚を淘汰するのが最善の方法ですが、ワクチン接種により抗体価を高め、ウイルスの排せつや拡散を防御するのが次善の策です。

日本脳炎

日本脳炎は、コガタアカイエカによって媒介

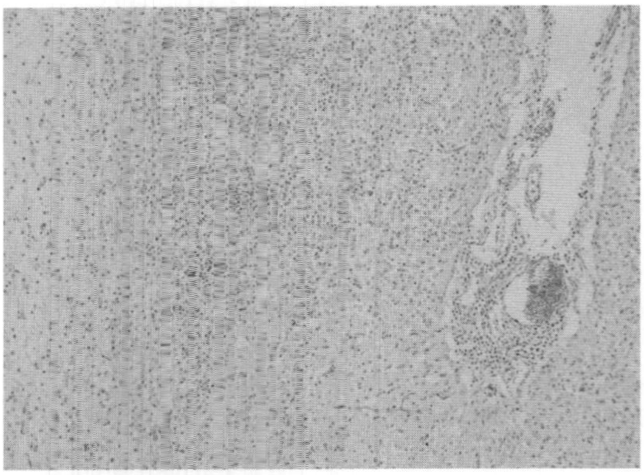

写真２ 日本脳炎ウイルスにより流産した胎子の脳。強い非化膿性髄膜脳炎と深部には軟化巣が見られる。HE 染色

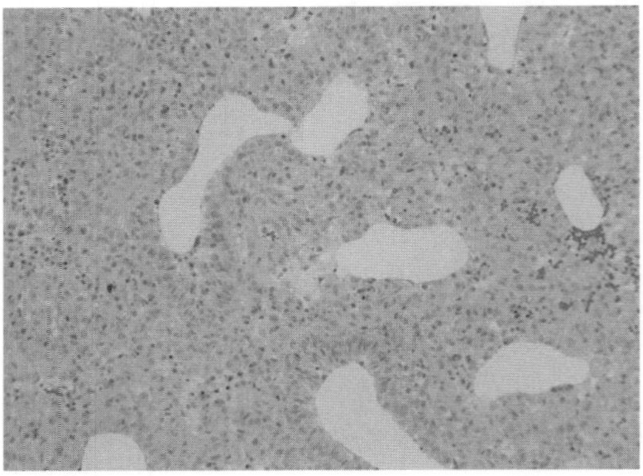

写真３ PRRS ウイルスに罹患した哺乳子豚の肺。顕著な肺胞中隔の肥厚が見られる。HE 染色

される日本脳炎ウイルスが原因で発症する病気です。

感染母豚は軽度の発熱を示すことがありますが、そのほかの臨床症状は示しません。ウイルスは子宮内で徐々に拡散していき、胎子は順次死亡していきます。従って、胎子は一度に死亡することはなく、分娩時には、ミイラ変性胎子、黒子、白子、異常新生子とさまざまな種々の表現型を示します。

分娩後生存している異常子豚は、けいれん、震え、旋回、麻痺などの神経症状を示します。肉眼的に異常は認められませんが、組織学的には神経細胞の変性・壊死、グリア細胞の増生、リンパ球や形質細胞による囲管性細胞浸潤が見られます（**写真２**）。

ウイルス学的には、白子、あるいは神経症状を呈している子豚の臓器からウイルスを分離します。

日本脳炎ウイルスによる異常産の予防には、ワクチンを用います。生ワクチンと不活化ワクチンが開発されています。

PRRS

PRRS は、PRRS ウイルスが原因の病気です。ウイルスが子豚に感染すると特徴的な間質性肺炎を起こし、妊娠豚に感染すると流産を誘発します。

妊娠後期の母豚が感染すると、一過性の発熱や食欲不振が認められ、胎子感染が起こります。異常産は妊娠 107～112 日目に発生することが多いですが、分娩予定日以降に起こることもあります。死亡胎子には黒子と白子が含まれていることがあり、１腹の子豚の異常率は母豚によって異なります。生存状態で生まれた子豚でも虚弱などの異常を示し、吸乳力が弱く、哺乳中事故率も高くなります。

異常産母豚および胎子には、肉眼および組織学的に病変はありません。しかし、離乳子豚でよく見られる間質性肺炎が、２～３週齢の哺乳子豚に見られることもあります（**写真３**）。

ウイルス学的には、胎子の血清などからウイルスを分離します。異常産胎子の白子や虚弱子豚の血清や体液から抗体が検出されることがあります。

対策として、弱毒生ワクチンが使用されています。しかし防疫対策としては、ワクチンに依存するよりも、飼養管理の改善、特に早期離乳(SEW)、オールイン・オールアウト、空き豚舎の徹底消毒が推奨されています。

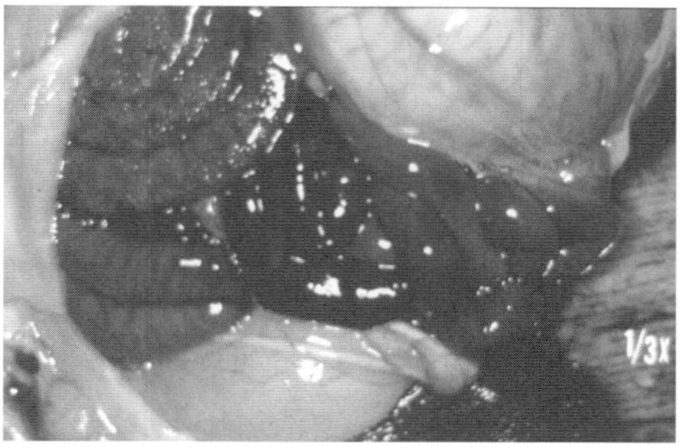

写真４ *C. perfringens* C 型菌に感染した哺乳子豚の腸。出血し暗赤色を呈している

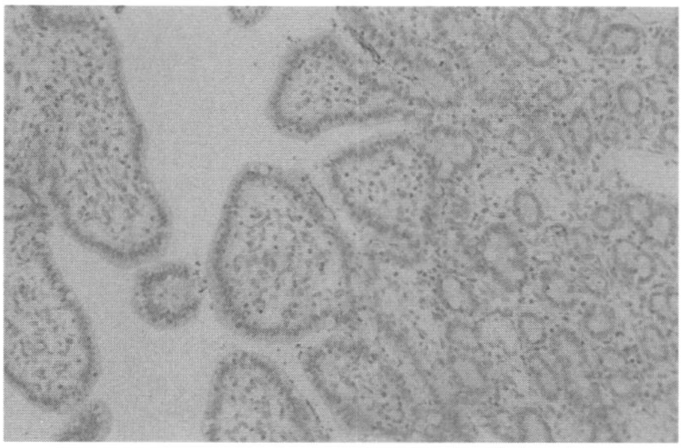

写真５ 大腸菌性下痢を呈した子豚の空腸の免疫組織化学的染色。菌は赤色に染まっている

豚壊死性腸炎

壊死性腸炎はクロストリジウム病の１つであり、*C. perfringens* C 型菌が原因の病気です。

発生日齢は７日齢以内、特に３日齢以内の新生豚が発病・死亡します。母豚は何ら異常を示さず、ふん便や乳房表皮からＣ型菌が分離されます。

粘膜壊死片を含んだ赤褐色水様ないし出血性下痢便を排せつし、削痩・衰弱死します。回復しても発育不良豚になります。

剖検では、小腸の病変部は暗赤色となり（**写真４**）、腔内は血様の内容物で満たされています。組織学的には病変部の絨毛は壊死し、粘膜および粘膜下織には出血が見られます。壊死部には大型のＣ型菌が存在します。

診断では、病変部腸管の直接塗沫標本で米俵状の特徴的なグラム陽性桿菌が認められます。病原学的検索には、菌の分離培養と毒素の検出を行います。

血様下痢便などの明らかな臨床症状を呈した子豚に対する治療法はありません。発生豚群の予防として、初発生以降の分娩に際して母豚には分娩前・後各３日間、子豚には出生直後から３～７日間、*C. perfringens* に有効な抗菌薬を投与し、続発を防ぐ必要があります。

豚大腸菌症

大腸菌（*Escherichia coli*）が関与する病気はいろいろありますが、哺乳子豚に関係するものは新生期下痢です。

新生期下痢に関与する主な大腸菌は、腸管毒素原性大腸菌（ETEC）と呼ばれているものです。ETEC は付着因子を介して小腸粘膜に定着し、下痢原性毒素であるエンテロトキシンを産生して、過分泌性の下痢を起こします。新生期下痢にはＯ群８、９、20、101、149、157 などに属する ETEC が関与しています。

新生期下痢は、正常に分娩された子豚が、何ら前駆症状なしに突然下痢をします。早いものでは生後数時間から、普通は生後１～２日に見られます。

便の性状は、黄色軟便、白色粥状、粘液状とさまざまですが、最後は水様性になります。下痢をしている哺乳子豚の毛づやは悪く、体表はふん尿で汚れ、発育は停止します。

剖検では、全身の脱水が著しく、胃は未消化のミルクを含み、腸管壁は弛緩し、腸内容は水様です。組織学的には、腸絨毛の萎縮や組織の炎症は見られませんが、粘膜上皮には大量の大腸菌が付着しています（**写真５**）。

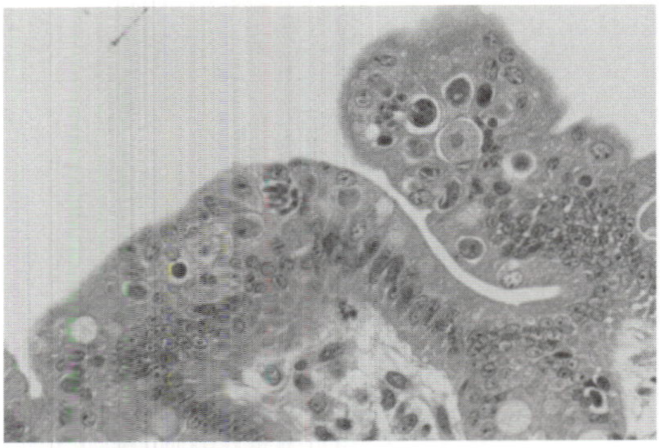

写真６　*C. suis* に罹患した子豚の空腸。さまざまな発育段階の原虫が見られる。HE 染色

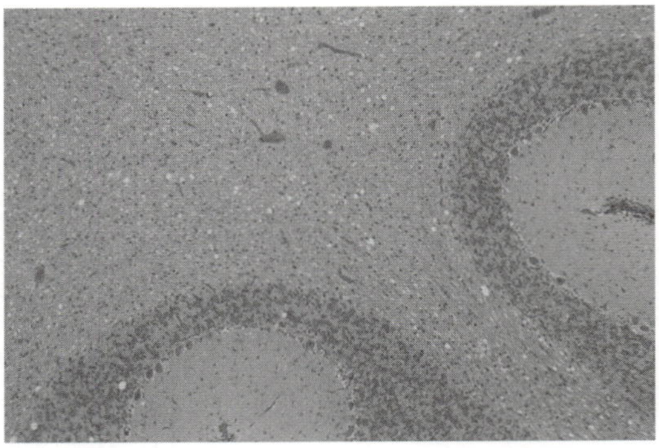

写真７　ダンス病に罹患した哺乳子豚の小脳。髄版に多数の空胞が見られる。HE 染色

診断には、急性期に採材した下痢便または鑑定殺により採材した小腸内容を定量培養し、分離大腸菌のエンテロトキシン産生性や付着因子の保有を調べます。

予防としては、母豚のふん便を介して感染するため、分娩豚舎の消毒・乾燥を確実にすることが肝要です。新生期下痢に対しては、母豚免疫用不活化ワクチンが市販されており、有効性が確認されています。

コクシジウム病

コクシジウムにはいろいろな種類がありますが、哺乳子豚の下痢を起こすのは *C. suis* です。*C. suis* 感染による下痢は、生後５～14 日齢の哺乳子豚に限られています。症状は感染後３日目ごろより出現し、最初はペースト状の下痢、次いで液状になります。脱水、体重減少が見られ、耐過した場合でも発育不良となります。

剖検では、小腸壁は薄くなり、内部に黄灰色～灰白色の悪臭を放つ液体が存在します。組織学的には、絨毛の萎縮と粘膜上皮の壊死が見られます。腸上皮細胞内にはさまざまな発育段階の *C. suis* 原虫が認められます（**写真６**）。

オーシスト排出以前に感染哺乳子豚がへい死するため、ふん便検査で *C. suis* のオーシストを検出することは困難です。へい死豚あるいは鑑定殺豚の腸の塗沫標本をギムザ染色し、原虫を確認し、診断します。

予防としては、感染豚の早期診断と隔離ですが、発生豚舎の徹底的な洗浄と熱湯によるオーシストの殺滅が肝要です。

ダンス病

ダンス病は先天性けいれん症とも呼ばれ、脳および脊髄の髄鞘形成不全や脱髄が原因の病気です。罹患子豚は、全身性の震えを示し、後駆麻痺や犬座姿勢を示すこともあります。ダンス病は、遺伝や原因ウイルスよって６つに分類されていますが、確定されていません。

臨床症状は、生後数時間で見られることもあります。震えが小さいときには哺乳や歩行は可能ですが、震えが大きくなると、哺乳や歩行が困難になり、飢餓、低体温により死亡します。耐過した子豚は数週間の内に治癒します。

肉眼病変は認められず、組織学的には主として脊髄腹側白質、小脳髄板に空胞変性（髄鞘形成不全）が見られます（**写真７**）。ウイルス感染を示唆するような囲管性細胞浸潤などの炎症は見られません。

ダンス病は、保温と哺乳の補助を行うことで、事故率を低下させることができます。

（久保 正法）

4-4 母豚・子豚に関する疾病のアップデート〜PEDと口蹄疫〜

監視伝染病であるPEDと口蹄疫

豚の感染症の多くは家畜伝染病予防法によって家畜伝染病（法定伝染病）あるいは届出伝染病として、監視伝染病に指定されています。これらの監視伝染病のうち豚流行性下痢（PED）と口蹄疫は、近年日本の養豚業界に極めて甚大な被害を及ぼし、社会活動に壊滅的な打撃を与えました。

PEDの日本での発生状況

PEDはコロナウイルス科のアルファコロナウイルス属に分類されるPEDウイルスによって引き起こされる急性伝染病です。日本では1982年より散発的に発生が確認され、1996年には9道県102戸（発症頭数約8万頭、死亡頭数4万頭）で大規模な発生がありました。

2013年10月に沖縄で確認された後、約1年間（2013年10月1日〜2014年8月31日）で38道県817農場に発生が広がりました。この1年間の累計発症頭数は122万3,043頭、累計死亡頭数37万1,071頭になりました。その5年後の2017年9月1日〜2018年1月16日では、6県10農場にて発生しています。

2013年以降に流行したPED

PEDウイルスの全ゲノム解析により、2013年以降に日本で流行したPEDウイルス株は、大きく北米型1グループと北米型2グループに分類され、いずれも2010年代以降のアメリカ、韓国などの海外のPEDウイルス株と高い相同性を示すことが明らかになっています。また、病原性に関与するとされるS遺伝子に関しては、北米型、INDELs型およびLarge-DEL型の3つの型が日本にあることが報告されています。INDELs型とLarge-DEL型は北米型と比較して致死率が低いことが確認されています。この病原性の違いはウイルス株の消化管における増殖部位の相違によると考えられています。2018年の時点ではPEDウイルス株間での抗原学的差異はなく、血清型は1つと考えられています。

PEDの感染経路と臨床症状

PEDウイルスは主に感染豚の小腸粘膜上皮細胞で増殖し、ふん便中に排出され、直接的または間接的に経口感染します。幅広い日齢の豚がPEDウイルスに感染し、哺乳子豚では嘔吐と水様性下痢が認められます（**写真1**）。特に2週齢以下の哺乳子豚では重篤となりやすく、黄色水様性下痢により、脱水状態となって削痩し、3〜4日の経過で死亡します。哺乳子豚の事故率が100%に達することもあります。母豚では食欲減退や元気消失、下痢および嘔吐が認められます。授乳母豚では泌乳量の低下や停止がみられ、哺乳子豚の病状が悪化します。離乳子豚や肥育豚でも食欲減退と元気消失、水様性下痢が認められますが、1週間程度で回復します。また、日齢の進んだ豚では不顕性感染となる場合が多くなります。

PEDの確定診断

確定診断には家畜保健衛生所などの専門機関による詳細な病性鑑定を行う必要があります。肉眼所見として、胃の未消化凝固乳の滞留と膨

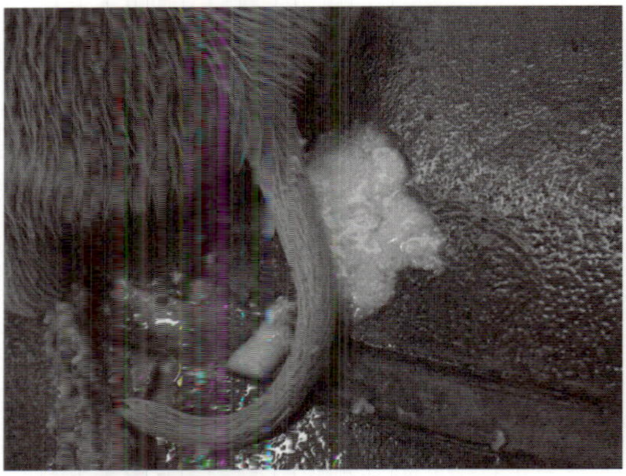

写真１　**PEDに罹患した哺乳子豚**
水様性の黄色下痢便が見られる（原図：茨城県県北家畜保健衛生所）

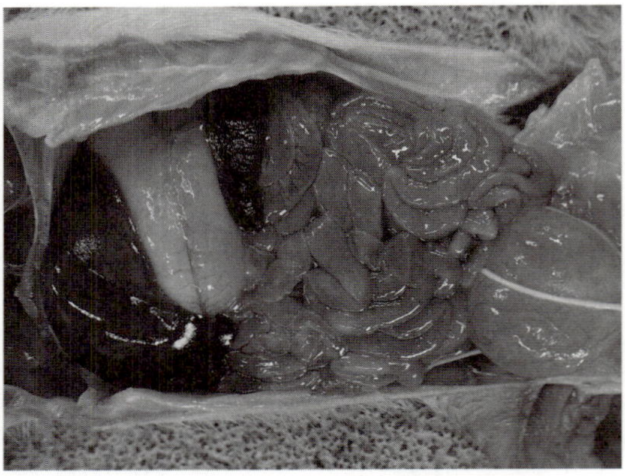

写真２　**PEDに罹患した哺乳子豚の消化管**
胃の膨満、小腸の菲薄化と弛緩が見られる（原図：茨城県県北家畜保健衛生所）

写真３　**PEDに罹患した哺乳子豚の空腸**
腸絨毛の萎縮と粘膜上皮細胞の空胞化が見られる。HE染色　Bar＝100 µm

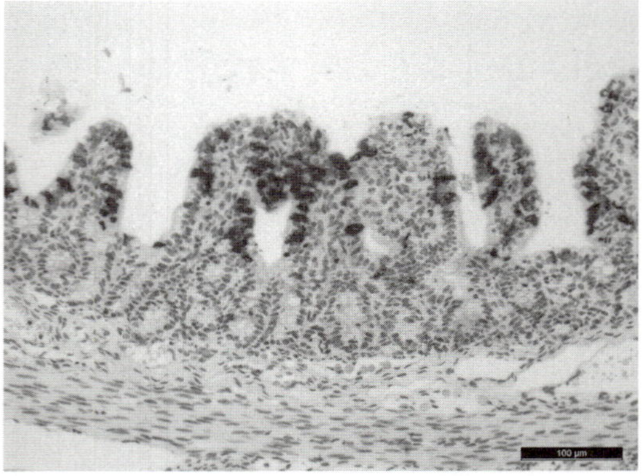

写真４　**PEDに罹患した哺乳子豚の空腸**
写真３と同領域。萎縮した腸絨毛の粘膜上皮細胞の細胞質にPEDウイルス抗原が見られる。免疫組織化学的染色　Bar＝100 µm

満、小腸における未消化凝固乳の貯留ならびに腸壁の菲薄化と弛緩がみられます（**写真２**）。組織学的には小腸（特に空腸から回腸）腸絨毛の萎縮と粘膜上皮細胞の空胞化、扁平化、壊死および脱落がみられます（**写真３**）。また、免疫組織化学染色により、小腸（特に空腸から回腸）におけるPEDウイルス抗原（**写真４**）を検出することは、初発農場での罹患豚の確定診断には必須です。

ふん便または腸内容物中のPEDウイルス遺伝子をRT-PCRにより検出する遺伝子検査は迅速であり、他の疾病との鑑別に有効です。豚伝染性胃腸炎（TGE）、ロタウイルス感染症、デルタコロナウイルス感染症、コクシジウム病、大腸菌性下痢およびサルモネラ症などの症状が類似する他の疾病との類症鑑別をする必要があります。

PEDの予防と対策

2018年１月の時点では、日本において母豚接種用ワクチンが市販されています。このワクチンの目的は感染防止ではなく、哺乳子豚の事故の低減化です。分娩前の妊娠豚にワクチンを接種することにより、乳汁中にPEDウイルス抗体の分泌を誘導します。このPEDウイルス抗体を含む乳汁を哺乳子豚が不断に吸飲することにより腸管粘膜面が抗体で覆われ、腸管へ侵入したPEDウイルスを中和し感染量を低減させます。このことにより、症状が軽減されるとともに哺乳子豚の事故率が低減されます。母豚接種用ワクチンの効果は受動的であるため、ウイルス侵入防止対策、ウイルス感染量の低減などの適切な飼養衛生管理対策が必須です。

近年、PED発症豚のふん便や腸内容物を妊娠豚に投与し、乳汁免疫により哺乳子豚での発症を予防する方法が紹介されています。しかし、この手法は効果が一定しておらず、確立された手法とは言い難いでしょう。また、下記のリスクがあることが知られています。

①農場内のPEDウイルス量が爆発的に増加し、PEDウイルスのまん延と常在化をもたらす
②投与材料によっては乳汁免疫が不十分となる
③免疫が成立する前に分娩した豚では効果がない
④他の病原体による疾病（豚繁殖・呼吸障害症候群、豚赤痢、豚増殖性腸炎、大腸菌症およびコクシジウム病など）を誘発する

このような大きなリスクを伴う対応をしないで済むように、飼養衛生管理基準の順守の徹底と市販ワクチンの適切な使用が非常に重要です。

口蹄疫

口蹄疫はピコルナウイルス科のアフトウイルス属に分類される口蹄疫ウイルスによって引き起こされる急性熱性伝染病です。口蹄疫は、国境を越えてまん延し、発生国の経済、貿易および食料の安全保障にも関わるため、防疫に多国間の協力が必要となる「越境性動物疾病」の代表的な疾病の1つです。

2010年に発生した口蹄疫

2010年4月20日に宮崎県で発生した口蹄疫では、日本で初めて豚での感染が確認されました。豚の口蹄疫ウイルス排出量は、牛などの反芻動物と比較して100〜2,000倍多く、高濃度のウイルスをエアロゾルの状態で気道から排出します。発生地である宮崎県川南町は日本でも有数の畜産密集地帯であり、豚にも感染したことから発生が相次ぎました。この発生では摘発淘汰に加えて感染拡大防止のためにワクチン接種も行われました。最終的に、発生例数は292件（患畜・疑似患畜頭数計21万1,608頭、このうち豚は86戸17万4,132頭)、殺処分は患畜・疑似患畜にワクチン接種動物を合わせて1,277農場（28万8,649頭）に及びました。同年7月5日の最終発生をもって終息するまでに、延べ約16万人が防疫作業に従事し、日本の動物衛生史上未曾有の被害となりました。

2011年2月5日、日本は国際獣疫事務局(OIE）により「ワクチン非接種口蹄疫清浄国」として回復認定されました。

口蹄疫ウイルス

口蹄疫ウイルスは伝染力が強く、牛、水牛、豚、めん羊、山羊などの家畜をはじめ野生動物を含むほとんどの偶蹄類動物が感染します。家畜の中では、牛、めん山羊、豚の順に感受性が強くなります。口蹄疫ウイルスには、O、A、C、Asia1、SAT1、SAT2およびSAT3の7種類の血清型があり、血清型が異なるワクチンは全く効きません。

2010年の原因ウイルスは、口蹄疫ウイルス(O／JPN／2010）と確定し、Southeast Asia

第4章

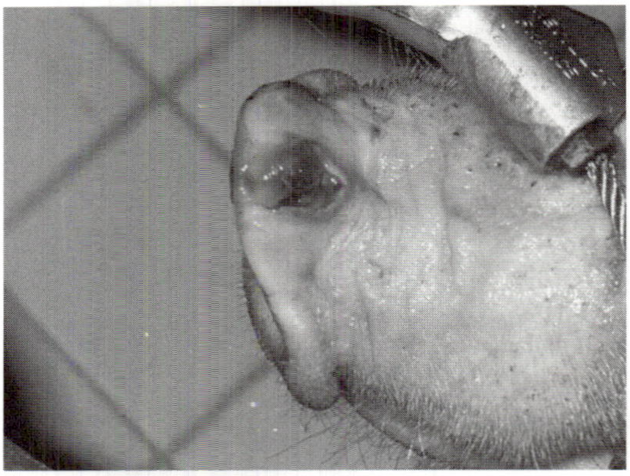

写真5　**口蹄疫に罹患した豚の鼻部**
鼻端に水疱が見られる（原図：農水省 動物検疫所 衛藤真理子氏）

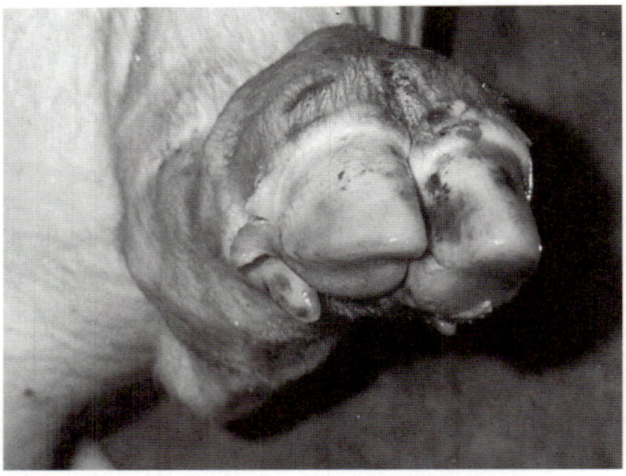

写真6　**口蹄疫に罹患した豚の蹄冠部**
蹄冠部が水疱で白く見える（原図：農水省 動物検疫所 衛藤真理子氏）

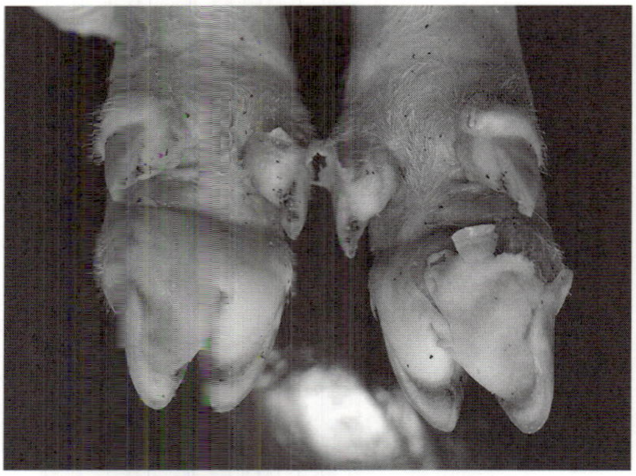

写真7　**口蹄疫に罹患した子豚の後肢**
蹄部に水疱形成により皮膚の一部が剥離している（原図：農研機構 動物衛生研究部門）

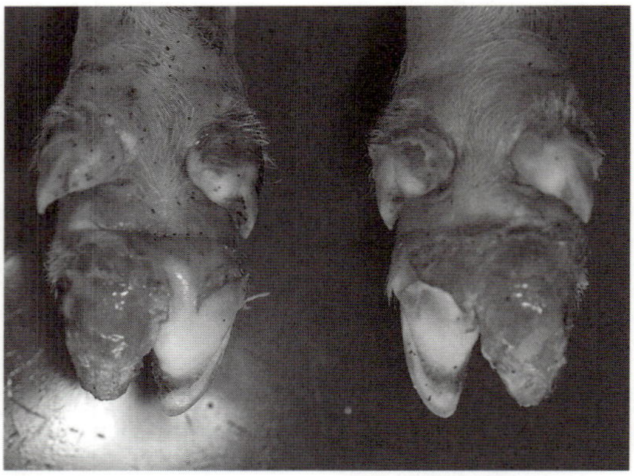

写真8　**口蹄疫に罹患した子豚の後肢**
蹄部が脱落している（原図：農研機構 動物衛生研究部門）

(SEA) トポタイプの遺伝子型 Mya-98 系統に属していました。これは香港、韓国、ロシアなどのアジア地域で確認されているトポタイプと近縁のウイルスであったことを示しています。感染試験からO／JPN／2010 株は豚に対して強い病原性を有しており、極めて早く水平感染することが確認されています。

豚の臨床症状

豚の潜伏期間は牛などの反芻動物と比較して長く、その間に大量のウイルスを呼気中に排出し、新たな感染源として非常に問題となります。このため豚は口蹄疫ウイルスの増幅動物（amplifier）とみなされ、口蹄疫が養豚場にて発生した場合には発生が急激に拡大します。潜伏期は感染ウイルス量によって異なります。豚では、初めに 40.5℃以上の発熱、食欲不振および嗜眠がみられます。その後、鼻鏡（**写真5**）や鼻腔の皮膚粘膜、舌、口唇、歯齦、咽頭、口蓋などの粘膜と蹄部（**写真6**）に水疱が出現します。豚では蹄部、とくに蹄冠部、趾間、副蹄の水疱形成が顕著にみられます（**写真7**）。水疱形成が重度になると、出血を伴い蹄冠が脱落することが多くみられます。このため跛行によって豚の異常に気付くことが多くなります（**写真8**）。また、犬座姿勢をとる豚もみられるようになります。母豚では乳頭にも水疱がみられます。初期の水疱は小さいものの、徐々に大きくなり多量の透明感のある水疱液で満たされます。その後、6～24時間で水疱は破れ、びらん、痂疲形成がみられます。細菌の二次感染がなければ1～2週間の経過で治癒します。新生子豚では心筋炎がみられ、その致死率は50%以上になることもあります。

口蹄疫の特定家畜伝染病防疫指針

口蹄疫は、国、地方公共団体、関係機関などが連携して発生およびまん延防止などの措置を講ずるための指針「口蹄疫に関する特定家畜伝染病防疫指針」（2015年11月20日公表）に基づき対応する必要があります。口蹄疫の防疫対策上「発生の予防」「早期の発見および通報」「迅速かつ的確な初動対応」の3つが非常に重要です。家畜の所有者、獣医師などが、口蹄疫を疑う症状を呈している家畜を発見した場合には、直ちに都道府県に通報する義務があります。

緊急病性鑑定

都道府県は、農水省消費・安全局動物衛生課とあらかじめ協議した上で、当該家畜の口腔内などにおける水疱などから採取した水疱液、水疱上皮、病変部スワブ、当該家畜の血液などを検体として適切に採材し、当該検体を（国研）農研機構 動物衛生研究部門 海外病研究拠点（東京都小平市）に搬入します。病性鑑定材料については遺伝子検査、ウイルス分離、抗体検査が行われます。（芝原 友幸）

コラム 4-1

アニマルウェルフェアに配慮した母豚管理

なぜアニマルウェルフェアが重要か

日本を含め世界の182ヵ国（2018年現在）が参加する国際獣疫事務局（OIE）は、2005年に輸送やと畜に関するアニマルウェルフェア（AW）規約を作成しました。その後、肉用牛、ブロイラー、乳用牛、豚のAW生産システム規約を2018年までに作成しています。

生きていて感情を持つ家畜を、苦しめることなく快適に飼養するために、飼養環境や管理方法を整えることをAWに配慮すると言いますが、これは生産性に加えたグローバルな発想となっています。

AWは、家畜に「5つの自由」を保障することで達成できると考えられています。これについては①長期間、空腹や渇きにさらさない②温熱、ガス、騒音といった物理的な飼養環境を整え、不快にさせない③肉体的に健康に飼う④いじめない⑤やりたがる行動をさせる、です。「自由」という刺激的な言葉使いで動物解放論的であるとか、完全な自由などありえないなどの批判もありますが、大まかな改善の方向としては間違っていないとされています。

しかし、口蹄疫や高病原性鳥インフルエンザ、牛海綿状脳症（BSE）などの重大な伝染病をまん延させないためのシステムづくりを目的とするOIEが、なぜAWの規約をつくるのでしょうか？　それは倫理的視点に加え、疾病のまん延を防ぐためには、疾病に感染させないことがまず重要で、AWに配慮して飼養することが、疾病になりにくい家畜をつくると考えられているからです。飼養段階でお金をかけたほうが、長期的に見れば安上がりとの見方です。

豚にとってうれしい飼養管理とは？

①、②、③は栄養管理、環境管理、衛生管理の問題ですので、AWを持ち出さずとも理解できると思います。④は、AWという視点のみならず、実は生産上も極めて重要な側面です。管理者が豚群の中に入った場合にも豚はリラックスし、においを嗅いできたり、近づいてきたらOKです。飼槽に手を入れたときや管理者が豚房に入ったときに、豚が逃げない農場ほど分娩率が高く、年間産子数が多いことが報告されています。いじめることで、ストレスホルモン値は高くなり、候補豚の初発情は遅れ、妊娠率は低く、1日増体量や飼料効率は低くなることも報告されています。

⑤とは母豚の場合、何でしょうか？　分娩が近づくと母豚はそわそわし、隠れたがり、巣をつくるような動作を繰り返します。分娩後ある程度子豚が大きくなれば、他の豚と接触したがります。何回かブザーを押すと他の豚と接触できる装置をつくり、そこに母豚を入れて調査をすると、ブザーを押す回数を30回まで上げても、頑張って押し続けます。

また、ストール（クレート）の中では、摂食の時間以外にも口の周りが泡沫でいっぱいになるまで、またストール前面の横棒を決まった動作でかみ続けたりします。口を動かしたがっているようです。終日、穴を掘りながら土の中にある木の実や昆虫・ミミズを食べてきた野生生活の名残です。このような遺伝的に仕組まれている行動が、やりたがる行動の本体です。

わらを食べさせたり、受胎後の母豚を群飼にしたり、分娩前にはストールを布で囲い、巣材としてわらを与えてやり、これらの行動を豚舎の中で少しでもさせてやることで、豚の心理的ストレスは減ります。その結果、豚は人になつくようになり、管理しやすくなります。特に初産豚では子食いは激減します。

世界の生産現場における AW 対応

AW に配慮した飼養環境整備にはお金がかかります。EU では技術開発により生産費の上昇を抑えるとともに、上昇分を補助金や畜産物への価格転嫁（倫理的消費）で解消しています。

日本でも「消費者教育の推進に関する法律(2012)」のもとに、倫理的消費の内容が検討され、この中に AW への配慮も入りました。EU の法律の一種である指令では、2013 年からは受胎後４週以降から分娩予定１週前までの期間の妊娠豚のストール飼養が禁止されています。アメリカでは、連邦法（農業法）の中で AW への配慮を謳ってはいませんが、カリフォルニア州などの州法で妊娠豚のストール飼養が禁止されています。また、都会の消費者の倫理的消費への強い意向から、実需者（流通業者、小売業者、レストラン、宅配業者など）や生産者は AW への配慮に自己規制をし始めています。世界最大の養豚企業であるスミスフィールド社は、2017 年にアメリカ内の全自社養豚場での妊娠豚の群飼を達成したと宣言しています。

グローバル企業にとっては OIE の AW 規約はコンプライアンスの対象であることから、2016 年にこれの順守管理を認証する ISO／TS34700 が彼ら主導で作成されました。３年後には正式な ISO 認証になる予定です。

OIE による養豚の AW の管理規約は、22 項目からなっています。それらは、去勢、断尾、切歯などの侵害的処置に関しては３R の原則（他の方法の検討、全頭でなく必要な個体のみへの実施、麻酔剤・鎮痛剤使用）に従う、正常行動を発現させる刺激（飼料以外の穴掘り、かみつき、咀嚼できるものや仲間との接触）を提供する、口を使った常同行動である横棒かじり、偽咀嚼、多飲などの異常行動、尾かじり、腹下まさぐりや耳しゃぶり、外陰部かじりを抑制する、妊娠豚はできれば群飼する、ストールを使う場合には一方の横柵、上棒、両前後柵に触れることなく立て、隣接豚からの干渉なく横臥できるようにする、アンモニアレベルを 25 ppm 以下にする、連続した暗期と明期をそれぞれ６時間以上とする、少なくとも分娩前１日間、可能なら分娩豚に巣材を与える、離乳は３週齢以降とする、安楽死を含む災害時対応計画をつくる、などの規約となっています。

（公社）畜産技術協会は、OIE 規約を尊重し、日本に合った形の指針として「アニマルウェルフェアの考え方に対応した飼養管理指針」を作成しています。養豚における AW 飼養管理指針は 2018 年の OIE 規約採択を受けて改正される予定です。

AW に配慮するといっても、欧米での動きとグローバルな動きに違いがあることを示しました。市民の立場からすれば家畜の AW はできるだけ高く、消費者の立場からすれば畜産物はできるだけ安く買いたいことから、生産と福祉のさまざまなバランスのとり方があります。

いずれにせよ、家畜の AW に配慮するという方向、すなわち家畜に寄り添うという態度は、日本を含む世界の共通認識です。その方向を保ちながら、多様な生産システムとこれらからの多様な畜産物の提供を目指していくことが、近未来の生産者には求められていると言えます。

（佐藤 衆介）

コラム 4-2

哺乳子豚の管理と新しい技術

生まれた子豚をどう生かすか

一般的に、生まれた子豚の生存性は、感染性要因や環境要因を除けば「生時体重」と「初乳摂取量」によって大きく左右されます。子豚の生時体重においては、皆さんが現場で感じている通り、小さく生まれてきたものほどその後の生存率は低下します（**表**）。すなわち、哺乳子豚の管理を楽にするためには、生時体重が大きく、かつ体重のバラツキが少ない子豚を母豚のお腹の中で仕上げていくことが大切になります。

また、子豚が初乳を「いつ」「どれくらい」摂取したかも、その後の生存性にとって非常に大切なポイントです。可能な限り出生直後に初乳を飲むことに加え、出生後24時間以内に初乳を200g以上飲めるか否かが、その後の生存性に大きく影響します（**図**）。そのため、母豚が泌乳能力を最大限発揮できるような妊娠期の栄養管理も重要になります。

多産系母豚の普及による子豚管理の課題

近年、養豚生産現場では世界的に多産系母豚の普及が進んでいます。多産系母豚とは、その名の通り1腹当たりの産子数が多い母豚群の総称です。世界的に有名なものとして、オランダのTOPIGSや、デンマークのダンブレッドなどが挙げられます。これらのホームページには、1腹当たり離乳子豚頭数の平均が13～15頭、平均年間離乳子豚頭数は30頭を超えるとしており、日本の生産現場においてもこれらの多産系母豚の導入が進んでいます。

多産系母豚が農場に導入されると、これまで飼養していた母豚群に比べてあまりにも多くの子豚を産むため、戸惑う方も少なくありません。特に母豚の乳頭（自然哺育が可能な最大頭数）より生存子豚頭数が多い場合があります。そうすると乳頭にありつけず、初乳を十分に飲めない子豚が一定数出てきてしまいます。母豚に任せておける自然哺育での子豚管理には限界があるのです。

そのため、現在生産現場では①分割授乳によってすべての子豚（特に小さい子豚）が初乳をしっかり飲めるようにする②他の授乳母豚（里子）や機械（全自動給餌器）を用いて哺育を行うといった対策がとられています。

養豚業界に求められる“人工初乳”

このように、1母豚が育てられる限界以上に生まれた子豚に対し、初乳を飲んだ後の哺育方法にはいくつか選択肢があるものの、現状、初乳だけは子豚自身の母親のものを飲む以外に選択肢がありません。

同じ産業動物である牛では、新生子牛が母牛の初乳を何らかの事情で飲めない場合に備えて「代用初乳」が販売されています。もちろん、この「代用初乳」は、すべての点で本物の初乳にはかないませんが、子牛が初乳から受け取るべき必要な成分である栄養分と牛の免疫グロブリンはしっかり含まれており、生産現場における心強い味方となっています。

その一方、養豚業界では本来の意味での「代用初乳」は現在販売されていません。初乳の重要な成分の1つである免疫グロブリンは、各動物によって異なる（種差がある）のですが、現在販売されている代用初乳に含まれている免疫グロブリンは「豚」ではなく「牛」のものになります。そのため、現在販売されているものは

表 生時体重と生存率の関係

生存率	生時体重（kg）										
	≦0.60	0.61～0.8	0.81～1.0	1.01～1.2	1.21～1.4	1.41～1.6	1.61～1.8	1.81～2.0	2.01～2.2	2.21～2.4	≧2.41
生後1日目	36%	71%	85%	91%	94%	96%	98%	97%	99%	99%	100%
離乳時	15%	48%	71%	85%	89%	92%	95%	95%	98%	96%	97%

（Quiniou ら、2002）

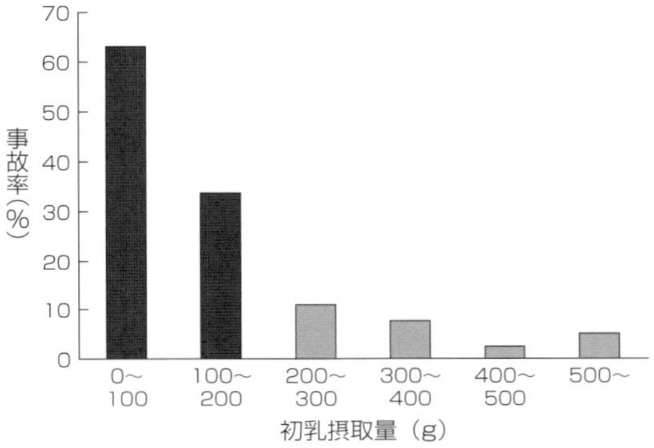

（Quesnel ら、2012）

図 生後24時間以内の初乳摂取量と哺乳中事故率との関係

豚の初乳の代替物としては、片手落ちになっているのが現状です。今後、牛のように豚の免疫グロブリンがしっかりと入った代用初乳の販売が期待されます。

なお、近年われわれはこれまでの発想を変えて、妊娠していない豚に子豚を育ててもらうことができないかと、非妊娠豚に「初乳」を出してもらう研究を進めています。これまでの成果では、非妊娠豚でも泌乳を誘起することが可能であり、誘起泌乳により得られた乳汁にも自然分娩後の母豚から得られる初乳と同等の免疫グロブリン（IgG および IgA）が含まれていることが分かりました。また、この非妊娠豚から得られた初乳を新生子豚に飲ませると、子豚体内への免疫グロブリン移行に効果があることも確認されています。まだまだこの研究は始まったばかりですが、この技術が確立されれば、子豚を出生直後から離乳まで育ててくれる完璧な「乳母豚」が、余った子豚を引き受けてくれる時代が来るかもしれません。

【参考文献】

1. N Quiniou, J Dagorn and D Gaudré. Variation of piglets' birth weight and consequences on subsequent performance. Liv Prod Sci 78, 63-70 (2002)
2. H Quesnel, C Farmer and N Devillers. Colostrum intake: Influence on piglet performance and factors of variation. Liv Sci 146, 105-114 (2012)

（野口 倫子）

第5章

知っておきたい応用技術

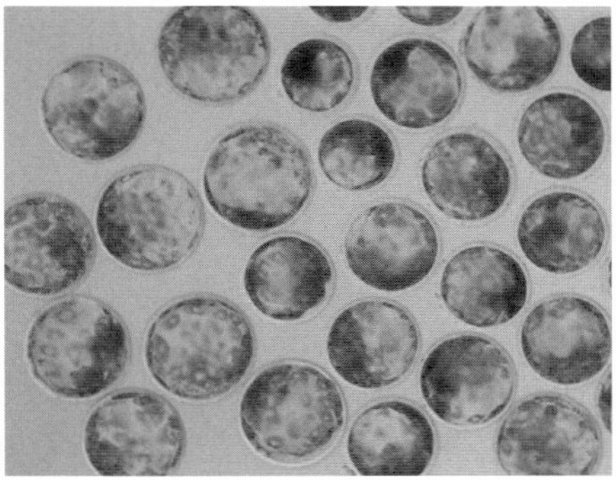
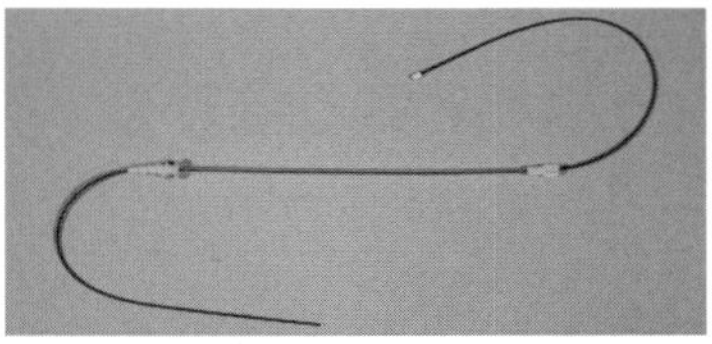

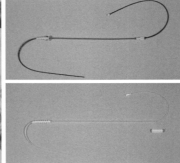

5-1 繁殖雌豚の計数管理のための記録ソフト活用の重要性

養豚生産における計数管理

養豚先進国の競争力を飛躍的に向上させた技術の一つは、コンピュータ生産記録システム（記録ソフト）を活用した計数管理であり、日本の養豚界の国際競争力向上のためにも、なくてはならない技術です。特に、繁殖雌豚の計数管理が不可欠でしょう。記録ソフトによる計数管理では、生産システムとプロセスの把握とコントロールができます。なお、繁殖雌豚は若雌豚と母豚を含み、若雌豚は未種付けで、母豚は種付けされた豚と定義しました。

記録ソフトによる計数管理から何ができるか

まず、ビッグピクチャーとしての農場生産性構造の把握です。自農場の農場生産性の構造は、生産ツリーで把握できます（**図1**）。そして、その構造は農場による違いが大きいのです。自農場の生産性の構造を知ることで、自農場の強さと弱さが分かります。養豚における繁殖生産性の総合指標としては、1母豚当たり年間離乳頭数（PSY）があります。この指標は、母豚の繁殖生産性を表すのに世界中で使用されています。

先進的な生産者では、PSYはこの30年で20頭から30頭に増加しました。**図1**は、授乳期間21日でPSY 30頭のときの各重要指標の関係を示しました。なお、授乳期間が欧州基準の28日だと、年間母豚回転数を2.4以上にすることは困難です。

PSYは、1腹当たり離乳頭数と1母豚当たり年間分娩腹数（年間母豚回転数）の2指標からなっています。そして、1腹当たり離乳頭数は、分娩時生存産子数と哺乳中子豚死亡率の2指標からなっています。

そして、この20年における養豚業界の最も大きな変化が、多産系母豚の利用による生存産子数の増加です。欧州における生存産子数は、2000年以前より5割以上伸びています。しかし、この多産系母豚の普及により、母豚の乳頭不足と小さな子豚数が増加し、哺乳中子豚死亡率の増加という問題が出てきています。哺乳中

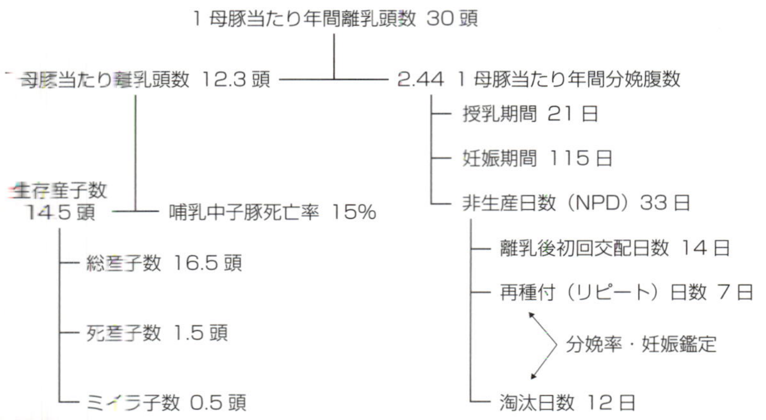

図1 授乳期間21日での母豚1頭当たり年間離乳頭数30頭の生産性ツリー （纐纈ら、2017）

表 欧州のある農場の母豚の繁殖成績と生産プロセスの目標値例

測定指標		目標値
種付け成績		
リピート割合（%）		10
若雌豚初回種付け割合（%）		20
離乳後初回種付け母豚割合（%）		70
上記３つの合計（%）		100
複数交配割合（%）		90
離乳後７日以内の種付け割合（%）		88
若雌豚馴致期間（日）		75
分娩時成績		
１腹当たり生存産子数（頭）		15.0
１腹当たり死産子数（頭）		0.9
１腹当たりミイラ子数（頭）		0.3
１母豚当たり年間回転数		2.4
分娩率（%）		84.0
哺乳子豚ロス成績		
０～２日齢の死亡率（%）		8
３～８日齢の死亡率（%）		6
９日齢以降の死亡率（%）		2
上記３つの合計（%）		16
離乳時成績		
１腹当たり離乳頭数		12.6
授乳期間（日）		26
群・管理・リムーバル		
平均繁殖雌豚数	1,098	720
母豚：若雌豚比率（%）	6.6	20
淘汰率（%）	40.1	45
繁殖雌豚死亡率（%）		9

（纐纈原図）

子豚死亡率を０～２日齢、３～８日齢と９日齢以降に分けて記録すると、３～８日齢での死亡が増えています。この問題点を克服するために、２ステップ里子技術や代用乳の使用がなされています。育種的には、乳頭の増加や子宮の大きさが今後改良されてくると思われます。

PSY 30頭のための重要２指標のうちの１つ、年間母豚回転数は、非生産日数（NPD）と授乳日数、妊娠期間の３指標からなっています。非生産日数とは雌豚が妊娠もしていないし授乳もしていないという、いわば遊んでいる日数です。このNPDは、３つの日数、離乳後初回交配日数・再種付け日数・淘汰または死亡までの日数からなっていて、年間母豚回転数に大きく影響します。また、分娩率と妊娠鑑定の時期と精度はNPDと淘汰までの日数に大きく影響します。

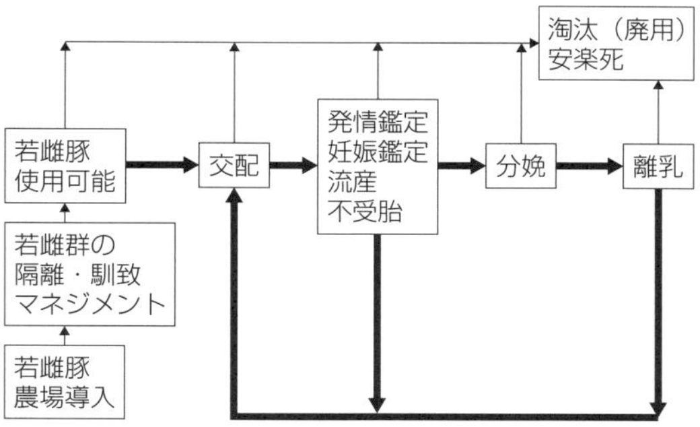

図2 繁殖サイクルと８つのイベント

（纐纈原図）

妊娠期間を除く、**図１**に示した計13指標が、自農場の農場生産性を知る大切な指標です。業界の目標値と比べることの他に、さらに自農場が毎年どのくらい改善しているかをみておくことが、もっと大切です。世界との競争の中で、農場の指標は常に改善していく必要があります。母豚の育種による改良も毎年進んでいます。さらに、世界の産業界は毎年進歩しています。**表**に目標例を挙げます。

なお、いくつかの指標は毎年、アメリカ・ピッグチャンプ社がホームページで公開しています（http://www.pigchamp.com/benchmarking/benchmarking-summaries）。

計数管理では生産プロセスを把握して予測

計数管理のもう１つの大切な機能は、自農場における生産プロセスを把握することです。生産者は、記録ソフトを使用した計数管理の中で、生産プロセス・生産量と群の健康状態のモニタリングから、生産予測ができるようになりました。つまり、農場での生産に関して、定期的な情報の収集からの評価と予測ができるようになったのです。プロセスの目標値を決めてその達成率を見ることは大切です（**表**）。そして、目標値を毎年掲げていくことも重要です。

繁殖農場における生産の流れは、６つのイベントからなっています。これは①繁殖若雌豚の

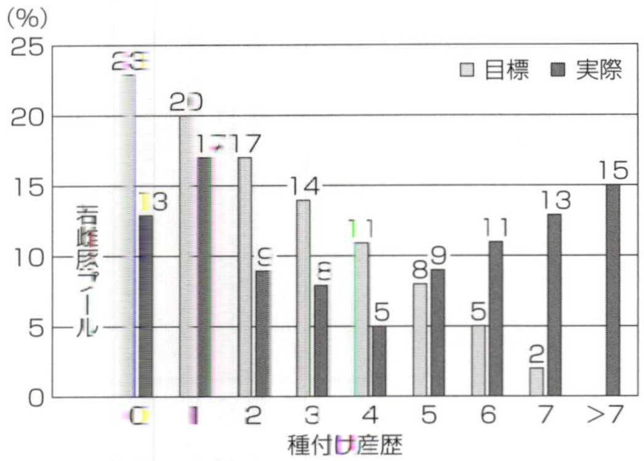

図3 種付け母豚の産次構成の一例と目標

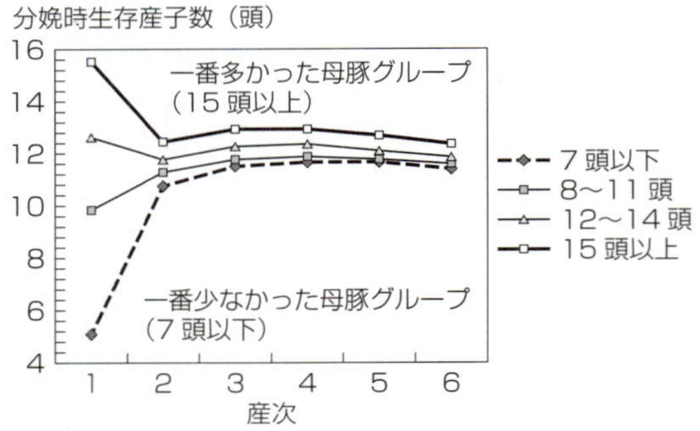

図4 欧州における初産時の生存産子数でグループ分けした後の産子数の推移

４グループは10、50、90パーセンタイルで客観的に分類　（飯田ら、2015）

繁殖農場への導入②交配③妊娠鑑定陽性、または不受胎による再種付け④分娩⑤離乳⑥淘汰・死亡・安楽死または他農場への移動です（**図2**）。各イベントを中心に農場のプロセスを、記録ソフトを使いモニターすることにより、自農場における生産システムの状態や、生産プロセスにおける問題点の把握、早期発見ができます。なお、母豚は種付けした若雌豚と経産豚を合わせています。

先進的な生産者は、毎日・毎週・２週ごと・毎月・２ヵ月ごと・６ヵ月ごと・１年ごとで農場の成績の評価を行っています。農場全体の成績の他に産次グループ、例えば産次０、１、２、３～５および６以上に分けてモニタリングすることも大切です。また週ごと、種付けグループごとのモニタリングも有用です。

さらに、生産データを自由に抽出し、自農場で独自の分析ができます。先進的生産者は、必要な経営判断のために、記録ソフトから生データを抽出して、自分たちの生産システムの分析を行っています。

母豚の産次構成と若雌豚プールの日齢構成の把握

自農場の生産システムの状態と、その生産プロセスの把握のため、農場内の母豚の産次構成とその変化を、随時知っておくことは重要です。現実を知り、自農場の目標とする種付け産次構成を描き、それに合わせた若雌豚の導入と種付け、そして淘汰をする必要があります。例として**図3**を示します。実際の種付け産次では、高産次が多く中産次が少なく、生産が不安定な構造です。分娩産次構成より種付け産次構成が、プロセス管理には有用です。また産次構成の適正化のためには、繁殖農場導入前の若雌豚プールの日齢構成の把握も必要です。

種付けや分娩グループでの繁殖成績把握

週ごとや３週ごとなどのバッチ生産を実施している農場では、その種付けグループ（種付けコホート）または分娩グループ（分娩コホート）ごとの成績の把握が重要です。そして、そのグループごとで成績がずいぶん違うのです。

分娩コホートの例として、産次１での分娩グループのその後の成績の変化例を**図4**に示します。初産次の分娩時生存産子数により４つのグループに分けました。初産に生存産子数が最も多かった母豚は、２産次では産子数が減りますが、初産次で産子数が一番少なかったグループより、生涯の総分娩時生存産子数は25頭以上多いのです。ただし、農場による差が大きいの

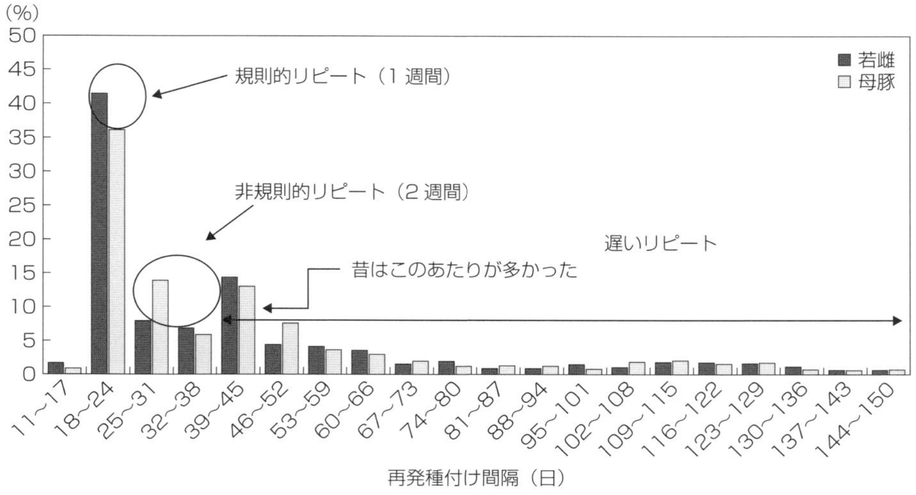

図5　リピートによる再発パターン　（飯田ら、2013）

で、研究結果が出たとき、自農場ではどうなっているかを確認し、違っていれば、なぜ違っているのか考える必要があります。そのほか月ごと、年ごとの種付け目標とその達成率のモニタリングも重要です。例えば、記録ソフトでは週ごとにある期間の期待累積種付け頭数と実際の累積種付け頭数の対比もできます。

母豚のリピート間隔

図1に示したNPDの中で、大きな問題が再発・再種付け（リピート）間隔で、自農場の種付けと妊娠鑑定システムの状態、淘汰マネジメントの状態を把握するために必須です。再種付け間隔は早いリピート（17日以内)、規則的リピート（18〜24日)、非規則的リピート（25〜38日)、遅いリピート（39日以降）があります。

なお、39〜45日を規則的リピートの見過ごしとして、2次的の規則的リピートとしている記録ソフトもあります。またリピート間隔は、農場によって大きく違います。**図5**にリピートのパターンの実例を載せました。このパターンは、種付けタイミングや妊娠鑑定などの影響で、農場によって大きく違います。自農場のパターンを把握し、問題点を探査すべきです。

図5に示した農場では、種付けをしてから受精または妊娠継続の失敗などで発情回帰し、次の種付けをするまでの平均リピート日数が46日もあります。さらに調べると47日以上の再種付け日数があった母豚が40％もいるのです。これは計数管理しているからこそ分かるのです。

このリピート日数はNPDですから、この再種付け豚は、NPDを増やし、農場生産性を落とすので、非常に大きな問題です。早く、そして的確な妊娠鑑定を行うことで、NPDが減らせます。

計数管理と淘汰基準

繁殖障害の母豚の淘汰までの日数（淘汰日数）が、NPDの延長の大きな原因となります。その理由の内訳は、無発情が25％、残り75％が不妊娠です。不妊娠には、妊娠失敗、偽妊娠、流産が含まれます。不妊娠という理由で淘汰された母豚には、再発を繰り返した母豚が含まれます。なお、最近はホルモン治療薬の使用が増え、無発情として淘汰される母豚は減少しています。アメリカ・ミネソタ大学のダイアル博士が推奨している母豚の淘汰基準を以下に記します。

・２回目の種付けが失敗した時
・妊娠鑑定で妊娠していないと判断された豚が、次の種付けでも妊娠しなかった時
・種付けしたのに分娩しなかった豚で、次の種付けでも妊娠しなかった時
・離乳後30日以内に発情がこなかった時

しかし、上記を実行していない生産者が多く、またこれを実行するには個々の母豚の記録を把握することが不可欠です。淘汰の決断は勘ではなくて、まさに経済的な計算で行うべきでしょう。この経済的な計算には、妊娠鑑定にかかるコストパフォーマンスも含まれます。淘汰するにしても計数管理が大切なのです。記録ソフトには、リピートした母豚リストや警告リストがあり、未種付けの母豚の非生産日数の長い順のランクが表示されます。

PSYを超えて

繁殖成績の総合指標としてのPSY（**図１**）は、１年程度の短期的な農場の繁殖生産性の指標としては正しいのですが、長期的な観点は含まれていません。母豚の平均生存日数は1,000日です。母豚の生涯で母豚の潜在能力を最大限に生かすことが、資源を活用する意味で大切です。そうなると、長期で見た成績、例えば１母豚当たり生涯生存産子数および離乳頭数、淘汰雌豚の産次、離乳時体重（子豚の質を表す指標）、そして母豚の事故率も重要です。特に、淘汰雌豚の産次のパターンで長期生存性を把握できます。

データを提供し研究をサポートする

「データを提供し研究をサポートすること」で、現場のデータを使った生産研究の成果を知るという長期的メリットもあります。これは、記録ソフトの１つであるピッグチャンプがアメリカ・ミネソタ大学で生まれ、研究を通して養豚産業界に貢献するという理念を持ち、そのデータは現場に役に立つ生産研究に使用されています。

最後に、生産データを使っての研究にデータを提供し、研究をサポートしてくださっている世界のピッグチャンプ生産者と、データ収集に協力いただいている欧州ピッグチャンプ・プロ社に感謝いたします。　　　　（纐纈 雄三）

5-2
繁殖に関する新技術

繁殖技術とは

従来、子豚を生産するための母豚の繁殖は、発情観察により発情を見極め、適切な時期に交配させることにより行われています。もちろん、繁殖を成功させるためには、衛生、栄養面での行き届いた管理が重要なことは言うまでもありません。

一方、自然な発情や交配に任せるだけでなく、もう少し積極的に人間が関与して母豚の繁殖をコントロールすることは、労働を集約化しながら子豚を計画的に効率よく生産するために有効な場合があります。すでに取り入れている農場もあると思いますが、離乳時に発情誘起のためのホルモン剤を投与する、人工授精（AI）により種付けを行うなどがこの行為に当たります。

このような技術を繁殖技術といいます。体細胞核移植によるクローン豚の作出、精子をまだ形成しない子豚の精祖細胞（精子のもとになる細胞）を用いた顕微授精（顕微鏡下でごく細いガラス針を卵子に穿刺し、細胞を卵子に注入して受精させる方法）による子豚作出や遺伝子組換え技術を駆使した医療実験用豚の作出への応用など、近年の豚の繁殖技術の発展は目覚ましいものがあります。ここでは、母豚の繁殖管理のための実用的な新しい技術を紹介します。

子宮角（深部）人工授精

AIについては、すでに98～104ページに述べてありますが、ここでは子宮角（深部）へのAI技術（深部AI）について説明します。

従来のAIは、カテーテルの先端を子宮頸管内に挿入して、希釈精液を注入する子宮頸管内授精により行われています。子宮頸管内に注入された精子は、子宮体部→子宮角→子宮卵管接合部→卵管へと移行し、卵管膨大部で排卵した卵子と受精します。卵子が排卵した直後の適切な時期に、卵管内に数千個の精子があれば十分な胎子数を得られますが、注入された精子は卵管へ進む間に数を減らしていきます。

従来の子宮頸管での精液注入によるAIでは、注入した精子の90～95％が損失するため、卵管内に数千個の精子を送り込むためには、数十億個の精子を頸管内に注入しなければなりません（**図1**）。精子の損失は、45％が腟からの逆流漏出で、40％が子宮での多核白血球による貪食であるといわれています。

このことから、精子を有効に利用するためには、精液の注入部位すなわちAIカテーテルの先端の位置を、卵管に近い部位に近づける（**図2**）と良いということになり、子宮体部や子宮角へ挿入することのできるカテーテルが開発され、市販されています（**写真1**）。

子宮体部や子宮角での精液の注入は、腟からの逆流漏出が極めて少ないことが知られています。このようなカテーテルを使用した場合、子宮体部への注入では10～20億、さらに深部の子宮角への注入では1.5～6億の精子の注入で、従来のAIカテーテルを用いた方法（精子数として50～100億）と同程度の受胎率や産子数が得られています。

特に深部注入用カテーテルによるAIで行われるような少量の精液注入は、子宮内での多核白血球による精子の貪食を軽減することも分かっていて、この点も深部AIの利点であるといえます。

深部注入用カテーテルの挿入方法は、外筒と

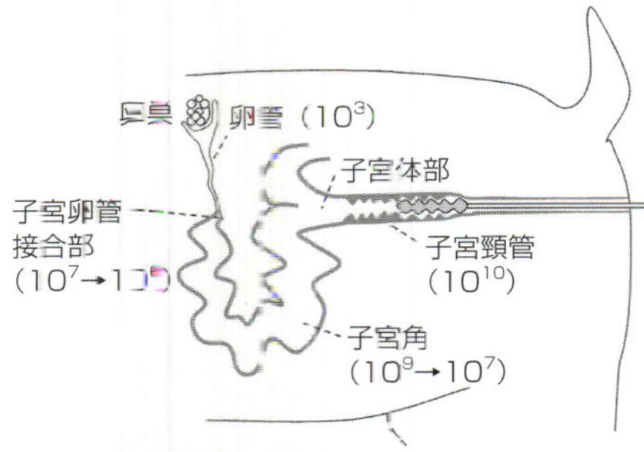

図1　子宮頸管注入による人工授精後の各部位における精子数　（吉岡、2008）

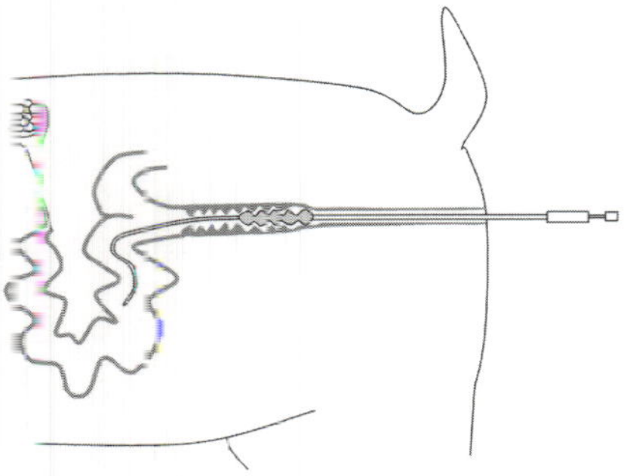

図2　子宮角（深部）人工授精の模式図　（吉岡、2008）

なるガイドカテーテルを従来のAI用カテーテルと同様に子宮頸管に挿入して固定したのち、外筒に内筒となる深部注入用カテーテルを挿入します。カテーテルが外筒の先端に達したのを確認したのち、少し強く、ゆっくりと押して子宮頸管を通過させます。子宮頸管の通過時には、少し抵抗感があることがありますが、多くの豚ではその後はスムーズに挿入することができ、約5分程度で子宮角へ挿入することができます（**写真2**）。

従来のAIでは母豚1頭分に使っていた精液を、深部AIでは10頭分以上に分配することができるようになり、雄豚の利用効率が高まって養豚農家の経済的な負担を減少させることができます。

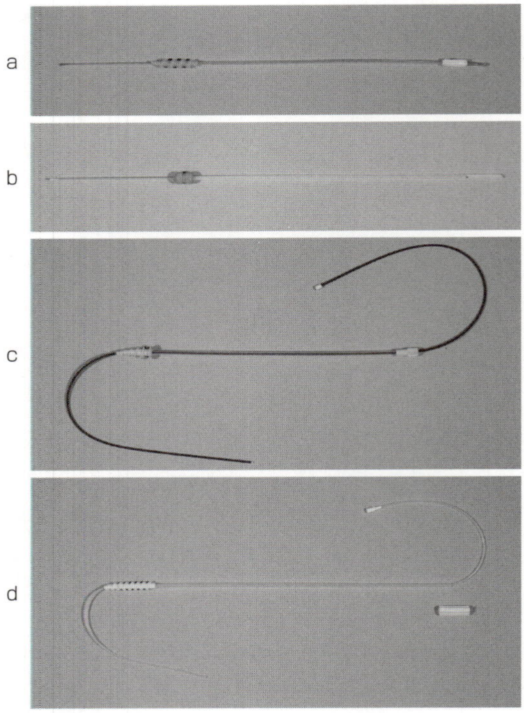

写真1　子宮体部（a、b）AI用カテーテルと子宮角（c、d）AI用カーテーテル

また、深部AIは、使用する精液量を減らすことができますから、発情している母豚の頭数に対して、従来法のAIでは必要な量の精液が準備できないような場合の対策としても利用できます。

深部AI技術を用いれば、少量の精液で受胎させることができますから、凍結精液による子豚生産にも役立つと考えられます。深部AI技術を用いてホルモン処置により排卵をコントロールすれば、0.5 mℓのストローに凍結した10億の精子を1回授精することにより、液状精液を用いたAIと同等の受胎率や産子数が得られることが報告されています。しかし、凍結融解後の精液は生存性の低下が液状精液に比べ早いため、凍結融解精液と液状精液とは、授精適期に違いがあると考えられます。このため、凍結精液をAIに用いる場合は、授精適期をより正確に見極める必要があります（98〜104

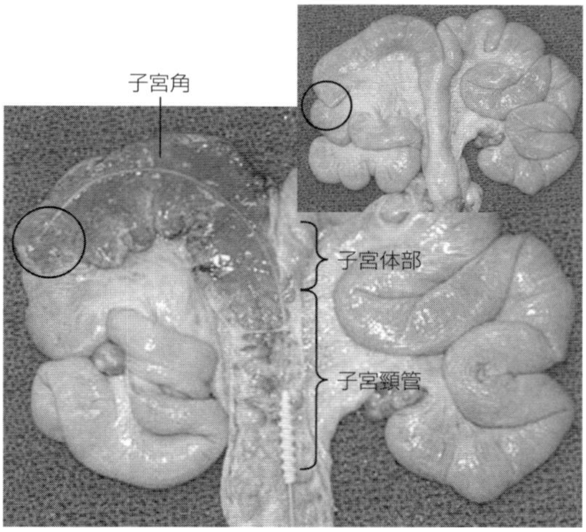

写真2 子宮角（深部）注入カテーテルの挿入部位

丸の位置にカテーテルの先端が位置している

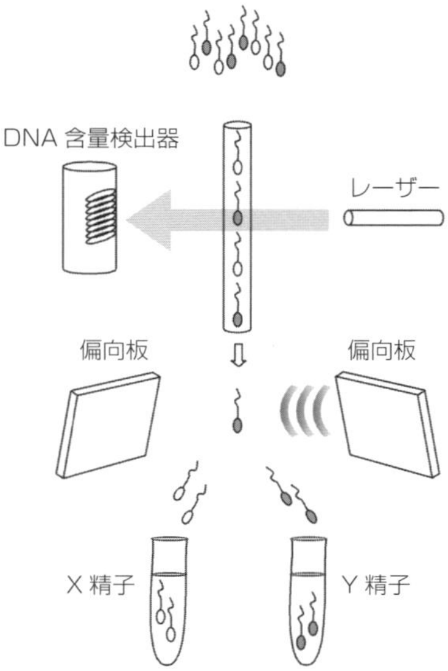

図3 FACS による精子の性判別の原理

（吉岡、2008）

ページ参照）。

従来の子宮頸管内 AI 法では、1回の射精から数頭の雌豚に授精する程度の凍結精液しか作製できず、凍結精液の利用は牛ほど魅力的ではありませんでした。しかし、豚精液の凍結保存技術は改善されてきており、凍結精液と深部 AI の組み合わせによる子豚生産は、貴重なあるいは高価な精液を用いる場合には、有効な手段となるでしょう。また、精液性状の悪化による夏季の不妊症対策として利用することも可能です。

性判別精液（雌雄産み分け）

牛では、雄あるいは雌の生まれる確率が高くなるよう性判別した凍結精液も販売されるようになりました。

豚でも、牛と同じようにフローサイトメーター・セルソーター（FACS）という機械を使って、受精すると雌になる X 染色体を持つ精子と雄になる Y 染色体を持つ精子のわずかな DNA 量の違いを検出して判別し、分離することができます（**図3**）。性判別した精液から 90％以上の確率で期待した性別の子豚が得られています。

豚の生産現場でも、一方の性別に偏った子豚を生産することも可能になるかもしれません。このような技術は特に種豚生産を目的とする場合に役立ちます。

胚移植

ご存じのように、牛では受精した卵（胚）を子宮から取り出し、それを別の雌（代理母）の子宮へ移植して子牛を生ませることが行われています。これにより、乳量の多い優秀な牛の子どもを多く生産したり、乳牛から肉質の良い和牛を生産したりすることができます。このような技術を胚移植といいます。豚でも胚移植により代理母に子豚を生ませることはできましたが、子宮内へ胚を移植するためには、開腹手術が必要であったため、あまり普及していません。

しかし、深部注入用カテーテルを使えば、手術をしなくても胚を代理母の子宮に移植することができるようになりました。深部注入用カテーテルを用いた胚移植により、平均70％程度の受胎率と７頭程度の産子が得られることが報告されています。**写真１**のｄは胚移植用に開発されたカテーテルです。

胚移植は、外部から種豚を生体で導入する場合に比べ極小さな容器に入った胚を輸送すればよいので、①輸送コストが少ない②輸送時のトラブル（輸送ストレスなどによる豚への影響）が少ない③病気に汚染している豚を導入するリスクがほとんどない（これまで侵入していない病気に侵されると農家にとっては大打撃）④逆に、病気に汚染されている農場へ非汚染農場から導入する場合、妊娠・分娩を経過することにより、移行抗体が得られるので、病気に強くなる（導入した豚を病気で失うリスクを回避、馴致が必要ない）といった利点があります。

また、多産などの高能力を持つ豚の胚を移植して、高能力豚のみを選抜的に増産したり、交雑種の母豚に黒豚などの純粋種を生ませることも可能です。あるいは、交配できなかった母豚（授精適期の見逃し、精液が準備できなかった場合、夏季の不妊対策など）でも計画生産が可能になります。また、胚は病気を伝播する可能性は極めて低いので、宅配便での輸送や液体窒素中での超低温（－196℃）保存により、種豚の広域的な流通も安心してできるようになるでしょう。

胚の長期保存

液体窒素中に適切に保存された胚は半永久的に利用でき、雌に移植することで必要な時に子畜を得ることができます。豚の胚は、牛やマウスなどに比べ極めて低温に弱く、液体窒素中に冷却して長期に保存する技術の確立が遅れていました。

しかし近年、ごく少量の保存液とともに胚を直接液体窒素中に浸し、超急速に冷却してガラス化する超急速冷却ガラス化法が開発されました。豚では、フィルムのように薄いプラスチックや金属メッシュの上に胚をのせる方法、胚が入った小さな凍結液の水滴を作り液体窒素で冷却する方法などで超急速冷却した胚から子豚が生まれています。

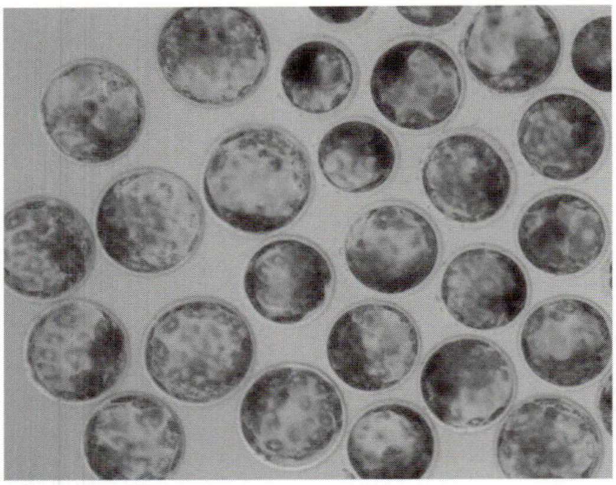

写真３　体外生産した豚胚

精液や胚の長期保存技術は、種豚生産では、育種技術により改良された系統豚群や貴重な品種の豚の精液や胚を保存することにより、生産者は必要最小限の豚を飼えばよくなり、大幅なコストの低減が図れます。また、近交度の上昇を心配することがないことから、豚群の能力を高いまま長期に維持することが可能で、安定的に種豚を供給することができるようになります。

いろいろな能力の豚の精液や胚が保存できれば、各養豚農家の希望に沿った能力（特質）の豚の供給も簡単にできるようになるかもしれません。胚が保存してあれば、病気や事故で貴重な豚が失われても、同じような性質の豚を早い時期に復活することができます。

胚の体外生産

牛では、と畜場で採取した卵巣や生きている雌牛の卵巣から卵子を取り出して体外で受精させて作り出した胚（体外生産胚）を代理母へ移植して子牛を生産している農家もあります。胚の体外生産技術を用いれば、泌乳量の高い牛やと畜場で肉質の良いことを確認した牛を選び、その個体の卵巣から卵子を採取することで、能力の高い牛を選択して増産することができます。また、卵巣はもともとと畜場では廃棄されていましたから、それを材料とすることで安価に胚を生産することができます。

豚では、体外で受精させると一度に多くの精子が卵子に侵入してしまう多精子受精が起き、胚をうまく培養することも難しかったため、胚の体外生産は、牛に比べ技術的に確立されていませんでした。しかし、体外受精や体外培養法の改良により、豚でも体外生産した胚（**写真3**）から子豚を生産できるようになりました。

また、子宮角内へ挿入する深部注入用カテーテルを使って手術せずに移植した体外生産胚や、超急速冷却ガラス化法で液体窒素中に保存した体外生産胚からも子豚が得られることが報告されています。さらに、直腸検査が可能な経産豚であれば、牛と同じように腟から挿入したプローブで超音波画像診断装置（エコー）によって卵巣を描出し、生体の卵胞から吸引採取した卵子を使って胚を体外生産することも、技術的には可能になってきています。これらの技術は、今後子豚生産のための補助的な技術として活用されるかもしれません。

繁殖技術の導入に当たって

すでに生産現場で実用可能なものから近い将来には実用化できる可能性がある新しい繁殖技術について示しました。

これらの技術は、種豚生産農場から一般の養豚場まで、いかなる現場で活用しても、経済的効果が上がるというわけではありません。また、生産現場で常に利用するものというよりは、都合に合わせて選択できるメニューの１つと考えた方が良い場合もあるかもしれません。もちろん、ある養豚農家にとっては、難しい局面を打開する技術となり得るでしょう。

個々のコストや労力の点では、従来の生産技術に比べ高価な場合もありますので、新しい技術の導入に当たっては、トータルとしてのコストパフォーマンスを勘案することが必要です。繁殖技術を活用する際には、母豚の繁殖生理に関するより深い理解やちょっとした技術（コツ）も必要になりますので、専門家の意見を聞くことが重要です。　（吉岡 耕治）

コラム 5-1

発情調整に関するホルモン剤

農場の規模が大型化するとともに、複合感染症などに対する衛生管理が農場の大きな課題となっています。ワクチネーションプログラムなどとともに、重要な管理技術としてオールイン・オールアウト（AI・AO）があります。

単にAI・AOと言っても、最近の大規模化した養豚場における円滑な実施にあたっては、綿密な計画が必要であり、個体差に対応するためには実用的な発情調整技術が必要になる場面が頻繁に認められます。

発情回帰促進法

牛では、黄体退行因子と呼ばれるプロスタグランジン（PG）$F_{2\alpha}$の出現で、黄体機能の人為的コントロールが容易となり、発情調整技術が確立されるとともに胚移植技術も急速に発達しました。

一方、豚では牛と異なり、$PGF_{2\alpha}$は発情周期の機能的黄体を退行させる作用はありませんが、妊娠が成立すると黄体の$PGF_{2\alpha}$に対する反応性が発現するという特性が知られており、分娩誘起技術はこの現象を応用した技術であることは広く知られています。そこで、分娩誘起時のように妊娠黄体であれば豚でも$PGF_{2\alpha}$への反応が認められることから、発情周期の機能黄体を人為的に妊娠時の状態にする「偽妊娠」化した後に$PGF_{2\alpha}$を投与して発情調整を行う方法が、野口ら（2007）により確立されました（**図1**）。この方法では、1回の偽妊娠化処置と、発情誘起のために$PGF_{2\alpha}$を1～2回処置することで実施できることから、従来と比較して生産現場で取り入れやすくなりました。

なお、$PGF_{2\alpha}$を一定期間連続して頻回投与することで、黄体退行効果を得られる方法も報告されています（エスティルら：1993、岩村ら：1999、伊東ら：2001、神山ら：2006）。それは、発情開始後5～13日の時期に毎日朝夕2回を3～6日、連続で筋肉内投与する方法です（**図2**）。この場合、労力的・経費的な点と、頻回注射による痛みの増加は課題となります。

発情回帰抑制法

一方、ヒトでは「ピル」の利用により卵巣機能を調整する方法がありますが、豚においても類似の薬剤が欧州などでは以前から一般農場で利用されていました。それは、合成ステロイド剤であるアルトレノジェストという薬剤で、7～18日間連続で経口投与することで投与期間中は容易に発情を抑制でき、投与終了後約7

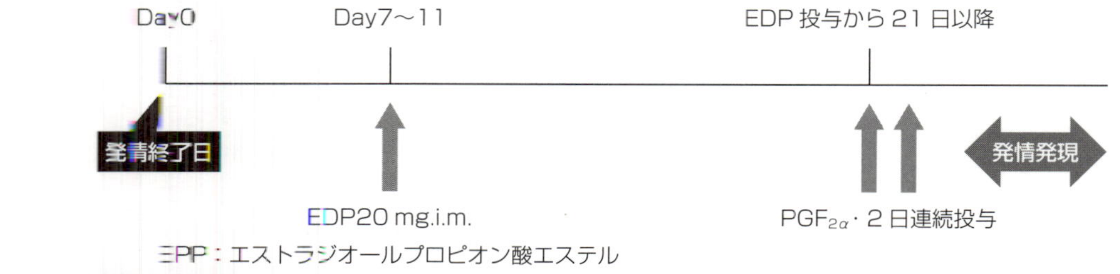

図1　偽妊娠を応用した未経産豚の発情調整技術　（野口、2010）

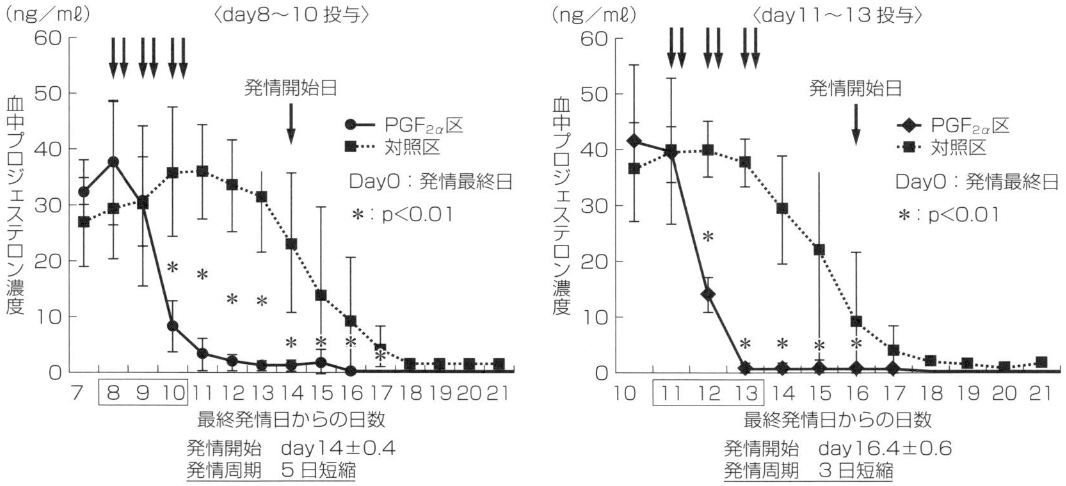

図2　$PGF_{2\alpha}$ 連続投与と血中 P_4 濃度動態と発情開始

（神山、岩村ら、2006）

表　経産豚におけるアルトレノジェスト 20 mg／日の投与期間と発情調整

投与期間	例数	発情発現率(%)	発情回帰日数(日)	発情持続日数(日)
0日(対照区) A	42	100	21.2±2.3 (CV=10.8)	2.8±0.9
0日(対照区) B	6	83.3	6.4±0.5 (7.8)	2.4±0.9
7日	12	100	7.5±2.3 (30.4)	2.3±1.1
10日	6	100	7.2±1.8 (25.0)	1.8±0.8
18日	2	100	6.0±0.0 (0.0)	1.5±0.7

（伊東、1986）

日で発情が回帰し、正常な受胎・分娩が認められるとともに催奇形性もないことが確認されています（**表**）。しかし、現在のわが国では種々の理由からアルトレノジェストは薬剤認可がないため市販されていません。ただ、獣医師の判断で利用することも可能ですので、使用を希望する場合には獣医師に相談する必要があります。

以上のように、特に大型化した養豚場ではAI・AOを確実に実施するためにグループ管理が基本となってきていますので、農場の業務体系などを検討した上で手法を選択し、効率的な管理に資することが重要だと思います。

豚の繁殖分野におけるホルモン剤の使用に際しては、その体型のため、牛のように卵巣機能を診断した上で投薬するという基本作業が実施できない場合も多いのが現実です。しかし、薬剤の効果を確実に得るためには、でき得る限りの事前検査を実施して、確定診断を得た上で処置する姿勢が不可欠であることは言うまでもありません。

「No measure, no control（診断なくして管理することはできない）」が重要であるということをいま一度認識し、獣医師はもちろんのこと関係者全員が肝に銘じるべきだと思います。

（伊東 正吾）

コラム 5-2

母豚のベンチマーキングデータの活用法

ベンチマーキングとは

近年養豚業界において「ベンチマーキング」という言葉を耳にする機会が多くなってきました。ベンチマーキングとは、一般的に経営改善のために活用される手法であり、定義としては「国や企業などが製品、サービス、プロセス、慣行を継続的に測定し、優れた競合他社やその他の優良企業のパフォーマンスと比較・分析する活動」となります。単純に言い換えれば「自社の現状を比較対象と比べてどうなのかを知るための活動」です。これを養豚に当てはめると「自農場の生産成績を継続的に測定し、優れた成績を持つ農場の生産成績と比較して、何が自農場の改善すべきポイントかを明らかにし、どのような解決策を取るべきか検討すること」となります。

ベンチマーキングを行うためには以下の３点が必要になります。①自農場や比較対象のデータ収集②データの比較・分析③改善策の検討です。では、自農場のデータをどのように記録すべきでしょうか？

養豚農場の生産現場において、繁殖データを全く記録していない、という農場は数少ないと思います。昔は繁殖データを紙（野帳など）記録していた農場が多かったですが、近年はICT機器の発達により、パソコンで繁殖データを管理できるようになりました。

繁殖に関するさまざまな指標の中で、繁殖母豚の生産効率を示す代表的な指標として「１母豚当たり年間離乳子豚数」が挙げられます。本指標は「１腹当たり離乳子豚数」と「年間分娩回数」に分類することができ「１腹当たり離乳子豚数」はさらに１腹当たり生存産子数と哺乳中事故率に、「年間分娩回数」はさらに分娩率や離乳後初回交配日数などの非生産日数に分類することができます。「１母豚当たり年間離乳子豚数」を算出する場合、それらの項目が記載されており、それらデータが集計可能な状態（電子データや記録ソフトなど）にあれば、簡単に計算できます。農場における繁殖母豚の生産効率を把握するためにも、最低限これらの項目を記録することは非常に重要です。

データの比較と分析の手法

上述したような記録を活用することにより、自農場の状態を「客観的」に測定するためのベンチマーキングを実施することができます。ベンチマーキングには自農場と他農場の成績の比較から課題点を分析する「農場間ベンチマーキング」の他に、自農場の経時的なデータから課題点を分析する「農場内ベンチマーキング」もあります。

農場内ベンチマーキングは、過去の情報から将来の改善点を見つけるための手法であり、農場間ベンチマーキングを実施する前にぜひとも実施してもらいたい手法です。例えば、年月別に分娩率を分析した際に、毎年７～９月に分娩率が低下しているならば、母豚は毎年暑熱ストレスを受けていることを考えて、その対策を立てるべきかもしれません。また、疾病発生の際に、新しい疾病が発生したことによってどれくらい農場成績が悪化したか、そしてその疾病を撲滅することでどれくらいの経済メリットがあるかを定量化することも可能です。このように、データは日々の作業からはなかなか気付きにくい課題点を数値として明確に示唆してくれる、非常に有用なツールです。

①データベースの活用が有用（野帳への記載は楽だが集計が大変）

②農場内ベンチマーキングと農場間ベンチマーキングの２つの手法が可能
おのおのの事実に対して、その原因を探る

③原因に適した改善対策を検討する
→特に、実施実現性に応じて、短期・中期・長期策をまとめる
※まとめた用紙は農場内の事務所に貼っておく（課題の共有＆可視化）

図　ベンチマーキングの活用法　（佐々木原図）

一方、農場間ベンチマーキングでは、自農場の成績がその集団の中でどのくらいの順位なのか、ということを知ることができます。特に、自分自身では「かなり優れている」と思っていた項目で、さらに良い成績を収めている農場の存在を知ることは、自農場における成績の目標値を決める際の一助となります。ただし、複数農場間で成績を比較するため、品種、使用している飼料やその給餌プログラム、飼養規模など「数値の裏に隠された情報」の影響を多分に受けることに注意する必要があります。

弱点の改善プラン

農場内ベンチマーキングや農場間ベンチマーキングは、あくまでも「数字の集まり」に過ぎません。最も重要なのは、データの比較・分析から「何が自農場の課題点か」「何を重点的に改善しなければならないか」そして「そのためには何をしなければならないか」というポイントを明らかにすることです。

例えば、データ分析から「分娩率が低い」ということが課題点として見つかった場合、どうすべきでしょうか？　最初に明らかにすべきは「すべての産次で低いのか、それとも特定の産次で低いのか」という点や「分娩率の低下に季節性があるか」といったデータのさらなる詳細な解析を実施することです。

その次に、関係者全員で考えられる原因を協議する必要があります。例えば、精液の取り扱いは適切か、交配時や採精時の雄豚の状態はどうだったか、母豚の発情および授精適期の見つけ方は適切かなど、考えられる要因をすべて洗い出し、それらの要因を１つずつ確認することが大事になります。

さらに、これらの情報は定例報告会などにおいて従業員全体で共有することが重要です。大規模農場では、分娩豚舎、交配豚舎、離乳豚舎、肥育豚舎など、豚のステージ別に担当者が分かれている場合が多いと思いますが、ピッグフローを考えると、自分の部署だけでなく、全体像をしっかりと理解しておくことが重要です。また、違う部署だからこそ気付くことができる問題点などもあると思います。もしくは、自分の部署で問題となっていた現象の原因が別の部署にあるケースもあるでしょう。また、数字だけでは見えてこない日々の管理方法に関しても合わせて報告することが重要です。

例えば「分娩率が低い」という問題があったとしたら、その問題の原因は単純な管理ミスかもしれません。しかし、その管理方法が間違っていたとしても、作業従事者は日々の管理が慣例化してしまっているために「その方法が間違っている」ということにはなかなか気付きにくいものです。数字とともに、作業内容の共有化も重要な手法でしょう。（佐々木 羊介）

コラム 5-3

凍結精液の最新知見

豚の凍結精液が普及しない原因

精子を凍結して液体窒素下に保管し、それを融解後に人工授精に用いることは、動物の生理学的にはあり得ない、人工的な繁殖方法です。従って、何らかの人為的措置を行わなければ、精子はこのような非生理的環境を生き抜くことはできません。凍結精液に関する最も重要な発見は、グリセロール添加が精子に耐凍性を獲得させることでした。グリセロールは極性のある小分子で、添加溶液を高浸透圧（高張）化させ、細胞膜透過性に優れるという特徴も有しており、添加によって精子内部に脱水が生じます。その結果、細胞内に氷晶ができて物理的な細胞の構造の破壊を防ぐことができるため、グリセロールは、豚、牛をはじめ、多くの動物種の精子凍結保存に用いられています。

ただし、なかでも豚の精子の凍結は難しいとされています。その理由の１つに、牛の精子凍結に用いられるグリセロール添加濃度［8～10%（v／v)］では、豚の精子が凍結前に死滅してしまうことが挙げられます。そのため、豚ではグリセロールを２～３%（v／v）程度添加した凍結用溶液が用いられていますが、融解後の運動性が極めて低いのです。この運動性の低い凍結精液を人工授精に供した場合、受精率が低く、受胎率はさらに低くなり、産子数も低下しますので、分娩率 90%以上、産子数12 頭以上という一般的なコマーシャル現場での要求に応じることは、現状ではできません。

これが単胎動物である牛と比較して豚の凍結精液が養豚現場に普及していない原因であり「豚の凍結精液は肉豚生産では使えない」との認識が定着する要因となっています。

運動性、受精能力を維持した凍結精液

これまで、凍結精液を作るための耐凍剤を含む溶液の開発、あるいは冷却および凍結時の温度降下速度、凍結方法（ストローやペレット）など多くの研究が実施されてきました。しかし、上述したように肉豚生産レベルという視点からすると、まだハードルは残されているといえます。

かつて農水省は、家畜改良事業団と全国の公的試験研究機関の協力を得て、1982～1987 年の６年間に豚凍結精液の実用化を目指した取り組みを実施しました。その結果、全体の受胎率は 40～50%、産子数は８～９頭であったと報告しています。この成績は、徐々に成績が向上しているとはいえ実用化のレベルとはいえませんが、内容を詳細に確認すると、研究グループのなかには約 100 頭の経産豚で野外授精試験を実施して平均受胎・分娩率75.3%（範囲：62.5～87.1%)、平均産子数9.7 頭（9.5～10.0 頭）と比較的良好な成果も得ていることが報告されている点は注目に値します。

そこで、私たちは発想を大きく変換し、凍結前の精子が凍結に耐えられる正常な精子なのか？　というところに立ち返った研究をスタートさせました。これは、正常な豚の精液は同一個体であっても季節による影響を大きく受けることが知られているからです。この精子に影響する物質を探索するために、精漿成分の網羅的解析を行った結果、分子量１万以下の小分子分画に、精子の運動性を低下させる因子があることが明らかになりました。この物質の同定を試みた結果、細菌が放出する内毒素であるリポ多

表 新規凍結・融解法、人工授精法による繁殖成績

	試験頭数（頭）	受胎率（%）	1腹産子数（頭）
大分県農林水産研究指導センター	44	82	8.8
生産者における実証化試験	7	100	10.0

（島田、2009）

糖（LPS）を見出しました。すなわち、精液中に混雑する細菌から放出されたLPSが精子に発現するToll-様受容体（TLR）を刺激し、精子のアポトーシス（プログラム細胞死）を誘導することで、凍結に入る前にすでに精子が死滅するスイッチを入れてしまうことが分かりました。そこで、射出精液は直ちに内毒素を中和するポリミキシンBと混合して遠心操作を行い、嫌気的解糖系を抑制する前処理液に置換する前処理法を考案しました。

さらに、精子を低濃度のグリセロール処理でも高い耐凍能を獲得させるために、グリセロール処理前にあらかじめ脱水を行うという単純な手法を着想しました。最適な脱水環境とグリセロール濃度の組み合わせを検討したところ、ラクトースにより調整した400 mOsm／kgの高張液で前処理し、5℃に温度を下げた後に2％（v／v）グリセロールで精子を処理すると、融解後の精子運動性が担保されることを発見しました。

この方法で凍結した精子は、融解直後の運動性が高く、体外受精においては良好な受精率を示しましたが、人工授精による体内受精率は非常に低い値でした。これは、子宮内を通過して卵管へと上向するのに要する時間、精子の運動性が持続しないためと考えられました。原因と

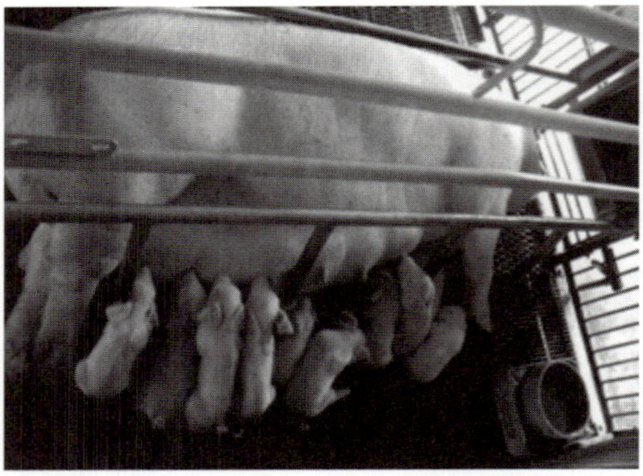

写真 新規凍結・融解法、人工授精によって種付けした母豚と子豚

（大分県農林水産研究指導センター提供）

して、融解直後の精子は、精子の中片部にCa^{2+}の異常な流入が生じ、それが精子の超活性化状態（受精能獲得）を引き起こす結果、短期間で運動性を消失させている（融解直後は、運動性が80%程度であるが、37℃で1時間培養すると30%以下に低下する）ことが示されました。

2価イオンに吸着するキレート剤であるEGTAを用いて、融解した精子へのCa^{2+}流入を抑制する手法を検討したところ、10 mM EGTA添加が融解精子の長時間の運動性を担保する（融解後、37℃で加温し、1時間後においても運動性が60%を維持する）ことを示しました。この融解液を用いて人工授精を行うと、卵管内受精率は80%以上でした。しかし、着床率（胎子数／黄体数）は51%と依然として低かったことから、着床数を改善するという新たな課題が浮上しました。

子宮内炎症反応を抑制する新規融解液

凍結精液の成分は、精子、グリセロール、糖

類、卵黄です。精子と卵黄は母体にとって異種や同種であっても異物であり、免疫系による拒絶（炎症）反応が引き起こされると考えられます。グリセロールは、その高い粘性からさまざまな物質を吸着し、それが免疫（アレルギー）反応を引き起こすことが知られています。つまり、凍結精液による人工授精では子宮内の炎症を引き起こしやすくなり、着床を阻害する可能性が示唆されたのです。そこで、凍結精液による炎症を抑制する方法として、精漿中に含有されるコルチゾールに着眼し、コルチゾール製剤を添加したEGTA含有融解液を作成しました。この新規融解液による受胎率（大分県試験場で実施した純系種交配）は、82%（36頭/44頭）であり、一般生産者においても例数は7例と少ないながらも100%の受胎率で、1腹産子数も10頭という成績が得られました（**表**）。本融解液は、既存の方法で作製された凍結精液に対しても有効であることを確認しており、過去の高い経済形質を有する遺伝資源として保管されている貴重な凍結精液を利用して、現在に必要な遺伝子導入を図ることが期待されます。

新しい技術で豚凍結精液がどこまで普及するか？

精液の前処理、新たな凍結法、新規融解液を開発を行って、精子活力と受胎性が改善され、十分な繁殖成績が得られるようになりました（**写真**）。つまり凍結精液が、遺伝資源保存という特別な技術から肉豚生産にも使えるのでは？という牛と同じような一般技術になるかもしれないのです。

そうなるとまず、1年中安定した凍結精液を使用できるので、特に夏季など精液性状が悪化するタイミングに合わせて多数の雄豚を準備しておく必要がなくなります。これは、精液性状の良い時期に、通常の液状精液人工授精で余る分を凍結精液としてストックし、夏季に使用するという雄の高効率利用を意味します。

次に、後代検定技術を取り入れることで、肉質に優れ、かつ成長の早い経済形質を持つ雄豚であることが確認された凍結精液のみを使用できます。

ただ、これについての課題はコストです。凍結精液はつくるだけではなく、保管に使用する液体窒素のコストも大きいため、豚では遺伝資源の保存を中心に利用されているのが現状です。肉豚生産でも凍結精液を広く普及させるためには、少ない精子数でも受胎する人工授精法、1回の注入で十分な産子数が得られるために排卵時期を集中化させる母豚管理法、人工授精適期を正確に知る発情鑑定法などの技術開発が求められます。　（島田 昌之）

索　引

中嶋製作所は、私たちが暮らす この自然環境をもっと大切にしたい。 まずは出来ることから始めます。

商品梱包に使用している一部のビニール製品を
『土に還るプラスチック』
生分解性プラスチックへ順次変更していきます。

生分解性プラスチックとは?

微生物によって水と二酸化炭素に分解されるプラスチックのことです。埋め立てまたは投棄されても、微生物が食べて分解してくれるのでゴミとしてたまることがない利点があります。

グリーンプラ®とは?

グリーンプラ 生分解性プラスチック No.375

安全性が確認され、かつ樹木等と同じ程度、或いはそれ以上の速度で生分解を受けるプラスチック製品を表します。

＜写真提供：富士山の森づくり推進協議会＞グリーンプラ No.456

生分解性プラスチックの使用例として「富士山での植栽木をシカやカモシカの食害から保護するために使用されています（白い筒状の保護材）。木の成長と共におおむね５年程で自然分解を始めます。」

Q&A

Q グリーンプラの分解生成物が土中に蓄積され、将来、何らかの影響を及ぼすことはありませんか?

A まったくありません。

グリーンプラを構成する元素は、炭素（C）・水素（H）・酸素（O）であり、最終的には、水（H_2O）と二酸化炭素（CO_2）に100%分解されます。そのためグリーンプラの分解生成物が土中に蓄積されることはありません。

離乳をめざして

年間30頭

優良種豚
サーティー

効率的生産の実現

多産　発育　肉質　抗病性

サーティーは、
これら全てを兼ね備えた
バランスの良い種豚です。
皆様の「パートナー」として、
サーティーをお選びください。

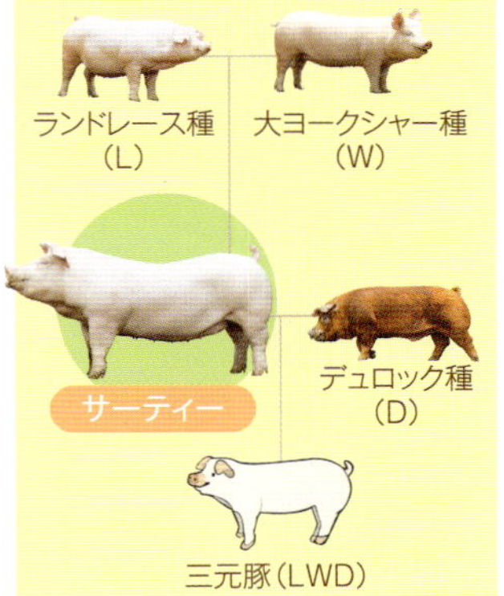

ストロングD液

肉豚用デュロック混合精液「薄脂タイプ」「厚脂タイプ」のご希望も承っております。

1,500円(税別)／本
※送料梱包費別途

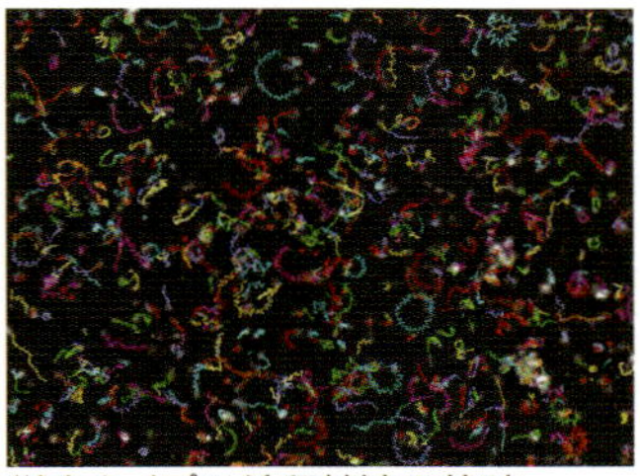

従来タイプの希釈精液の軌跡

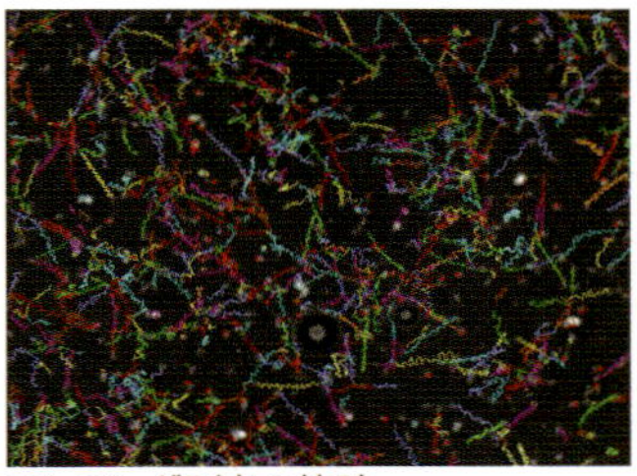

ストロングD液の軌跡

直進性の動きをする精子により、受胎率のアップが期待できます。

より確実な検査体制

精子機能はCASAシステムによって濃度分析、運動性分析、形態分析、生死判定分析などを自動解析しており、安心して使用いただけます。

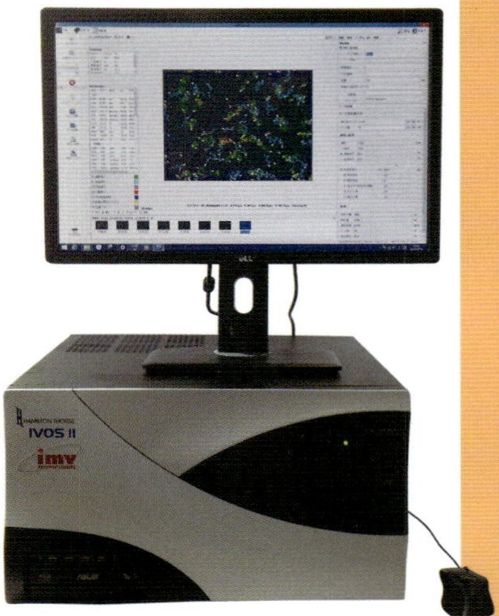

CASAシステム

豊橋飼料株式会社

〒441-8074　愛知県豊橋市明海町5番地の9
TEL 0532-23-5060　FAX 0532-23-4690　Web http://toyohashi-shiryo.co.jp

生産農場

豊橋飼料株式会社 種豚センター
〒299-4111　千葉県茂原市萱場1524 TEL 0475-34-2241

株式会社春野コーポレーション 種豚本部
〒437-0612　静岡県浜松市天竜区春野町花島320 TEL 053-986-0556

株式会社春野コーポレーション 育種改良事業部
〒441-1623　愛知県新城市黄柳野993-1 TEL 0536-34-0016

新鮮・安全・おいしい Maruto Group

Haruno Corporation 株式会社春野コーポレーション

01110111
101010
1101
01
°F
°C
SEO

Alltech
MINERAL MANAGEMENT

BIOPLEX® C
バイオプレックス C

現代の豚向けのミネラル栄養ソリューション

バイオプレックスCは下記の改善をサポートします

母豚
- 産子数
- 子豚の出生時体重と生存率
- 母豚の生産寿命

哺乳～子豚
- 日増量
- 免疫状態
- 斃死率

肥育～仕上げ豚
- 増体率と飼料効率
- 肉質
- 環境へのミネラル排出の低減による低負荷生産

バイオプレックス C は、ペプチドミネラル全種を配合し、無機ミネラルプレミックスと完全に置き換えることができます※。

※全種のミネラルとは、一般的に使われる鉄、亜鉛、銅、マンガンを指し、これらを含む無機ミネラルプレミックスをバイオプレックス C で置き換えることが可能。

試験例紹介

妊娠期、授乳期用飼料におけるバイオプレックスCのトータルリプレイスメント※が子豚成績に与える影響 (Frio et al., 2012)

材料と方法

- 初繁殖の多産系母豚計358頭
(対照区167頭、バイオプレックスC区191頭)
対照区=妊娠期、授乳期飼料に無機ミネラルを添加
バイオプレックス区=対照区の無機ミネラルを1.3kg/トンのバイオプレックスで全て置き換え
- トウモロコシ—大豆主体飼料、自由給餌
- 試験期間：妊娠1日目から分娩後離乳まで
- 成績：一腹数、ミイラ胎児(%)、死産(%)、分娩後の子豚体重、離乳頭数、離乳体重
- データはANOVAで、完全ランダムデザインにて母豚と子豚を反復として分析

結果

- バイオプレックスCは一腹数(P=0.08)、生存産子数(P=0.05)、母豚当たりの死産(P=0.82) をそれぞれ改善した。
- バイオプレックスCは生存産子数7頭以下の母豚を有意に減少した。(31% VS 19%)
- 分娩時の平均子豚体重および平均離乳体重には差は認められなかった。

	対照区	バイオプレックスC区	差異	P	SEM
母豚数	167	191			
総産子数	9.60	10.20	0.59	0.08	0.17
生産子数	9.28	9.96	0.68	0.05	0.17
死産(%)	2.01	2.24	11	0.82	0.005
ミイラ胎児(%)	1.97	0.62	-69	0.02	0.003
平均誕生時体重(kg)	1.74	1.73	-0.01	0.74	0.01
1産次当たり生産子数7頭未満(%)	31	19	-37		
1産次当たりの離乳頭数	9.22	9.43	0.21	0.20	0.08
離乳時体重(kg、21日齢)	6.29	6.23	-0.06	0.55	0.05

表　バイオプレックスCが母豚の繁殖成績、及び子豚の成績にもたらす影響

※飼料中の既存のミネラルプレミックスをバイオプレックスCで完全に置き換えること

オルテックのミネラルマネジメントプログラムの特長

- 効率的なミネラル給与
- 少ない給与量
- 健康と成績の改善をサポート
- 高品質とトレーサビリティ (独自の品質管理プログラム、Q+*)
- ミネラルの環境排出低減

*オルテックの Q+ では材料の仕入れから製品の出荷に至るまでに複数回の品質確認を行い、特に重金属、ダイオキシン、PCBs による汚染のないことを確認しています。

29 Cu　30 Zn　24 Cr　25 Mn　28 Fe

Alltech® オルテック・ジャパン合同会社
810-0001 福岡県福岡市中央区天神 3-3-5 天神大産ビル 4 階　電話 : 092 718 2288　Fax : 092 781 6355

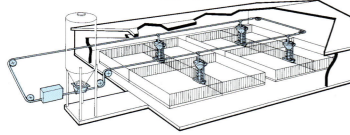

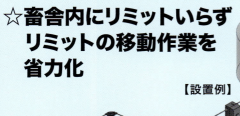

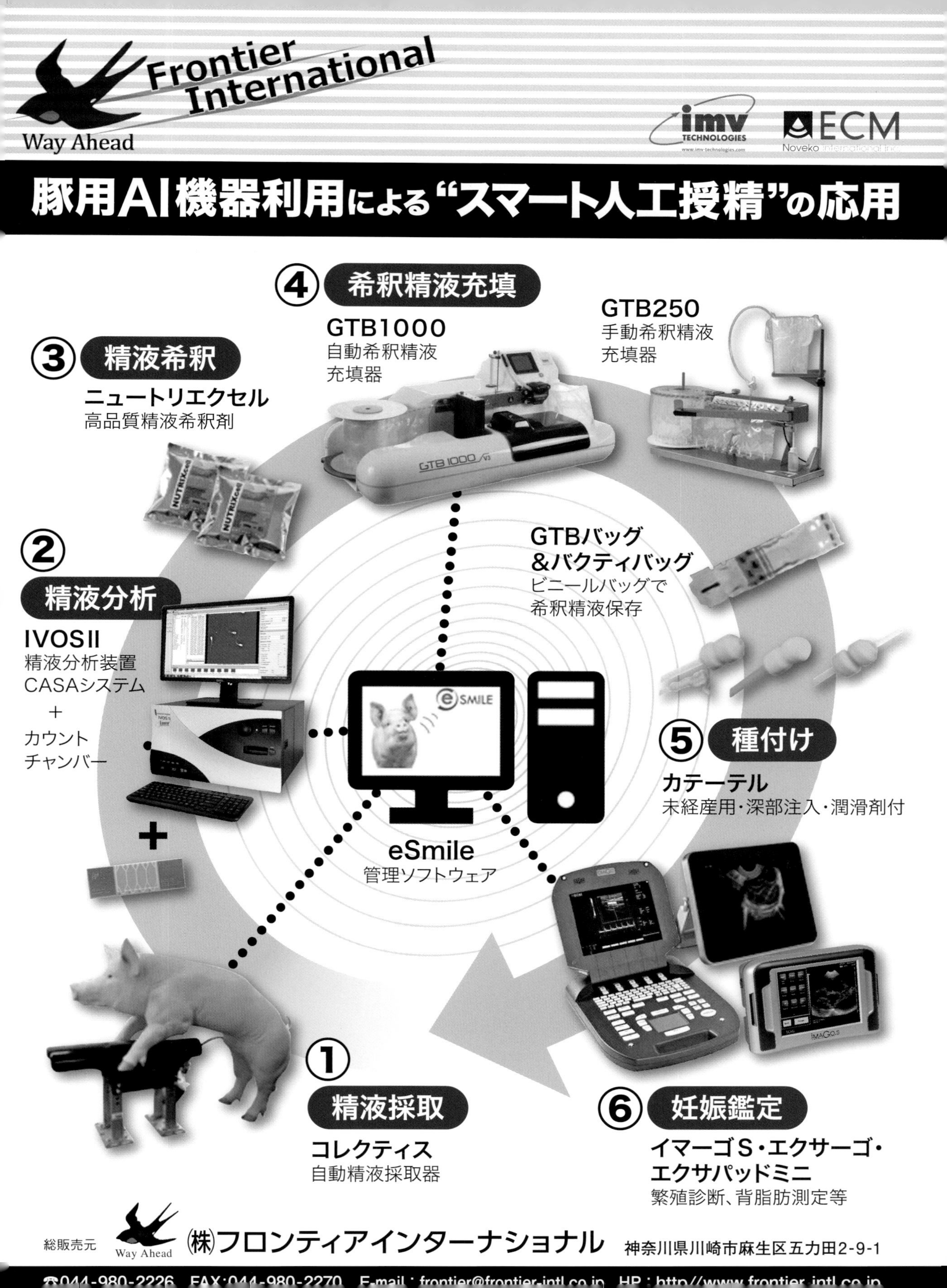
Frontier International
Way Ahead
imv TECHNOLOGIES
www.imv-technologies.com
ECM
Noveko International inc.
豚用AI機器利用による“スマート人工授精”の応用
④ 希釈精液充填
GTB1000
自動希釈精液
充填器
GTB250
手動希釈精液
充填器
③ 精液希釈
ニュートリエクセル
高品質精液希釈剤
NUTRIXcell
GTB 1000 V3
GTBバッグ
&バクティバッグ
ビニールバッグで
希釈精液保存
② 精液分析
IVOSII
精液分析装置
CASAシステム
＋
カウント
チャンバー
＋
eSMILE
⑤ 種付け
カテーテル
未経産用・深部注入・潤滑剤付
eSmile
管理ソフトウェア
IMAGO.S
① 精液採取
コレクティス
自動精液採取器
⑥ 妊娠鑑定
イマーゴS・エクサーゴ・
エクサパッドミニ
繁殖診断、背脂肪測定等
総販売元
Way Ahead
㈱フロンティアインターナショナル
神奈川県川崎市麻生区五力田2-9-1
☎044-980-2226　FAX:044-980-2270　E-mail：frontier@frontier-intl.co.jp　HP：http://www.frontier-intl.co.jp

●監修者紹介

伊東 正吾（いとう せいご）

1952年　岐阜県瑞浪市生まれ
1975年　信州大学農学部畜産学科卒業
1978年　麻布獣医科大学獣医学科卒業
1980年　麻布獣医科大学大学院修士課程修了
1980年　長野県伊那家畜保健衛生所（防疫課）勤務
1981年　長野県畜産試験場（草地飼料部）勤務
1984年　同上　養豚部に転属
2002年　麻布大学獣医学部（内科学第一研究室）勤務
2012年　麻布大学附属動物管理センター長兼務
2015年　麻布大学獣医学部、麻布大学附属動物管理センター長　退職

岩村 祥吉（いわむら しょうきち）

1955年　大阪府大阪市生まれ
1978年　山口大学農学部獣医学科卒業
1980年　大阪府立大学大学院修士課程修了
1980年　農林水産省動物検疫所勤務
1981年　農林水産省家畜衛生試験場勤務
1996年　家畜衛生試験場 病態研究部保健衛生研究室長
2001年　動物衛生研究所 生産病研究部臨床繁殖研究室長
2004年　同上　企画調整部実験動物管理科長
2006年　同上　企画管理部研究調整役
2008年　同上　東北支所 動物衛生研究調整監
2013年　同上　動物疾病対策センター長
2016年　同上　退職

しんぼとんぜんしょ
新母豚全書　増補改訂版

Midori Shobo Co.,Ltd

2008 年 8 月 10 日　初版発行
2018 年 11 月 10 日　増補改訂版第 1 刷発行 ©

監修者　伊東 正吾
　　　　岩村 祥吉
発行者　森田 猛
発行所　株式会社 緑書房
〒 103-0004
東京都中央区東日本橋 3 丁目 4 番 14 号
TEL 03-6833-0560
http://www.pet-honpo.com
編　集　井上 未佳子
デザイン　おおつか さやか
イラスト　クシキノ アイラ・おおつか さやか
印刷所　アイワード

ISBN978-4-89531-358-2 Printed in Japan
落丁、乱丁本は弊社送料負担にてお取り替えいたします。